# 特种设备
# 事故应急处置与救援

主　编◎吴　升　陈湘清　刘文东　郭　林
副主编◎陈海洲　邹石桥　冯建文　罗正卫　龚思璠　陈镇南　尹高阳　龚　萍
湖南省特种设备检验检测研究院◎审订



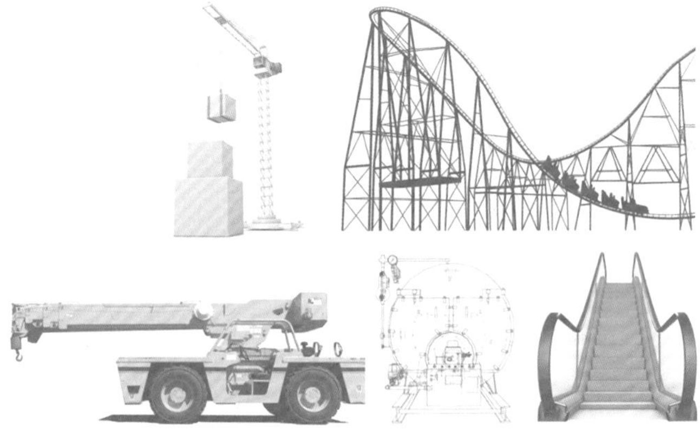

CS K 湖南科学技术出版社 · 长沙

# 前言 PREFACE

特种设备是生产和生活中广泛使用的重要技术设备和设施，鉴于特种设备具有危险性和在生产、生活中的特殊性和重要性，其安全问题历来受到高度重视。

当前，我国处于城镇化、工业化快速发展期，特种设备的类型和数量快速增长，随之而来特种设备发生事故的概率也越来越大，而与之对应的特种设备应急处置与救援工作的专业性和处置能力还比较薄弱，如果应急处置与救援工作不及时、不规范、不专业，将对人民生命财产安全、生态环境保护、社会秩序稳定构成严重的威胁和危害，且极易造成“二次伤害”。了解并掌握特种设备正确、规范、有效的事故应急处置与救援方法，已成为全社会共同关心的问题。

本书根据各类特种设备的技术特点和可能导致的危害性，系统阐述了事故预防的原则，着重分析了特种设备事故产生的原因和具体处置与救援方法，对特种设备使用不当导致的火灾爆炸事故、危险化学品事故、罐车交通运输事故、触电事故、高处坠落事故、中毒事故等的原因和处置措施进行了详细的解读。本书广泛应用于特种设备行业和大众安全知识普及，对特种设备使用单位以及管理部门提高预防和处置事故的能力，遏制重特大事故发生，具有积极的现实意义和长远的指导意义。

编者

2024 年 4 月 26 日

# 目录
# CONTENTS

# 第一章
# 特种设备应急处置与救援概论

《中华人民共和国特种设备安全法》所称的特种设备，是指对人身和财产安全有较大危险性的锅炉、压力容器（含气瓶）、压力管道、电梯、起重机械、客运索道、大型游乐设施、场（厂）内专用机动车辆，以及法律、行政法规规定适用本法的其他特种设备。特种设备发生事故后的应急处置救援，是在特种设备事故应急响应过程中，为消除、减少事故危害，防止事故、事件扩大或恶化，最大限度地降低事故、事件造成的损失或危害而采取的救援措施或行动。

有效的应急救援行动，能化解险情，可以将事故有效地消灭在萌芽状态；能有效控制事态发展，从而避免事故的扩大与恶化，大大减轻事故对人员、财产、环境造成的危害，减轻事故对人民群众生活、社会稳定和经济发展所带来的不良影响。反之，如果没有有效的应急救援行动，险情会发展成为事故，事故可能会恶化升级，不仅会造成人员的重大伤亡和财产的重大损失，而且还会对自然环境、人民生活、社会稳定甚至国际形象带来严重的不良影响。事实告诉我们，总结应急救援成功经验与失败教训，研究、探索、改进其理论和实践，具有极为重要的作用。

事故是人类的天敌，也是人类最好的老师。人们从一次次事故中，不断总结经验，吸取教训，学会了如何通过有效的应急处置与救援行动，避免、减少事故的发生，更好地保护生命财产安全。人们在长期的理论探索与生产实践中，既总结出了许多应急处置与救援的成功经验，这些成功经验具有广泛的指导与实际作用，譬如建立应急管理体系、建立应急处置与救援体系、应急预案科学周全、应急保障措施到位、视情放弃、科学逃生等，也总结出了许多应急救援失败的深刻教训，譬如没有编制应急预案、应急预案不科学、应急保障不到位等。通过扬长避短，不断推动应急救援能力稳步提高。

当前，中国特色社会主义进入新时代，社会主要矛盾已经发生了深刻的变化，从“人民日益增长的物质文化需要同落后的社会生产之间的矛盾”转化为“人民日益增长的美好生活需要和不平衡不充分的发展之间的矛盾”，对社会治理提出了崭新的要求。然而，我国特种设备安全生产领域事故总量依然居高不下，特别是重特大事故时有发生，特种设备与民生息息相关，必须强化管理，强弱补短。当此之时，不断总结，不断探索，扬长避短，就能不断把特种设备应急救援在科学的轨道上推向前进，促进特种设备应急救援能力的不断提高，促进特种设备应急救援的成功进行，为最大限度地避免、减少人员伤亡、财产损失和生态破坏做出有力保障。只有加强特种设备应急管理，保障特种设备应急机构、队伍、人员、预案、装备等的建立、配备、编制、应用到位，不断提高应急救援能力，才能保障在突发险情、事故之时，按照既定应急预案，成功救援抢险，最大限度地避免、减少人员伤亡、财产损失、生态破坏和对社会的不良影响。

经验是前进的台阶，需倍加珍惜；教训是前进的基石，需牢牢记住，它们都是用鲜血甚至生命换来的财富。事实证明，事故是最生动、最有效的教科书。“他山之石，可以攻玉”，对应急救援的成败案例进行分析学习，对员工教育培训具有最直接、最迅速、最明显的效果，对弘扬“生命至上，科学施救”理念，提高应急救援效率具有事半功倍的效果。

## 第一节　科学实施应急处置与救援的必要性

人们在长期的理论探索与生产实践中，总结出许多特种设备应急处置与救援的成功经验，这些成功经验证明科学实施应急处置与救援的必要性。

### 一、建立应急管理体系

在很长时间内，对于特种设备事故的应急处置，只是停留在事发这一环节上，就事论事，没有从事前、事中、事后建立一个闭环运行、不断改进的管理系统，没有进行全面的危险源辨识与评估，对各种情况下譬如事故恶化状态下的应急没有做充分研究和应急准备。当应急方法出现“薄弱点”，甚至是“空白”时，其结果可想而知。另外，“重思想要求、轻科学指导”的现象时有发生，只提倡“一不怕苦，二不怕死”

的大无畏革命英雄主义精神，而忽视科学避险、视情放弃抢救、及时逃生的科学救援理念与方法的灌输，因此，导致事故恶化升级、伤亡和财产损失扩大化的事件比比皆是。

人们在长期的实践中认识到，只有建立完备的应急管理体系，从事前、事中、事后进行全过程的管理，才能使应急救援在思想上有准备、操作上有预案，人员、装备、物资、技术等有保障的情况下进行，确保应急救援行动的成功。

## 二、建立应急救援体系

应急救援是应急管理的核心内容。因为特种设备事故的行业性、事故原因的多样性、事故情形的复杂性、事故发展的迅速性，应急救援成为一项极为复杂的工作。面对如此复杂的工作，必须寻求一种通用的以不变应万变的工作方法与思路，由此催生了应急救援体系的建立，即：搞好应急救援，必须从预案编制、机构人员、物资装备、通信信息等方面建立一个有机统一、协调运行的应急救援体系，因此，应急救援体系是应急救援成功进行的重要保障。

## 三、应急预案科学周全

应急救援预案是应急抢险的“作战方案”。在很长的时期内，人们对事故的处理方案只是停留在就事论事的现场处理方案上，没有从事故的指挥程序、救援形式等方面开展工作，使得应急救援预案很不完整。同时，有些预案制定得不周全，譬如对风险的辨识不清，对事故恶化的准备不足，甚至有些预定措施不科学、不实用。预案的不科学、不周全，导致一些事故在发生之后，出现报警不及时、指挥不得力、事故恶化不知如何寻求外部救援力量等，从而导致小事故演变成大事故、大事故恶化成特大事故。

现在，越来越多的人们深刻认识到了应急救援预案科学周全的重要性，许多政府、企业会成立专门的预案编制小组，从人员、时间、财力上提供充分的支持，而且认真进行专家论证，努力编制出系统完整、科学实用的应急预案。

## 四、应急保障措施到位

编制有效的应急预案，以有备、有序地进行事故的应急处置，目前正成为生产管理者的共识，从中央到地方、从政府到企业，应急预案的编制已经成为政府、企业应急救援的一项基础性工作。

然而，事实证明，光有应急预案是不够的。编制完成应急救援预案，只是完成了应急救援的“作战方案”，是纸上谈兵。“作战方案”再科学、再周全，如果没有专业的人员、装备、物资技术及财力作保障，依然无法打胜仗。要打胜仗，不仅“作战方案”要科学，更需相关的应急人员、应急装备、应急资金等保障性措施实施到位。

当前，还有部分管理者对编制应急预案、有效执行应急预案抱着走形式、应付上级的心理，对相关的人员培训、设备配备、专项资金、应急演练等保障性措施不管不顾，结果等到事故发生才后悔莫及。

## 五、应正确评价应急处置与救援的结果

从特种设备应急救援的发展历程来看，在很长的一段时期内，没有建立起标准化的应急救援评估体系，没有“救援标准”来衡量救援的成败，便只能从事故的最终结果来考察救援的成败。事实上，这是错误的，至少是不全面的。

任何事故的发生，无论救援的成功与否，都可能导致人员的伤亡和财产的损失。怎么才算成功呢？过去，只要发生了群死群伤重大恶性事故，救援工作做得再多往往也不被认可，这既不合理，也不科学。

救援成功，概括来讲，就是只要应急管理到位，应急预案科学周全，应急保障措施到位，按照应急预案的程序进行了有序的应急救援，这样的应急救援从总体上就应是成功的。如果出现应当避免、能够避免，而没有避免的情况发生，那么，即便结果并未恶化，这种应急救援也是失败的。这个失败，可能是预案编制的失败，可能是应急保障的失败，也可能是组织实施的失败。总之，不能不顾救援的过程而只从结果上来判定成败。

## 六、应科学、理性实施特种设备应急处置与救援

从传统上讲，发生特种设备事故，奋勇抢险、永不放弃的做法被广为认可。但是，随着人们对科学的认识不断提高，这种传统观念正在迅速转变为视情放弃、科学逃生。譬如，当看到一个着火的油罐白烟滚滚，抖动啸鸣，爆炸已经不可逆转之时，应该立即停止现场的灭火行动，将灭火人员及时撤离到安全地带，避免爆炸对抢险人员造成重大伤害。这种抢险操作终止，其实就是最正确的抢险操作。

对此理念，已经从一种认识上升为一种方法，即更多的人们将何种情况下应弃救逃生作为应急救援的一项重要内容。如果在新的危险到来之时，不能及时视情放弃抢救，及时逃生，而依然冒险抢救，最终造成重大伤亡，特别是救援人员的伤亡，那么这种行为将不会再被冠以英雄的壮举，而只能被称作无知者的冒失行为。

## 七、正确实施特种设备应急处置与救援工作的具体表现

在特种设备应急救援实践中，上述成功经验有以下 7 种具体表现：

1. 预案科学，实施正确

预案的编制从组织、人员、时间、经费等方面都得到了良好的保障，就会编制出具有良好针对性、实用性、科学性的预案，只要正确实施，救援行动就会取得成功。

2. 报警及时，行动迅速

时间，对应急救援行动的成功非常关键。早一秒报警，早一秒行动，抢险就多一分主动，多一分成功。

3. 指挥得力，配合默契

应急预案的启动与过程实施，都是在指挥部的指挥下进行的，指挥正确得力，各方应急力量配合默契，协调行动，就为救援行动的成功打下了坚实的基础。

4. 程序规范，操作正确

应急响应程序与具体操作是否正确，是化解险情、控制事故的关键。对任何情况，有预案也好，无预案也罢，只有遵照规范的程序，科学正确地操作，才能彻底化险为夷。

5. 装备齐全，物资充足

装备与物资是应急救援的“硬件”，“硬件”不过硬，就像“打仗没有枪，有枪没子弹”的情形，怎么能打胜仗？只有与预案相配套的装备配备到位，相应的救援物资充足，才能打赢硬仗，打胜仗。

6. 培训到位，技术全面

人是应急救援行动的主体，应急人员素质的高低，决定着应急救援效率的高低，成功或失败。要提高应急救援人员的素质，应急培训就必须到位。应急人员技术全面，就会正确指挥，正确操作，特别是机动灵活地应对新情况、新问题，从而保证在复杂的情况下，都能取得应急救援的成功。

7. 信息公开，过程透明

社会力量对应急救援的成功具有不可忽视的重要作用，如果不能获得公众的理解与支持，交通管制、人员疏散、物资调用、人员调用等措施就不会得到顺利地实施，从而影响整个救援行动的进程与结果。因此，将救援信息及时发布，做到全过程公开透明，对于赢得群众理解，稳定群众情绪，获得外界支持，保障社会稳定，保障救援行动的圆满成功，都具有重要作用。

## 第二节　特种设备应急处置与救援的经验教训

回望历史，特种设备应急处置与救援工作存在的风险很大，失败案例远多于成功案例，特种设备应急救援失败的教训具有很大的重复性，如果具体地从每一起事故救援失败的原因上进行分析，具有很多的相似性、重复性。应总结其中的经验与教训，探索出解决问题的新方法、新思路。

### 一、经验教训的分类

特种设备应急处置与救援的经验教训，从总体上分，主要包括以下几点：

1. 没有编制应急预案

许多单位对待事故的防范与处置，还是经验式管理而非预防式管理。即只针对已经发生的事故制定简单的现场处置措施，并在安全操作规程中列出，而没有事先对潜在的危险进行全面的辨识与评估，并从组织机构、响应程序、保障措施等方面全盘考虑，编制系统完整的应急救援预案，许多不曾考虑到的“意外”情况发生，就会造成应急救援的失败。

2. 应急预案不完善

随着政府应急救援工作的强化，应急救援受到了广泛的重视和理解，许多单位都编制了事故应急救援预案，但是，许多应急预案由于缺乏有力的组织、专家的支持、经费的保障，而编制得不完善，突出表现为不系统、不完整、不科学，有些“四不像”——比原来的事故处理措施系统了，但又离规范的应急预案编制要求相去甚远。预案不科学、不完整，也容易带来救援行动的失败。

3. 应急管理体系没有建立

应急管理体系是从事前、事中、事后进行管理的全过程管理体系，现在许多地方应急管理体系没有建立，对应急救援特别是重大事故应急救援的成功带来了严重制约。譬如应急组织机构没有建立，对情况复杂、救援难度大的救援行动，不能从应急信息的沟通、应急力量的协调上满足救援行动的需要，就无法取得救援行动的圆满成功。

4. 应急保障不到位

这一问题在实际生活中非常突出。应急预案有了，要在实际救援中真正发挥作用，离不开人员、队伍、装备、物资等保障措施的到位。然而，现在许多企业有了预案，却未能建立相应的机构、成立相应的队伍、配备匹配的装备。应急保障不到位，拿着预案纸上谈兵，救援行动怎么能成功呢？

**二、经验教训的具体表现**

特种设备应急处置与救援的经验教训主要有以下几点：

1. 没有预案，应急混乱

只要编制了应急预案，哪怕还存在预案不系统、装备不到位等问题，事故发生之后，救援行动往往还会遵循一定的程序，有些“章法”，救援行动可能失败，但是，失败的可能性小了很多，特别是后果会在一定程度上能得到弱化。

而如果没有应急预案，没有遵循一些至为关键的程序进行处置，就不能有备而战，从容应对。没有准备，匆忙应对，极易造成应急行动的混乱。如此一来，不仅救援失败的可能性增大，而且事故后果往往急剧恶化。

2. 方案不当，指挥失误

应急预案不科学，主要体现几个方面：一是对危险源及其风险辨识不足，没有预案的“意外险情”太多；二是事故应急处置的程序出现重大错误；三是救援形式的单一，只考虑自救，没有考虑寻求外部力量救援，或者只有笼统的要求，没有可操作性的措施，如要寻求地方支援，却不知道该找谁，知道该找谁，却因不知道联系方式而找不到；四是没有明确放弃抢救逃生的情形；等等。

从理论上讲，应急预案要做到百分之百的科学、完整，特别是要考虑到任何一种意外情形，是不可能的。但是，预案出现明显的程序上的错误、指挥上的错误，往往是致命的，因此，预案可以做到不完整，但是应该做到既定的预案内容是科学的，如若不然，就可能导致应急救援的重大失败。

另外，现场指挥失误的现象也比较普遍，有些还非常典型。譬如，面对即将发生爆炸的油罐，面对已经远远超过耐火极限的楼房，没有指挥救援人员迅速撤离，结果造成罐体爆炸、楼房垮塌从而导致救援人员群死群伤的恶果。

3. 延误报警，错失良机

事故发生之后，发展速度往往非常快，早一秒抢救，就会多一分主动。因此，发生事故及时报警，是应急处置与救援的第一步。但是，诸多事故应急处置与救援的失败，都是因为事发之后，没有及时报警，不知如何报警，浪费了宝贵的救援时间，错失了救援的最佳时机。

4. 估计不足，指挥不力

对突然发生的险情不敏感，对其潜在的危险性估计不足；对事故发展过程中的一些异常情况不加重视，不加分析，这都容易造成思想上的轻视，指挥上的不力。譬如，对外界气候恶化的趋势、对火灾燃烧的恶化趋势等估计不足，就可能导致现场救援力量不足，扩大应急力量补充滞后，造成应急行动的中断，从而前功尽弃，导致整个救援行动的失败。

5. 素质偏低，操作错误

指挥人员素质低，就不可能高效有序地指挥，操作人员素质低，就可能危险看不到，设备用不好，该上不去上，该逃又不逃。如此种种，就会导致应急处置与救援行动的失败。

应急处置与救援人员素质偏低，在目前是一个普遍现象，这与当前中国企业从业人员的文化素质及应急处置与救援工作的复杂密不可分。因此，要想应急处置与救援取得成功，还必须大力加强应急管理、应急指挥、应急操作等相关专业人员的培训，特别是加强应急演练，提高他们的思想素质和业务素质，为保障应急处置与救援的成功进行提供优良的人力资源。

6. 装备不齐，物资不足

现在许多单位应急预案有了，但是与应急预案相配套的应急装备却配备不全，相应的物资装备也不充裕。应急预案再科学，也就是作战方案再准确，如果作战的武器——应急装备配备不到位，应急处置与救援行动仍难以成功。譬如：发生了高空火灾，却没有消防炮、举高车等高空灭火装备，就无法开展救援；发生了毒气泄漏事故，没有空气呼吸器，也只能望而却步。应急处置与救援装备不足，往往成为救援失败，特别是因此造成救援人员伤亡的重要原因。

不断总结，不断探索，扬长避短，就能不断把应急救援在科学的轨道上推向前进，促进应急救援能力的不断提高，促进应急处置与救援的成功进行，为最大限度地避免、减少人员伤亡、财产损失和生态破坏作出有力保障。

## 第三节　特种设备应急处置与救援应急预案的作用

应急预案，是针对可能发生的事故，为迅速、有序地开展应急行动而预先制定的行动方案。这一行动方案，针对可能发生的重大事故及其影响和后果的严重程度，为应急准备和应急响应的各个方面预先作出详细安排，明确了在突发事故发生之前、发生之后及现场应急行动结束之后，谁负责做什么、何时做、怎么做，是开展及时、有序和有效事故应急救援工作的行动指南。因为没有应急预案、应急预案不完善而导致事故救援行动缓慢甚至造成事故恶化升级的案例屡见不鲜，教训惨痛。举例如下：

【案例】1998 年 3 月 5 日，陕西西安某液化石油气管理所一储量为 400$m^3$ 的球形储罐突然闪爆，之后在救援过程中又不断发生多次爆炸，此次事故最后共造成 11 人死亡、31 人受伤。其实，事故发生之初，西安、咸阳、宝鸡、渭南等消防支队及地方公安、武警、驻军、民兵预备役、医疗救护等单位参与了这次抢险救援，投入兵力达 3000 余人。全体参战人员连续奋战了约 90 个小时。从救援过程来看，相关部门高度重视，指挥部署细致具体，救援力量调配及时，人力物力投入巨大，救援官兵舍生忘死，英勇作战，感人至深。但是，在一些重要环节上却存在重大失误，一是在泄漏初期，有关指挥、操作人员没有佩戴呼吸器就深入泄漏区进行指挥与操作，从而出现救援人员纷纷中毒倒下的情况，造成救援力量的急剧下降，恶化了事故；二是在救援装备上存在重大问题。管线、阀门泄漏是常见事故，必须配备相应的专用堵漏器具，但是，该站没有，属地消防队也没有。面对泄漏，只能用棉被、麻绳等极为原始的堵漏方式进行堵漏，更没有结合生产工艺采取注水、转输等措施。这些都是没有编制针对性、实用性的预案，并进行演练的结果。

总结以上案例，应急预案在应急救援中的突出重要作用，主要有以下几点：

（1）应急预案明确了应急救援的范围和体系，使应急准备和应急管理有据可依、有章可循、遇险不乱、有备而战，为及时、有序、科学开展应急行动提供了根本保障。

（2）制定应急预案，能够将政府、企业应急指挥人员，应急救援人员的应急职责以“法定”的形式固定下来，不仅可以提高大众风险防范意识，而且，可以提高大众应急责任意识，使应急工作得到充分重视，良好开展。

（3）制定应急预案，可以保障应急物资的储备、应急装备的配备、应急保障体系的建立得到充分保障，从而保障了应急救援的成功进行。

（4）迅速行动，措施科学，有备而战，会大大提高应急救援水平，最大限度地避免、减少人员的伤亡和财产损失，减轻不良的社会影响，大大降低事故后果。

（5）最大限度地保障国家和人民的生命财产免受损失，对于弘扬生命至上、安全第一思想，构建和谐社会具有重要的促进作用。

因此，生产经营企业都要针对企业存在的事故风险编制相应的应急预案，做到安全生产应急预案全覆盖。同时，要切实提高应急预案质量，使之具有良好的针对性、可行性、科学性，并通过持续不断的应急演练和培训，熟悉预案，检验预案，完善预案，促进应急救援效率的持续提高。

## 第四节　特种设备应急处置与救援培训、演练

应急预案编制完成，并经评审发布后，即从理论上成为可以应用的应急救援的“作战方案”。具备了良好的应急救援“作战方案”，就为应急救援行动的成功提供了根本保障。但是，仅有良好的应急救援“作战方案”，并不能保证相关政府、企业、个人对突发重大险情、事故、事件进行有效响应。因为突发险情、事故，往往发展迅速，应急救援刻不容缓，不允许也不可能让指挥人员、应急处置人员现场拿着“应急预案”照本宣科，逐条对照操作。

应急人员只有对自己的应急职责及应急操作要求熟稔于心，才能面对突发危险，处变不惊，果敢行动，灵活应对，保障应急救援行动的有序、高效开展，实现应急救援的目标。如若不然，就可能手忙脚乱，死搬教条，打慢仗、慢打仗，打乱仗、乱打仗，结果只有一败涂地。

应急人员要职责清楚，操作熟练，灵活应对，正确处置，必须通过全面、系统、反复的应急培训，并在应急演练与实战中熟悉技能，积累经验，不断提高应急救援水平。因此，应急培训与演练，对于应急机构、人员灵活按照应急救援“作战方案”有序、有效行动，圆满实现应急救援目标，至为重要。

## 一、应急培训目标

应急培训的目标主要如下：

（1）让领导干部重视应急救援工作，具备良好的应急意识，树立生命至上、安全第一的科学发展观，严格履行应急职责，切实把应急工作当作“生命工程”来抓。

（2）让应急指挥人员掌握应急救援的程序、资源的分布、重大危险源的处置，具备过硬的组织指挥能力。

（3）让专业应急人员掌握应急救援的程序和要领，具备良好的方案制定和现场处置能力。

（4）让一般应急人员掌握识别风险、规避风险和岗位应急处置能力，具备熟练的自救和互救技能。

（5）相关社会公众具备辨识基本风险和规避风险的能力。

（6）提高应急救援能力。应急救援各方能按照应急预案要求，协同应对，高效处置，从而最大限度地避免、减少人员伤亡、财产损失、生态破坏和不良社会影响。

## 二、应急培训对象

应急培训的对象，主要有以下几类：

1. 政府

（1）政府各级相关领导；

（2）政府各级相关部门人员。

2. 企业

（1）企业各级领导；

（2）企业专业应急救援人员；

（3）企业一般应急救援人员；

（4）企业其他人员；

（5）临时外来人员。

3. 专职应急队伍

（1）消防队伍；

（2）医疗卫生人员；

（3）危险化学品、电力等专业工程抢险队伍；

（4）特种设备生产单位专业队伍。

## 三、应急培训内容

应急培训的内容主要包括：

1. 应急意识教育

（1）应急救援工作的重要性；
（2）应急救援工作的迫切性；
（3）应急救援文化。
2. 应急法制教育
（1）法律基础知识；
（2）应急法律法规；
（3）企业应急预案、操作规程等规章制度。
3. 应急基础知识教育
（1）应急基本概念、术语；
（2）应急体系建设；
（3）危险因素辨识；
（4）危险源辨识；
（5）重大危险源辨识；
（6）应急预案作用；
（7）应急预案的构成及编制实施简要。
4. 专业技能教育
（1）相关危险化学品、电力、电气、机械施工等安全专业知识；
（2）风险分析方法；
（3）应急预案编制；
（4）应急物资储备与使用；
（5）应急装备选择、使用与维护；
（6）应急预案评审与改进；
（7）应急预案实施。

## 四、应急培训方法

应急培训，要采取灵活多样，简单实用，效果明显的方法。常用方法如下：

（1）书本教育

编制通俗应急知识读本，全员发放，人手一册，以提高应急意识，传授基本应急知识。

（2）举办知识讲座

聘请外部专家对专业人员进行系统的专业知识教育或对某一专题进行讲解。

（3）企业内部办班

组织具备相当水平的企业内专业人员从上至下进行分层次的教育培训。

（4）案例教育

精选成败案例，结合企业实际，进行生动灵活的教育。

（5）电脑多媒体教育

利用幻灯片、Flash、三维动画模拟等电脑多媒体技术进行教育。

（6）模拟演练

对应急预案进行模拟演练。模拟演练与实战情景最接近，最能锻炼应急人员的心理素质、应急技能，对提高应急救援水平最有效果，因此，这是一种必不可少的培训方法。

## 第五节 特种设备应急处置与救援应急演练策划与实施

预案只是预想的作战方案，实际效果如何，还需要用实践来验证。特种设备使用单位应当制定重大危险源事故应急预案演练计划，对重大危险源专项应急预案，每年至少进行一次演练；对重大危险源现场处置方案，每半年至少进行一次演练。应急预案演练结束后，特种设备使用单位应当对应急预案演练效果进行评估，撰写应急预案演练评估报告，分析存在的问题，对应急预案提出修订意见，并及时修订完善。熟练的应急技能也不是一日可得，必须对应急预案进行经常性演练，验证应急预案的适用性、有效性，发现问题，改进完善。

预案是为了实战，完善的预案，最终还需要人来按照预案确定的原则、方针、响应程序及操作要求进行正确的执行，因此，有了完善的预案，还必须全面正确地得到贯彻执行。

熟能生巧，熟练操作才能高效。要实战成功，离不开平时的演练。演练搞得好，从中获取的宝贵经验，其价值不亚于用事故代价换来的教训。

演练不是演戏，要从实际出发、突出实战、注重实效，不能走过场、不能流于形式、不能为演练而演练。

演练形式可以多种多样，但都必须精心设计，周密组织。要针对演练中发现的问题，及时制定整改措施。

要真正通过演练，使应急管理工作和应急管理水平得到完善和提高，使应急人员具有过硬的心理素质和熟练的操作技能，真正达到检验预案、磨合机制、锻炼队伍、提高能力、实现目标的目的。

### 一、应急演练作用

1.检验预案，完善准备

通过演练，验证应急预案的各部分或整体能否有效实施，能否满足既定事故情形的应急需要，发现应急预案中存在的问题，提高应急预案的科学性、实用性和可行性。具体包括：

（1）在应急预案投入实战前，事先发现预案方针、原则和程序的缺点；

（2）在应急预案投入实战前，事先发现采用的应急技术及现场操作方法的错误、不当之处；

（3）在应急预案投入实战前，辨识出缺乏的人力、物资、装备等资源；

（4）在应急预案投入实战前，事先发现应急责任的空白、不清、脱节之处，查找协同应对的薄弱环节等。

之后，根据发现的问题，完善应急组织、程序和措施，补充人员、装备、物资等，提高预案的科学性、实用性和可行性。

2. 锻炼队伍，提高素质

事故发生时，只有反应迅速，正确、熟练操作，才能把控救援主动权。然而，突发的爆炸事故现场，往往爆炸震耳欲聋，火焰冲天而起，浓烟滚滚。此情此景，恐慌、惧怕、逃避心理是人的正常心理反应，很容易出现反应迟钝、束手无策、动作变形、操作失误、无视危险勇往直前等现象，这都会导致救援行动的失败。

恐慌、惧怕、逃避心理是应急人员必须消除的心理反应；反应迟钝、束手无策、动作错误是应急人员大忌，而无视危险勇往直前，精神可嘉，实不可取，这种冒险的本能反应行为，在很多情况下会造成事故的恶化或扩大。

面对突发重大险情、事故，应急人员必须具有处变不惊、从容应对的心理素质，唯有如此，才能依照程序有序施救，高效救援。要具备这种过硬的心理素质和熟练的操作技能，既要有良好的应急意识、知识，对事故处置成竹在胸，更要经过多次现场模拟，适应现场环境，提高心理素质，保证应急“动作”不变形。

要获得这种心理素质和操作技能，一是靠日常的专业知识学习，二是靠一次次的演练，强化、固化心理的正常反应。实践证明，演练实质还是以安全为前提的“假戏”，平时演练得很好，真正到了实战，还会出现心理不适、“动作”变形现象。经常演练尚且如此，不经常演练，结果就可想而知了。

3. 熟练预案，磨合机制

熟能生巧，行动就会高效。相关部门、单位和人员经常进行应急演练，就会熟悉预案、熟悉职责、熟悉程序、熟练操作、默契配合，对于突发异常，会随机应变，灵活处置，不断提高应急管理与应急救援水平。必须变“纸上谈兵”为“模拟演兵”，努力做到有备而战，随机应变，灵活应战，战则能胜。

4. 宣传教育，增强意识

每一次的应急演练，就是一堂生动的应急文化教育课。通过应急演练，一次次地激发、巩固全员应急意识，这种应急意识的形成，对于充分调动全员应急工作的主动性，包括获得领导对应急工作的支持，员工对应急工作的热爱，社会公众对应急工作的帮助与支持，具有不可低估的作用。

## 二、应急演练目的

上述应急演练的作用，从某种意义上讲，也是应急演练的直接目的，但并不是应急演练的最终目的，最终目的是要保证应急预案的成功实施，实现应急救援的预期目标。简而言之，应急演练目的如下：

1. 检验预案

用模拟方式对预案的各项内容进行检验，保证预案有针对性、科学性、实用性和可行性。

2. 锻炼队伍

通过有组织、有计划的接近实战的仿真演练，锻炼应急队伍，保证应急人员具有良好的应急素质和熟练的操作技能，充分满足应急工作实际需要。

3. 提高水平

通过完善预案，提高队伍素质和应急各方协同应对能力，保证应急预案的顺利实施，提高应急救援实战水平。

4. 实现目标

通过提高应急救援能力，圆满实现应急预期目标，最大限度地避免、减少人员伤亡、财产损失、生态破坏和不良社会影响。

## 三、应急演练原则

应急演练类型有多种，不同类型的应急演练虽有不同特点，但在策划演练内容、演练情景、演练频次、演练评估方法等方面，应遵循以下原则：

1. 领导重视，依法进行

首先，最高管理层要充分认识应急预演的重要作用和真正目的，端正思想，克服演练是“形式主义、没效益、白花钱”等错误思想，只有领导重视，应急演练工作才能得到根本保障。

同时，应急演练采用的形式、具体的操作，都必须依法进行。要特别避免事先不向周围公众告知，以致“事故突发”，居民惊慌失措，四处奔逃，正常生活被打乱，甚至出现人员伤亡、财产损失的情况。

2. 周密组织，安全第一

演练的根本目的，是要保障生命和财产免受伤害，应杜绝在演练中真“出事”，出现人员伤亡、影响生产的情形。

因此，对演练必须周密组织，坚持安全第一的原则，保证演练过程的每个环节都是实时可控的，即随时可以安全终止，充分保障人员生命安全、生产运行安全和周围公众的安全。

3. 结合实际，突出重点

要充分考虑企业、地域实际情况，分析应急工作中的薄弱环节，分析应急工作的重点所在，找出需要重点解决、重点保障的内容进行演练。如果员工对应急预案的基本内容尚不熟悉，就要重点抓好以口头讲解为特点的桌面演练；如果应急人员对应急装备的使用存在问题，那就应该重点进行应急装备的重点演练；如果泄漏事故，是企业多发且可能造成重大事故的事故类型，那就应该把泄漏事故的应急演练作为重点首先演练好；等等。

4. 内容合理，讲究实效

应急预案是一项复杂的系统工程，从理论上讲，要演练的内容很多，甚至是无穷无尽的。因此，必须坚持内容合理，讲究实效的原则，确定那些重要、关键、富有实质意义的内容，避免走过场，让演练流于形式的现象。

5. 优化方案，经济合理

演练需要投入人力、物力、财力，其中，以全面演练投入最大，在许多情况下，企业会出现“演练不起”的现象。演练有用，可演练若花费太大，也可能“吃掉”企业效益，成为企业经济运行的“绊脚石”，企业生产安全有了保障，企业经济发展却失去保障，也完全违背了通过应急演练保障生产安全、促进经济发展的初衷。因此，应急演练，必须对演练方案进行充分优化，从演练类型选择、人力物力投入等方面，充分综合评价企业的安全需求与经济承受能力，选用最经济的方式，用最低的演练成本，达到演练的目的。要坚决避免大轰大嗡，求大求全求好看的现象。若此，不仅演练效果难好，而且对企业造成较大的经济损失，人为地阻碍了企业的强劲发展。

**四、应急演练类型**

应急演练按照演练内容分为综合演练和单项演练，按照演练形式分为实战演练和桌面演练，不同类型的演练可相互组合。

按演练类型划分

1. 综合演练

综合演练是针对应急预案中多项或全部应急响应功能开展的演练活动。

综合演练包括报警、指挥决策、应急响应、现场处置和善后恢复等多个环节，参演人员涉及预案中全部或多个应急组织和人员。

综合演练一般持续几个小时，甚至更长。演练过程要求尽量真实，调用更多的应急响应人员和资源，并开展人员、设备及其他资源的实战性演练，以展示相互协调的应急响应能力。

综合演练系统完整，更接近救援实际，暴露出的问题往往最能体现要害，获取的经验最有用，同时，投入的人力、财力、物力最多，往往是巨大的。因此，必须把预案演练评估作为一项非常重要的工作，全过程地抓好，以弥补不足，总结经验，并努力节省投资，用最少的钱办最大的事。

2. 单项演练

单项演练是针对应急预案中某一项应急响应功能开展的演练活动。

演练形式包括重点区域的应急处置程序、应急设施设备的使用、事故信息处置和从业人员岗位应急职责掌握情况等，参演人员主要是相关程序的实际操作人员。

单项演练一般在应急指挥中心举行，并可同时开展现场演练，调用有限的应急设备，主要目的是针对不同的应急响应功能，检验相关应急人员及应急指挥协调机构的策划和响应能力。如应急通信功能演练，可假定在事故状态下，按照预案要求，模拟事态的逐级发展，检验不同人员、不同地域、不同通信工具能否满足实际要求。

专项演练比桌面演练规模要大，需动员更多的应急响应人员和组织，必要时，还可要求上级应急响应机构参与演练过程，为演练方案设计、协调和评估工作提供技术支持，因而协调工作的难度也随着更多应急响应组织的参与而增大。

3. 桌面演练

桌面演练是利用工艺图纸、地图、计算机模拟和视频会议等辅助手段，针对设定的生产安全事故情景，口头推演应急决策及现场处置程序。桌面演练通常在室内完成。

桌面演练的主要特点是对演练情景进行口头推演，是“纸上谈兵”，一般是在会议室内举行非正式的活动，主要作用是在没有时间压力的情况下，演练人员检查和解决应急预案中问题的同时，获得一些建设性的意见。

主要目的是在心情放松、心理压力较小的情况下，锻炼应急人员解决问题的能力，以及解决应急组织相互协作和职责划分的问题。桌面演练方法成本较低，主要用于为综合演练和专项演练做准备。

4. 实战演练

实战演练是选择（或模拟）生产经营活动中的设备、设施、装置或场所，真实展现设定的生产安全事故情景，根据预案程序及所用各类应急器材、装备、物资，实地行动，如实操作，完成真实应急响应的过程。

实战演练因为很可能严重影响正常的生产经营活动，演练演出真事故，因此，在

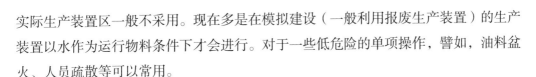

实际生产装置区一般不采用。现在多是在模拟建设（一般利用报废生产装置）的生产装置以水作为运行物料条件下才会进行。对于一些低危险的单项操作，譬如，油料盆火、人员疏散等可以常用。

## 五、应急演练策划

1.确定应急指挥组织

根据不同类型的应急预演，启动相应的应急指挥组织。由确定的应急指挥组织，成立应急演练策划小组，编制应急预演策划报告。

2.演练策划报告内容

企业开展应急演练过程可划分为演练准备、演练实施和演练总结三个阶段。按照应急演练的三个阶段，演练策划报告应包括演练从准备、实施到总结的每一个程序及要求，主要内容如下：

（1）明确职责，分工具体

演练策划小组是演练的领导机构，是演练准备与实施的指挥部门，对演练实施全面控制，任务繁重。因此，演练策划小组人员的各自职责必须要明确，对工作进行具体分工，按照各自职责与分工，有序开展工作。

演练策划小组的主要职责与任务：

1）确定演练类型、对象、情景设计、参演人员、目标、地点、时间等；

2）协调各项应急资源的调配及参演各方关系；

3）编制演练实施方案；

4）检查和指导演练的准备与实施，解决准备与实施过程中所发生的重大问题；

5）组织演练总结与评价。

策划小组要根据上述任务与职责进行人员分工，在较大规模的专项演练或全面演练时，策划小组内部可分设专业组，对各项工作的准备、实施与总结进行周密策划。

（2）确定演练类型和对象

根据企业实际，根据最需解决的问题、应急工作重点、演练各项投入等情况，确定合适的演练类型和演练对象。

（3）确定演练目标

演练策划小组根据演练类型和对象，制定具体的演练目标。

演练目标，不能仅以成功处置“事故”这一正确但笼统的“目标”为目标，应将目标分解细化，要把队伍的调用、人员的操作、装备的使用、“事故”的处置、演练的评价等应达到的要求，均拟定具体的演练目标，这样更容易发现不足。

（4）确定演练和观摩人员

演练策划小组，要将参与演练的人员进行确定，满足演练与实战的需要。同时，确定相应的观摩人员。观摩人员不仅指领导，应尽可能地让更多的员工进行观摩。对于观摩者来说，既是技能教育，更是意识教育。因此，应充分发挥这一课堂的作用，只要“教室”足够大，就尽可能地招收更多的“学生”来学习。

（5）确定演练时间和地点

演练策划小组应与企业有关部门、应急组织和关键人员提前协商，并确定应急演练的时间和地点。

（6）编写演练方案

演练策划小组应根据演练类型、对象、目标、人员等情况，事先编制演练方案，对演练规模、参演单位和人员、演练对象、假想事故情景及其发展顺序及响应行动等事项进行总体设计。

（7）确定演练现场规则

演练策划小组应事先制定演练现场的规则，确保演练过程全程可控，确保演练人员的安全和正常的生产、周围公众的生活秩序不受影响。

（8）确定演练物资与装备

演练模拟场景有些是真实的，譬如用一个油盆点火，此时火是真火，只是规模上小一些，但要灭火就必须用真灭火器来灭；譬如氯气泄漏，也可以搬一瓶氯气，打开阀门，进行真实演示，只是这种泄漏是可控的，拧上阀门即可控制，但是，这却需要真实的气体监测仪与专用的处理设备进行处理。对于这些物资、装备，必须事先全面考察确定，在满足安全的前提下，尽可能地做到真实。

（9）安排后勤工作

演练策划小组应事先完成演练通信、卫生、场地交通、现场指示和生活保障等后勤保障工作。

（10）应急演练评估

成立应急评估组织、培训相关人员、撰写应急评估报告。

（11）讲解演练方案与演练活动

演练策划小组负责人应在演练前分别向演练人员、评估人员、控制人员简要讲解演练日程、演练现场规则、演练方案、模拟事故等事项。

（12）演练实施

演练准备活动就绪，达到演练条件，演练开始。

（13）举行公开会议

演练结束后，演练策划小组负责人应邀请参演人员及观摩人员出席公开会议，解释如何通过演练检验企业应急能力，听取大家对应急预案的建议。

（14）汇报与讨论

评估小组尽快将初步评价报告策划小组，策划小组应尽快吸取评估人员对演练过程的观察与分析，确定演练结论，确定采取何种纠正措施。

（15）演练人员询问与求证

演练策划小组负责人应召集演练人员代表对演练过程进行自我评价，并对演练结果进行总结和解释，对评估小组的初步结论进行论证。

（16）通报错误、缺失及不足

演练结束后，演练策划小组负责人应通报本次演练中存在的错误、缺失及不足之处，并通报相应的改进措施。有关方面接到通报后，应在规定的期限内完成整改工作。

（17）编写演练总结报告

演练结束后，演练策划小组负责人应以演练评估报告为重要内容，向上级管理层提交演练报告。报告内容应包括本次演练的背景信息、演练方案、演练人员组织、演练目标、存在问题、整改措施及演练结论评价等。

（18）追踪问题整改

演练结束后，演练策划小组应追踪错误、缺失、不足等问题的改进措施落实执行情况，错误、缺失、不足等问题及时得到解决，避免在今后的工作中重犯。

演练小组按照上述要求完成演练策划报告后，应请相关部门、人员进行评审，认真倾听改进意见与建议，修改完善后，报最高管理者同意，方可施行。

除一些必需的公告信息外，策划报告对演练人员是保密的，以充分检验应急各方的能力与水平。

### 六、应急演练准备

演练策划报告完成后，即可按照演练策划报告的内容与要求，有序开展准备工作，准备充分，即可按期、按要求开展演练及总结工作。因此，演练策划报告，是演练的重要指导性与操作性兼具的文件，既要保证现场情景逼真，圆满实现演练目标，又要保障人员、生产、周围公众的安全，这就必须把模拟事故情景设计好。情景设计是演练的重要“剧本”，只有剧本好，才能排演好。

情景设计中，必须把假想事故的发生、发展过程，按照科学的原理，设计出一系列客观真实的相互因果、发展有序的情景事件，不能凭空臆想设计有违真实的场景；必须说明何时、何地、发生何种事故、被影响区域、气象条件等事项，即必须详细说明事故情景，便于参演人员理解对危险因素的辨识与风险评价；必须说明演练人员在演练中的一切应急行动，并将应急行动安全注意事项，在行动分解中随时讲清。

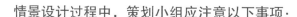

**情景设计过程中，策划小组应注意以下事项：**

1. 安全第一

编写演练方案或设计事故情景时，应将演练参与人员、周围公众及生产的安全放在首位。演练方案和事故情景设计中应说明安全要求和原则，以防演练参与人员、公众的安全健康或生产、生活秩序受到危害。

2. 专家编写

负责编写演练方案或设计演练情景的人员，必须熟悉演练地点及周围各种有关情况。一般来说，应由本单位资深技术、管理两类专业人员参与此项工作。演练人员不得参与演练方案编写和演练情景的设计过程，确保演练方案和演练情景相对于演练人员是相对保密的。

3. 生动真实

设计演练情景时，应尽可能贴近实战。为增强演练情景的真实程度，策划小组可以对历史上发生过的真实事故进行研究，将其中一些信息纳入演练情景中。在演练中，尽可能地采用一些真实的道具或其他仿真度强的模拟材料，提高情景的真实性。

4. 进程可控

情景事件的时间进度应该可控，事情的发展可以与真实事故的时间进度相一致，也可以不一致。从理论上讲，两者相对一致是最理想的。但是，对于演练实际来讲，这几乎是不可能的，因为，演练的时间常常受限。因此，情景设计的事件进程，总体上应是可控的。

5. 气象条件

这是一个很难处理的问题，几乎永远不能与应急策划相吻合，即根据演练日期确定的演练时的气象条件，几乎不可能与情景设计得一样。因此，对气象条件，原则上就是使用演练当时的气象条件，至于应急响应行动，完全按预案的内容与要求来执行。

为了保证对气象条件的适应，可以针对气象条件开展诸多单项演练，以提高参演人员对各种气象条件的适应性。

6. 公众影响

情景设计时，应慎重考虑公众卷入的问题，避免引起公众恐慌。因为即便事先将演练场景告知公众，仍可能存在漏洞或出现新的变化。如要模拟一次气罐爆炸事故，假如事先已经向周围村庄、社区的公众进行告知，但是，由于人员流动性及有关人员理解力不同，仍可能在巨大的模拟声响之后，出现有人误以为发生地震、真爆炸等应激反应，仓皇出逃，引起混乱，甚至跳楼逃生，导致伤亡的事情。曾有居民对压力锅爆炸，误以为煤气爆炸，而跳楼摔伤的教训。

# 第二章 特种设备应急处置与救援的法律关系

## 第一节 特种设备应急处置与救援的法治建设概述

特种设备事故的应急处置与救援工作事关人民群众生命财产安全，事关改革发展和社会稳定大局，是党和政府对人民利益高度负责的要求。目前，我国安全生产形势持续向好，成绩显著，但是，事故总量依然居高不下，特种设备引发的重特大事故也时有发生，特种设备安全生产形势依然严峻，迫切要求依法加强特种设备安全管理，健全特种设备安全生产应急救援管理体系，完善特种设备事故应急救援预案，加强特种设备应急救援基地和队伍建设，完善特种设备应急救援联动机制，健全应急物资储备调用机制，持续推进特种设备应急保障能力的提高。

中国特色社会主义进入新时代，社会主要矛盾转化为人民日益增长的美好生活需要和不平衡不充分的发展之间的矛盾。虽然我国安全生产形势持续向好，但安全生产仍是我国社会治理的短板和弱项。从现在到全面建成小康社会的决胜期，人们对物质文化生活提出了更高的要求，对安全生产的要求也日益提高；2035 年要基本实现社会主义现代化，到那时，现代社会治理格局基本形成，社会充满活力又和谐有序；到本世纪中叶，要把我国建成富强民主文明和谐美丽的社会主义现代化强国，到那时，我国人民将享有更加幸福安康的生活。特种设备涉及民众生活的方方面面，对民众生命安全有极大的威胁，所以要求我们必须大力推进特种设备安全管理工作，一旦出现因特种设备导致重大人员伤亡，都会带来严重的社会影响。生命至上、安全第一，构建和谐社会成为新时代各项建设的重要指导思想，保障人民的生命财产免受侵害成为特种设备安全管理工作的重要目标。中国特色社会主义进入新时代，人民美好生活需要日益广泛，不仅对物质文化生活提出了更高要求，而且在法治、安全、环境等方面的要求日益增长。没有规矩，不成方圆。健全法制，依法管理，是加强新时代特种设备安全管理的客观要求，是保障特种设备应急救援工作顺利开展、圆满实现特种设备应急预期目标的重要保障。

加强特种设备应急救援法制建设，加快推进特种设备应急救援法治进程，是强化特种设备应急管理，提高应急保障能力的重要举措，有利于规范特种设备应急管理，改进特种设备应急处置，提高特种设备救援效率，有利于避免、减少特种设备事故的发生，有利于避免、减少人员的伤亡和财产损失，有利于社会的稳定，有利于创造良好的经济效益、生态效益和社会效益，是筑牢特种设备事故灾难最后一道防线的长效之计。加强特种设备应急救援法治建设，大势所趋，工作所迫，刻不容缓。

**一、特种设备应急救援法治建设指导思想**

宏观而言，就是以邓小平理论、“三个代表”重要思想、科学发展观、习近平新时代中国特色社会主义思想为行动指南，全面推进科学立法、严格执法、公正司法、全民守法，坚持依法治国、依法执政、依法行政共同推进，坚持法治国家、法治政府、法治社会一体建设，不断满足人民日益增长的美好生活需要，形成有效的社会治理和良好的生产秩序。

具体来讲，即树立安全发展理念，弘扬生命至上、安全第一的思想，坚持全过程、全方位“有法可依、有法必依、执法必严、违法必究”的原则，不断健全公共安全体系，完善安全生产责任制，坚决遏制特种设备重特大安全事故，提升防灾减灾救灾能力，努力消减人身伤亡和财产损失，保护人民的生命权、健康权、财产权、人格权，使人民的获得感、幸福感、安全感更加充实、更有保障、更可持续，助力建设全面小康社会和社会主义现代化强国。

**二、法律层级与效力**

1.法的广义性与狭义性

从广义上讲，法是指国家按照统治阶级利益和意志制定或者认可，并由国家强制力保证其实施的行为规范的总和。

从狭义上讲，法是专指拥有立法权的机关依照立法程序制定和颁布的规范性文件，即具体的法律规范，包括宪法、法令、法律、行政法规、地方性法规、行政规章、判例、习惯法等各种成文法和不成文法。

关于法和法律。在人们的日常生活中，使用法律一词，多是广义性的。如“执法必严”“法律面前人人平等”，其中涉及的法和法律都是从广义上讲的。为了加以区别，法学专业领域将广义的法律称之为法；但在很多场合，二者都根据约定俗成原则，统称为法律。

2. 法的分类

按照法的法律地位和法律效力的层级，法的分类如下：

（1）宪法

宪法是国家的根本法，具有最高的法律地位和法律效力。

（2）法律

广义的法律与法同义。狭义的法律特指由享有国家立法权的机关依照一定的立法程序制定和颁布的规范性文件。法律的地位和效力仅次于宪法。

（3）行政法规

行政法规是国家行政机关制定的规范性文件的总称。狭义的行政法规专指最高国家行政机关即国务院制定的规范性文件。行政法规的名称通常为条例、规定、办法、决定等。

（4）地方性法规

地方性法规是指地方国家机关依照法定职权和程序制定和颁布的、施行于本行政区域的规范性文件。

（5）行政规章

行政规章是指国家机关依照行政职权所制定、发布的针对某一类事件、行为或者某一类人员的行政管理的规范性文件。

行政规章分为部门规章和地方政府规章两种。

部门规章是指国务院的部、委员会和直属机构依照法律、行政法规或者国务院授权制定的在全国范围内实施行政管理的规范性文件。

地方政府规章是指有地方性法规制定权的地方人民政府依照法律、行政法规、地方性法规或者本级人民代表大会或其常务委员会授权制定的在本行政区域实施行政管理的规范性文件。

3. 法的效力

法的效力，即法的生效范围，是指法对什么人、在什么地方、什么时间发生效力。

（1）对人的效力

法律对什么人产生效力，各国立法原则不同而出现不同，大体有三种情况：

1）属人原则

以国籍为主，法律只对本国人适用，不适用于外国人。

2）属地原则

以地域为主，法律对该国主权控制下的陆地、水域及其水底、底土和领空内有绝对效力。不论本国人、外国人，均适用。

3）属地原则与属人原则相结合

即凡居住在一国领土内者，无论本国人，还是外国人，原则上一律适用该国法律；但在某些问题上，对外国人仍要适用其本国法律；特别是依照国际惯例和条约，享有外交特权和豁免权的外国人，仍适用其本国法律。

我国社会主义法的效力，采用第三种情况即属地原则与属人原则相结合的原则。

（2）关于地域的效力

法的地域效力，包括三个方面的内容：

1）在全国范围内生效。如全国人大及其常委会制定的规范性法律，除有特殊规定之外，一般都在全国范围内有效。

2）在局部地区有效。一般是指地方国家机关制定的规范性法律文件。

3）不但在国内有效，而且在一定条件下可以超出国境。

《中华人民共和国刑法》第八条规定：外国人在中华人民共和国领域外对中华人民共和国国家或者公民犯罪，而按本法规定的最低刑为三年以上有期徒刑的，可以适用本法，但是按照犯罪地的法律不受处罚的除外。

（3）关于时间的效力

这是指法律何时生效、何时终止。主要有两种情况：

1）自法律公布之日起生效。

2）法律另行规定生效时间。如《突发事件应对法》于2007年8月30日公布，自2007年11月1日生效施行。

（4）关于层级的效力

1）法的层级不同，其法律地位和效力也不同。

2）上位法是指法律地位、法律效力高于其他相关法的法律。

3）下位法则是相对于上位法而言，法律地位、法律效力低于相关上位法的法律。

4）上位法的效力要高于下位法的效力；在同一层级上，特殊法优于普通法。

5）如《宪法》与《突发事件应对法》，《宪法》就是上位法，《突发事件应对法》是下位法，《宪法》的效力就要高于《突发事件应对法》。《宪法》具有最高的法律效力，一切法律、行政法规、地方性法规、自治条例和单行条例、规章都不得同《宪法》相抵触。

6）法律的效力高于行政法规、地方性法规、规章。全国人民代表大会常务委员会的法律解释同法律具有同等效力。

7）行政法规的效力高于地方性法规、规章。

8）地方性法规的效力高于本级和下级地方政府规章。

9）省、自治区的人民政府制定的规章的效力高于本行政区域内的较大的市的人民政府制定的规章。

10）自治条例和单行条例依法对法律、行政法规、地方性法规作变通规定的，在本自治地方适用自治条例和单行条例的规定。

11）经济特区法规根据授权对法律、行政法规、地方性法规作变通规定的，在本经济特区适用经济特区法规的规定。

12）部门规章之间、部门规章与地方政府规章之间具有同等效力，在各自的权限范围内施行。

13）同一机关制定的法律、行政法规、地方性法规、自治条例和单行条例、规章，特别规定与一般规定不一致的，适用特别规定；新的规定与旧的规定不一致的，适用新的规定。

14）普通法是指适用于某领域中普遍存在的基本问题、共性问题的法律规范。如《安全生产法》就是安全领域中的普通法。

15）特殊法是相对于普通法而言，适用于该领域中存在的特殊性、专业性问题的法律规范，它们比普通法更具专业性、具体性、可操作性。如《消防法》就是安全生产领域中的特殊法，如遇到消防问题时，《消防法》效力就高于《安全生产法》。

16）法的效力层级关系如图 2-1 所示。

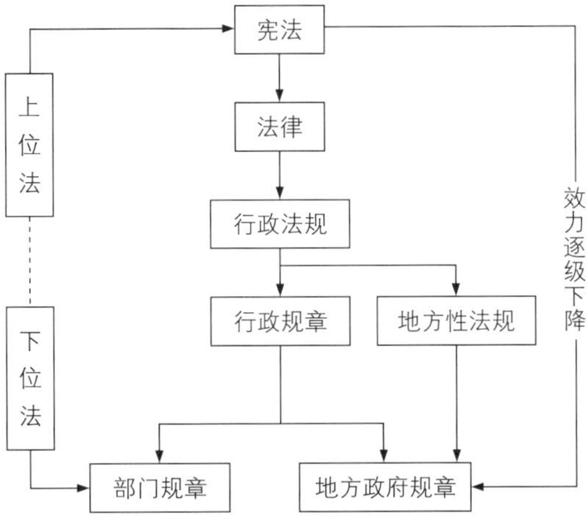


图2-1　法的效力层级关系

4. 法的适用原则

社会主义法的适用原则主要有三个：

（1）法律适用机关依法独立行使职权

国家行政机关和人民法院、人民检察院等司法机关必须依照法律规定行使职权，依法行使职权不受其他国家机关、社会团体和个人的干涉。

（2）以事实为依据，以法律为准绳

适用法律时，必须尊重客观事实，实事求是，并严格依照法律规定办事，不能徇私枉法。

（3）法律面前人人平等

1）权利和义务平等

公民不分性别、民族、种族、职业等，一律平等地享有法律规定的权利、平等地承担法律规定的义务，坚决反对特权。

2）责任平等

公民在适用法律上一律平等。它要求司法机关在适用法律时，以同一法定标准对待一切公民。不管什么人，即使是担任高级领导职务的，只要他确实违反了法律、触犯了刑律，都应依法严肃处理。

5. 法律责任

法律责任是指由于违法行为而应当承担的法律后果。按照违法的性质、程度不同，法律责任可以分为刑事责任、行政责任和民事责任。

6. 法理与情理

情理是大众的普遍感情，是群众论事论理、论是论非的标准；法理是法学家理性思考的结晶，是创造法律规则的逻辑基础。情理是法理的基础，法理是情理的升华。说到底，法理还是基于情理而产生，情理通过法理而升华。法理离不开情理。情理和法理，既相对立，又相统一；既有所区别，又相依相伴，紧密相随。

因此，在研究制定法律、法规时，必须充分考虑人情和社会情况，努力让其成为代表最广大人民利益的“活”的思想和“死”的规则，只有这样，法才能更符合实际。

## 第二节　与特种设备应急处置与救援相关的法律

### 一、中华人民共和国刑法

（1979 年 7 月 1 日第五届全国人民代表大会第二次会议通过，1979 年 7 月 6 日全国人民代表大会常务委员会委员长令第五号公布，1980 年 1 月 1 日起施行）

第七十八条　被判处管制、拘役、有期徒刑、无期徒刑的犯罪分子，在执行期间，如果认真遵守监规，接受教育改造，确有悔改表现的，或者有立功表现的，可以减刑；有下列重大立功表现之一的，应当减刑：

（五）在抗御自然灾害或者排除重大事故中，有突出表现的。

第二百六十三条　以暴力、胁迫或者其他方法抢劫公私财物的，处三年以上十年以下有期徒刑，并处罚金；有下列情形之一的，处十年以上有期徒刑、无期徒刑或者死刑，并处罚金或者没收财产：

（八）抢劫军用物资或者抢险、救灾、救济物资的。

第二百七十三条　挪用用于救灾、抢险、防汛、优抚、扶贫、移民、救济款物，情节严重，致使国家和人民群众利益遭受重大损害的，对直接责任人员，处三年以下有期徒刑或者拘役；情节特别严重的，处三年以上七年以下有期徒刑。

第三百八十四条　国家工作人员利用职务上的便利，挪用公款归个人使用，进行非法活动的，或者挪用公款数额较大、进行营利活动的，或者挪用公款数额较大、超过三个月未还的，是挪用公款罪，处五年以下有期徒刑或者拘役；情节严重的，处五年以上有期徒刑。挪用公款数额巨大不退还的，处十年以上有期徒刑或者无期徒刑。挪用用于救灾、抢险、防汛、优抚、扶贫、移民、救济款物归个人使用的，从重处罚。

## 二、中华人民共和国刑法修正案（六）

（2006 年 6 月 29 日公布施行，中华人民共和国主席令第五十一号）

将刑法第一百三十四条修改为：“在生产、作业中违反有关安全管理的规定，因而发生重大伤亡事故或者造成其他严重后果的，处三年以下有期徒刑或者拘役；情节特别恶劣的，处三年以上七年以下有期徒刑。”

“强令他人违章冒险作业，或者明知存在重大事故隐患而不排除，仍冒险组织作业，因而发生重大伤亡事故或者造成其他严重后果的，处五年以下有期徒刑或者拘役；情节特别恶劣的，处五年以上有期徒刑。”

将刑法第一百三十五条修改为：“安全生产设施或者安全生产条件不符合国家规定，因而发生重大伤亡事故或者造成其他严重后果的，对直接负责的主管人员和其他直接责任人员，处三年以下有期徒刑或者拘役；情节特别恶劣的，处三年以上七年以下有期徒刑。

在刑法第一百三十五条后增加一条，作为第一百三十五条之一：“举办大型群众性活动违反安全管理规定，因而发生重大伤亡事故或者造成其他严重后果的，对直接负责的主管人员和其他直接责任人员，处三年以下有期徒刑或者拘役；情节特别恶劣的，处三年以上七年以下有期徒刑。”

在刑法第一百三十九条后增加一条，作为第一百三十九条之一：“在安全事故发生后，负有报告职责的人员不报或者谎报事故情况，贻误事故抢救，情节严重的，处三年以下有期徒刑或者拘役；情节特别严重的，处三年以上七年以下有期徒刑。

## 三、最高人民法院、最高人民检察院关于办理危害生产安全刑事案件适用法律若干问题的解释

（2015年11月9日发布）

为依法惩治危害生产安全犯罪，根据刑法有关规定，现就办理此类刑事案件适用法律的若干问题解释如下：

第一条　刑法第一百三十四条第一款规定的犯罪主体，包括对生产、作业负有组织、指挥或者管理职责的负责人、管理人员、实际控制人、投资人等人员，以及直接从事生产、作业的人员。

第二条　刑法第一百三十四条第二款规定的犯罪主体，包括对生产、作业负有组织、指挥或者管理职责的负责人、管理人员、实际控制人、投资人等人员。

第三条　刑法第一百三十五条规定的“直接负责的主管人员和其他直接责任人员”，是指对安全生产设施或者安全生产条件不符合国家规定负有直接责任的生产经营单位负责人、管理人员、实际控制人、投资人，以及其他对安全生产设施或者安全生产条件负有管理、维护职责的人员。

第四条　刑法第一百三十九条之一规定的“负有报告职责的人员”，是指负有组织、指挥或者管理职责的负责人、管理人员、实际控制人、投资人，以及其他负有报告职责的人员。

第五条　明知存在事故隐患、继续作业存在危险，仍然违反有关安全管理的规定，实施下列行为之一的，应当认定为刑法第一百三十四条第二款规定的“强令他人违章冒险作业”：

（一）利用组织、指挥、管理职权，强制他人违章作业的；

（二）采取威逼、胁迫、恐吓等手段，强制他人违章作业的；

（三）故意掩盖事故隐患，组织他人违章作业的；

（四）其他强令他人违章作业的行为。

第六条　实施刑法第一百三十二条、第一百三十四条第一款、第一百三十五条、第一百三十五条之一、第一百三十六条、第一百三十九条规定的行为，因而发生安全事故，具有下列情形之一的，应当认定为“造成严重后果”或者“发生重大伤亡事故或者造成其他严重后果”，对相关责任人员，处三年以下有期徒刑或者拘役：

（一）造成死亡一人以上，或者重伤三人以上的；

（二）造成直接经济损失一百万元以上的；

（三）其他造成严重后果或者重大安全事故的情形。

实施刑法第一百三十四条第二款规定的行为，因而发生安全事故，具有本条第一款规定情形的，应当认定为“发生重大伤亡事故或者造成其他严重后果”，对相关责任人员，处五年以下有期徒刑或者拘役。

实施刑法第一百三十七条规定的行为，因而发生安全事故，具有本条第一款规定情形的，应当认定为“造成重大安全事故”，对直接责任人员，处五年以下有期徒刑或者拘役，并处罚金。

实施刑法第一百三十八条规定的行为，因而发生安全事故，具有本条第一款第一项规定情形的，应当认定为“发生重大伤亡事故”，对直接责任人员，处三年以下有期徒刑或者拘役。

第七条　实施刑法第一百三十二条、第一百三十四条第一款、第一百三十五条、第一百三十五条之一、第一百三十六条、第一百三十九条规定的行为，因而发生安全事故，具有下列情形之一的，对相关责任人员，处三年以上七年以下有期徒刑：

（一）造成死亡三人以上或者重伤十人以上，负事故主要责任的；

（二）造成直接经济损失五百万元以上，负事故主要责任的；

（三）其他造成特别严重后果、情节特别恶劣或者后果特别严重的情形。

实施刑法第一百三十四条第二款规定的行为，因而发生安全事故，具有本条第一款规定情形的，对相关责任人员，处五年以上有期徒刑。

实施刑法第一百三十七条规定的行为，因而发生安全事故，具有本条第一款规定情形的，对直接责任人员，处五年以上十年以下有期徒刑，并处罚金。

实施刑法第一百三十八条规定的行为，因而发生安全事故，具有下列情形之一的，对直接责任人员，处三年以上七年以下有期徒刑：

（一）造成死亡三人以上或者重伤十人以上，负事故主要责任的；

（二）具有本解释第六条第一款第一项规定情形，同时造成直接经济损失五百万元以上并负事故主要责任的，或者同时造成恶劣社会影响的。

第八条　在安全事故发生后，负有报告职责的人员不报或者谎报事故情况，贻误事故抢救，具有下列情形之一的，应当认定为刑法第一百三十九条之一规定的“情节严重”：

（一）导致事故后果扩大，增加死亡一人以上，或者增加重伤三人以上，或者增加直接经济损失一百万元以上的；

（二）实施下列行为之一，致使不能及时有效开展事故抢救的：

1. 决定不报、迟报、谎报事故情况或者指使、串通有关人员不报、迟报、谎报事故情况的；

2. 在事故抢救期间擅离职守或者逃匿的；

3. 伪造、破坏事故现场，或者转移、藏匿、毁灭遇难人员尸体，或者转移、藏匿受伤人员的；

4. 毁灭、伪造、隐匿与事故有关的图纸、记录、计算机数据等资料以及其他证据的。

（三）其他情节严重的情形。

具有下列情形之一的，应当认定为刑法第一百三十九条之一规定的“情节特别严重”：

1. 导致事故后果扩大，增加死亡三人以上，或者增加重伤十人以上，或者增加直接经济损失五百万元以上的；

2. 采用暴力、胁迫、命令等方式阻止他人报告事故情况，导致事故后果扩大的；

3. 其他情节特别严重的情形。

第九条　在安全事故发生后，与负有报告职责的人员串通，不报或者谎报事故情况，贻误事故抢救，情节严重的，依照刑法第一百三十九条之一的规定，以共犯论处。

第十条　在安全事故发生后，直接负责的主管人员和其他直接责任人员故意阻挠开展抢救，导致人员死亡或者重伤，或者为了逃避法律追究，对被害人进行隐藏、遗弃，致使被害人因无法得到救助而死亡或者重度残疾的，分别依照刑法第二百三十二条、第二百三十四条的规定，以故意杀人罪或者故意伤害罪定罪处罚。

## 四、中华人民共和国特种设备安全法

（2013 年 6 月 29 日第十二届全国人民代表大会常务委员会第三次会议通过，2014 年 1 月 1 日起施行）

第三十四条　特种设备使用单位应当建立岗位责任、隐患治理、应急救援等安全管理制度，制定操作规程，保证特种设备安全运行。

第三十五条　特种设备使用单位应当建立特种设备安全技术档案。安全技术档案应当包括以下内容：

（一）特种设备的设计文件、产品质量合格证明、安装及使用维护保养说明、监督检验证明等相关技术资料和文件；

（二）特种设备的定期检验和定期自行检查记录；

（三）特种设备的日常使用状况记录；

（四）特种设备及其附属仪器仪表的维护保养记录；

（五）特种设备的运行故障和事故记录。

第三十七条　特种设备的使用应当具有规定的安全距离、安全防护措施。

与特种设备安全相关的建筑物、附属设施，应当符合有关法律、行政法规的规定。

第四十一条　特种设备安全管理人员应当对特种设备使用状况进行经常性检查，发现问题应当立即处理；情况紧急时，可以决定停止使用特种设备并及时报告本单位有关负责人。

特种设备作业人员在作业过程中发现事故隐患或者其他不安全因素，应当立即向特种设备安全管理人员和单位有关负责人报告；特种设备运行不正常时，特种设备作业人员应当按照操作规程采取有效措施保证安全。

第四十二条　特种设备出现故障或者发生异常情况，特种设备使用单位应当对其进行全面检查，消除事故隐患，方可继续使用。

第四十三条　客运索道、大型游乐设施在每日投入使用前，其运营使用单位应当进行试运行和例行安全检查，并对安全附件和安全保护装置进行检查确认。

电梯、客运索道、大型游乐设施的运营使用单位应当将电梯、客运索道、大型游乐设施的安全使用说明、安全注意事项和警示标志置于易于为乘客注意的显著位置。

公众乘坐或者操作电梯、客运索道、大型游乐设施，应当遵守安全使用说明和安全注意事项的要求，服从有关工作人员的管理和指挥；遇有运行不正常时，应当按照安全指引，有序撤离。

第六十九条　国务院负责特种设备安全监督管理的部门应当依法组织制定特种设备重特大事故应急预案，报国务院批准后纳入国家突发事件应急预案体系。

县级以上地方各级人民政府及其负责特种设备安全监督管理的部门应当依法组织制定本行政区域内特种设备事故应急预案，建立或者纳入相应的应急处置与救援体系。

特种设备使用单位应当制定特种设备事故应急专项预案，并定期进行应急演练。

第七十条　特种设备发生事故后，事故发生单位应当按照应急预案采取措施，组织抢救，防止事故扩大，减少人员伤亡和财产损失，保护事故现场和有关证据，并及时向事故发生地县级以上人民政府负责特种设备安全监督管理的部门和有关部门报告。

县级以上人民政府负责特种设备安全监督管理的部门接到事故报告，应当尽快核实情况，立即向本级人民政府报告，并按照规定逐级上报。必要时，负责特种设备安全监督管理的部门可以越级上报事故情况。对特别重大事故、重大事故，国务院负责特种设备安全监督管理的部门应当立即报告国务院并通报国务院安全生产监督管理部门等有关部门。

与事故相关的单位和人员不得迟报、谎报或者瞒报事故情况，不得隐匿、毁灭有关证据或者故意破坏事故现场。

第七十一条　事故发生地人民政府接到事故报告，应当依法启动应急预案，采取应急处置措施，组织应急救援。

第七十二条　特种设备发生特别重大事故，由国务院或者国务院授权有关部门组织事故调查组进行调查。

发生重大事故，由国务院负责特种设备安全监督管理的部门会同有关部门组织事故调查组进行调查。

发生较大事故，由省、自治区、直辖市人民政府负责特种设备安全监督管理的部门会同有关部门组织事故调查组进行调查。

发生一般事故，由设区的市级人民政府负责特种设备安全监督管理的部门会同有关部门组织事故调查组进行调查。

事故调查组应当依法、独立、公正开展调查，提出事故调查报告。

第七十三条　组织事故调查的部门应当将事故调查报告报本级人民政府，并报上一级人民政府负责特种设备安全监督管理的部门备案。有关部门和单位应当依照法律、行政法规的规定，追究事故责任单位和人员的责任。

事故责任单位应当依法落实整改措施，预防同类事故发生。事故造成损害的，事故责任单位应当依法承担赔偿责任。

第八十三条　违反本法规定，特种设备使用单位有下列行为之一的，责令限期改正；逾期未改正的，责令停止使用有关特种设备，处一万元以上十万元以下罚款：

（六）未制定特种设备事故应急专项预案的。

第八十四　条违反本法规定，特种设备使用单位有下列行为之一的，责令停止使用有关特种设备，处三万元以上三十万元以下罚款：

（二）特种设备出现故障或者发生异常情况，未对其进行全面检查、消除事故隐患，继续使用的。

第八十七条　违反本法规定，电梯、客运索道、大型游乐设施的运营使用单位有下列情形之一的，责令限期改正；逾期未改正的，责令停止使用有关特种设备或者停产停业整顿，处二万元以上十万元以下罚款：

（一）未设置特种设备安全管理机构或者配备专职的特种设备安全管理人员的；

（二）客运索道、大型游乐设施每日投入使用前，未进行试运行和例行安全检查，未对安全附件和安全保护装置进行检查确认的；

（三）未将电梯、客运索道、大型游乐设施的安全使用说明、安全注意事项和警示标志置于易于为乘客注意的显著位置的。

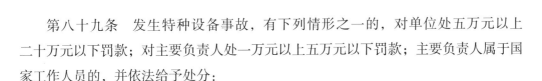

第八十九条　发生特种设备事故，有下列情形之一的，对单位处五万元以上二十万元以下罚款；对主要负责人处一万元以上五万元以下罚款；主要负责人属于国家工作人员的，并依法给予处分：

（一）发生特种设备事故时，不立即组织抢救或者在事故调查处理期间擅离职守或者逃匿的；

（二）对特种设备事故迟报、谎报或者瞒报的。

第九十条　发生事故，对负有责任的单位除要求其依法承担相应的赔偿等责任外，依照下列规定处以罚款：

（一）发生一般事故，处十万元以上二十万元以下罚款；

（二）发生较大事故，处二十万元以上五十万元以下罚款；

（三）发生重大事故，处五十万元以上二百万元以下罚款。

第九十一条　对事故发生负有责任的单位的主要负责人未依法履行职责或者负有领导责任的，依照下列规定处以罚款；属于国家工作人员的，并依法给予处分：

（一）发生一般事故，处上一年年收入百分之三十的罚款；

（二）发生较大事故，处上一年年收入百分之四十的罚款；

（三）发生重大事故，处上一年年收入百分之六十的罚款。

第九十二条　违反本法规定，特种设备安全管理人员、检测人员和作业人员不履行岗位职责，违反操作规程和有关安全规章制度，造成事故的，吊销相关人员的资格。

第九十四条　违反本法规定，负责特种设备安全监督管理的部门及其工作人员有下列行为之一的，由上级机关责令改正；对直接负责的主管人员和其他直接责任人员，依法给予处分：

（五）发现违反本法规定和安全技术规范要求的行为或者特种设备存在事故隐患，不立即处理的；

（六）发现重大违法行为或者特种设备存在严重事故隐患，未及时向上级负责特种设备安全监督管理的部门报告，或者接到报告的负责特种设备安全监督管理的部门不立即处理的；

（十）接到特种设备事故报告未立即向本级人民政府报告，并按照规定上报的；

（十一）迟报、漏报、谎报或者瞒报事故的；

（十二）妨碍事故救援或者事故调查处理的。

**五、中华人民共和国突发事件应对法**

（2007 年 8 月 30 日公布，自 2007 年 11 月 1 日起施行，中华人民共和国主席令第六十九号）

第一条　为了预防和减少突发事件的发生，控制、减轻和消除突发事件引起的严重社会危害，规范突发事件应对活动，保护人民生命财产安全，维护国家安全、公共安全、环境安全和社会秩序，制定本法。

第三条　本法所称突发事件，是指突然发生，造成或者可能造成严重社会危害，需要采取应急处置措施予以应对的自然灾害、事故灾难、公共卫生事件和社会安全事件。

按照社会危害程度、影响范围等因素，自然灾害、事故灾难、公共卫生事件分为特别重大、重大、较大和一般四级。法律、行政法规或者国务院另有规定的，从其规定。

第四条　国家建立统一领导、综合协调、分类管理、分级负责、属地管理为主的应急管理体制。

第五条　突发事件应对工作实行预防为主、预防与应急相结合的原则。国家建立重大突发事件风险评估体系，对可能发生的突发事件进行综合性评估，减少重大突发事件的发生，最大限度地减轻重大突发事件的影响。

第六条　国家建立有效的社会动员机制，增强全民的公共安全和防范风险的意识，提高全社会的避险救助能力。

第十一条　有关人民政府及其部门采取的应对突发事件的措施，应当与突发事件可能造成的社会危害的性质、程度和范围相适应；有多种措施可供选择的，应当选择有利于最大程度地保护公民、法人和其他组织权益的措施。

公民、法人和其他组织有义务参与突发事件应对工作。

第十二条　有关人民政府及其部门为应对突发事件，可以征用单位和个人的财产。被征用的财产在使用完毕或者突发事件应急处置工作结束后，应当及时返还。财产被征用或者征用后毁损、灭失的，应当给予补偿。

第十八条　应急预案应当根据本法和其他有关法律、法规的规定，针对突发事件的性质、特点和可能造成的社会危害，具体规定突发事件应急管理工作的组织指挥体系与职责和突发事件的预防与预警机制、处置程序、应急保障措施以及事后恢复与重建措施等内容。

第二十二条　所有单位应当建立健全安全管理制度，定期检查本单位各项安全防范措施的落实情况，及时消除事故隐患；掌握并及时处理本单位存在的可能引发社会安全事件的问题，防止矛盾激化和事态扩大；对本单位可能发生的突发事件和采取安全防范措施的情况，应当按照规定及时向所在地人民政府或者人民政府有关部门报告。

第二十三条　矿山、建筑施工单位和易燃易爆物品、危险化学品、放射性物品等危险物品的生产、经营、储运、使用单位，应当制定具体应急预案，并对生产经营场所、有危险物品的建筑物、构筑物及周边环境开展隐患排查，及时采取措施消除隐患，防止发生突发事件。

第二十六条　县级以上人民政府应当整合应急资源，建立或者确定综合性应急救援队伍。人民政府有关部门可以根据实际需要设立专业应急救援队伍。

县级以上人民政府及其有关部门可以建立由成年志愿者组成的应急救援队伍。单位应当建立由本单位职工组成的专职或者兼职应急救援队伍。

县级以上人民政府应当加强专业应急救援队伍与非专业应急救援队伍的合作，联合培训、联合演练，提高合成应急、协同应急的能力。

第二十七条　国务院有关部门、县级以上地方各级人民政府及其有关部门、有关单位应当为专业应急救援人员购买人身意外伤害保险，配备必要的防护装备和器材，减少应急救援人员的人身风险。

第三十九条　地方各级人民政府应当按照国家有关规定向上级人民政府报送突发事件信息。县级以上人民政府有关主管部门应当向本级人民政府相关部门通报突发事件信息。专业机构、监测网点和信息报告员应当及时向所在地人民政府及其有关主管部门报告突发事件信息。

有关单位和人员报送、报告突发事件信息，应当做到及时、客观、真实，不得迟报、谎报、瞒报、漏报。

第四十二条　国家建立健全突发事件预警制度。

可以预警的自然灾害、事故灾难和公共卫生事件的预警级别，按照突发事件发生的紧急程度、发展势态和可能造成的危害程度分为一级、二级、三级和四级，分别用红色、橙色、黄色和蓝色标示，一级为最高级别。

预警级别的划分标准由国务院或者国务院确定的部门制定。

第五十四条　任何单位和个人不得编造、传播有关突发事件事态发展或者应急处置工作的虚假信息。

第五十六条　受到自然灾害危害或者发生事故灾难、公共卫生事件的单位，应当立即组织本单位应急救援队伍和工作人员营救受害人员，疏散、撤离、安置受到威胁的人员，控制危险源，标明危险区域，封锁危险场所，并采取其他防止危害扩大的必要措施，同时向所在地县级人民政府报告；对因本单位的问题引发的或者主体是本单位人员的社会安全事件，有关单位应当按照规定上报情况，并迅速派出负责人赶赴现场开展劝解、疏导工作。突发事件发生地的其他单位应当服从人民政府发布的决定、命令，配合人民政府采取的应急处置措施，做好本单位的应急救援工作，并积极组织人员参加所在地的应急救援和处置工作。

第六十一条　公民参加应急救援工作或者协助维护社会秩序期间，其在本单位的工资待遇和福利不变；表现突出、成绩显著的，由县级以上人民政府给予表彰或者奖励。

县级以上人民政府对在应急救援工作中伤亡的人员依法给予抚恤。

第六十四条　有关单位有下列情形之一的，由所在地履行统一领导职责的人民政府责令停产停业，暂扣或者吊销许可证或者营业执照，并处五万元以上二十万元以下的罚款；构成违反治安管理行为的，由公安机关依法给予处罚：

（一）未按规定采取预防措施，导致发生严重突发事件的；

（二）未及时消除已发现的可能引发突发事件的隐患，导致发生严重突发事件的；

（三）未做好应急设备、设施日常维护、检测工作，导致发生严重突发事件或者突发事件危害扩大的；

（四）突发事件发生后，不及时组织开展应急救援工作，造成严重后果的。

前款规定的行为，其他法律、行政法规规定由人民政府有关部门依法决定处罚的，从其规定。

**六、中华人民共和国安全生产法**

（2002 年 6 月 29 日第九届全国人民代表大会常务委员会第二十八次会议通过，2002 年 11 月 1 日起施行）

第五条　生产经营单位的主要负责人对本单位的安全生产工作全面负责。

第十六条　国家对在改善安全生产条件、防止生产安全事故、参加抢险救护等方面取得显著成绩的单位和个人，给予奖励。

第十七条　生产经营单位应当具备本法和有关法律、行政法规和国家标准或者行业标准规定的安全生产条件；不具备安全生产条件的，不得从事生产经营活动。

第十八条　生产经营单位的主要负责人对本单位安全生产工作负有下列职责：

（一）建立、健全本单位安全生产责任制；

（二）组织制定本单位安全生产规章制度和操作规程；

（三）组织制定并实施本单位安全生产教育和培训计划；

（四）保证本单位安全生产投入的有效实施；

（五）督促、检查本单位的安全生产工作，及时消除生产安全事故隐患；

（六）组织制定并实施本单位的生产安全事故应急救援预案；

（七）及时、如实报告生产安全事故。

第二十一条　矿山、金属冶炼、建筑施工、道路运输单位和危险物品的生产、经营、储存单位，应当设置安全生产管理机构或者配备专职安全生产管理人员。

前款规定以外的其他生产经营单位，从业人员超过一百人的，应当设置安全生产管理机构或者配备专职安全生产管理人员；从业人员在一百人以下的，应当配备专职或者兼职的安全生产管理人员。

第二十二条　生产经营单位的安全生产管理机构以及安全生产管理人员履行下列职责：

（一）组织或者参与拟订本单位安全生产规章制度、操作规程和生产安全事故应急救援预案；

（二）组织或者参与本单位安全生产教育和培训，如实记录安全生产教育和培训情况；

（三）督促落实本单位重大危险源的安全管理措施；

（四）组织或者参与本单位应急救援演练；

（五）检查本单位的安全生产状况，及时排查生产安全事故隐患，提出改进安全生产管理的建议；

（六）制止和纠正违章指挥、强令冒险作业、违反操作规程的行为；

（七）督促落实本单位安全生产整改措施。

第二十四条　生产经营单位的主要负责人和安全生产管理人员必须具备与本单位所从事的生产经营活动相应的安全生产知识和管理能力。

危险物品的生产、经营、储存单位以及矿山、金属冶炼、建筑施工、道路运输单位的主要负责人和安全生产管理人员，应当由主管的负有安全生产监督管理职责的部门对其安全生产知识和管理能力考核合格。考核不得收费。

危险物品的生产、储存单位以及矿山、金属冶炼单位应当有注册安全工程师从事安全生产管理工作。鼓励其他生产经营单位聘用注册安全工程师从事安全生产管理工作。注册安全工程师按专业分类管理，具体办法由国务院人力资源和社会保障部门、国务院安全生产监督管理部门会同国务院有关部门制定。

第二十五条　生产经营单位应当对从业人员进行安全生产教育和培训，保证从业人员具备必要的安全生产知识，熟悉有关的安全生产规章制度和安全操作规程，掌握本岗位的安全操作技能，了解事故应急处理措施，知悉自身在安全生产方面的权利和义务。未经安全生产教育和培训合格的从业人员，不得上岗作业。

生产经营单位使用被派遣劳动者的，应当将被派遣劳动者纳入本单位从业人员统一管理，对被派遣劳动者进行岗位安全操作规程和安全操作技能的教育和培训。劳务派遣单位应当对被派遣劳动者进行必要的安全生产教育和培训。

生产经营单位接收中等职业学校、高等学校学生实习的，应当对实习学生进行相应的安全生产教育和培训，提供必要的劳动防护用品。学校应当协助生产经营单位对实习学生进行安全生产教育和培训。

生产经营单位应当建立安全生产教育和培训档案，如实记录安全生产教育和培训的时间、内容、参加人员以及考核结果等情况。

第三十七条　生产经营单位对重大危险源应当登记建档，进行定期检测、评估、监控，并制定应急预案，告知从业人员和相关人员在紧急情况下应当采取的应急措施。

生产经营单位应当按照国家有关规定将本单位重大危险源及有关安全措施、应急措施报有关地方人民政府安全生产监督管理部门和有关部门备案。

第三十九条　生产、经营、储存、使用危险物品的车间、商店、仓库不得与员工宿舍在同一座建筑物内，并应当与员工宿舍保持安全距离。

生产经营场所和员工宿舍应当设有符合紧急疏散要求、标志明显、保持畅通的出口。禁止锁闭、封堵生产经营场所或者员工宿舍的出口。

第四十一条　生产经营单位应当教育和督促从业人员严格执行本单位的安全生产规章制度和安全操作规程；并向从业人员如实告知作业场所和工作岗位存在的危险因素、防范措施以及事故应急措施。

第五十二条　从业人员发现直接危及人身安全的紧急情况时，有权停止作业或者在采取可能的应急措施后撤离作业场所。

生产经营单位不得因从业人员在前款紧急情况下停止作业或者采取紧急撤离措施而降低其工资、福利等待遇或者解除与其订立的劳动合同。

第五十五条　从业人员应当接受安全生产教育和培训，掌握本职工作所需的安全生产知识，提高安全生产技能，增强事故预防和应急处理能力。

第五十六条　从业人员发现事故隐患或者其他不安全因素，应当立即向现场安全生产管理人员或者本单位负责人报告；接到报告的人员应当及时予以处理。

第五十七条　工会有权对建设项目的安全设施与主体工程同时设计、同时施工、同时投入生产和使用进行监督，提出意见。

工会对生产经营单位违反安全生产法律、法规，侵犯从业人员合法权益的行为，有权要求纠正；发现生产经营单位违章指挥、强令冒险作业或者发现事故隐患时，有权提出解决的建议，生产经营单位应当及时研究答复；发现危及从业人员生命安全的情况时，有权向生产经营单位建议组织从业人员撤离危险场所，生产经营单位必须立即作出处理。

工会有权依法参加事故调查，向有关部门提出处理意见，并要求追究有关人员的责任。

第七十八条　生产经营单位应当制定本单位生产安全事故应急救援预案，与所在地县级以上地方人民政府组织制定的生产安全事故应急救援预案相衔接，并定期组织演练。

第七十九条　危险物品的生产、经营、储存单位以及矿山、金属冶炼、城市轨道交通运营、建筑施工单位应当建立应急救援组织；生产经营规模较小的，可以不建立应急救援组织，但应当指定兼职的应急救援人员。

危险物品的生产、经营、储存、运输单位以及矿山、金属冶炼、城市轨道交通运营、建筑施工单位应当配备必要的应急救援器材、设备和物资，并进行经常性维护、保养，保证正常运转。

第八十条　生产经营单位发生生产安全事故后，事故现场有关人员应当立即报告本单位负责人。

单位负责人接到事故报告后，应当迅速采取有效措施，组织抢救，防止事故扩大，减少人员伤亡和财产损失，并按照国家有关规定立即如实报告当地负有安全生产监督管理职责的部门，不得隐瞒不报、谎报或者迟报，不得故意破坏事故现场、毁灭有关证据。

第八十二条　有关地方人民政府和负有安全生产监督管理职责的部门的负责人接到生产安全事故报告后，应当按照生产安全事故应急救援预案的要求立即赶到事故现场，组织事故抢救。参与事故抢救的部门和单位应当服从统一指挥，加强协同联动，采取有效的应急救援措施，并根据事故救援的需要采取警戒、疏散等措施，防止事故扩大和次生灾害的发生，减少人员伤亡和财产损失。

事故抢救过程中应当采取必要措施，避免或者减少对环境造成的危害。

任何单位和个人都应当支持、配合事故抢救，并提供一切便利条件。

第九十四条　生产经营单位有下列行为之一的，责令限期改正，可以处五万元以下的罚款；逾期未改正的，责令停产停业整顿，并处五万元以上十万元以下的罚款，对其直接负责的主管人员和其他直接责任人员处一万元以上二万元以下的罚款：

（一）未按照规定设置安全生产管理机构或者配备安全生产管理人员的；

（二）危险物品的生产、经营、储存单位以及矿山、金属冶炼、建筑施工、道路运输单位的主要负责人和安全生产管理人员未按照规定经考核合格的；

（三）未按照规定对从业人员、被派遣劳动者、实习学生进行安全生产教育和培训，或者未按照规定如实告知有关的安全生产事项的；

（四）未如实记录安全生产教育和培训情况的；

（五）未将事故隐患排查治理情况如实记录或者未向从业人员通报的；

（六）未按照规定制定生产安全事故应急救援预案或者未定期组织演练的；

（七）特种作业人员未按照规定经专门的安全作业培训并取得相应资格，上岗作业的。

第九十八条　生产经营单位有下列行为之一的，责令限期改正，可以处十万元以下的罚款；逾期未改正的，责令停产停业整顿，并处十万元以上二十万元以下的罚款，对其直接负责的主管人员和其他直接责任人员处二万元以上五万元以下的罚款；构成犯罪的，依照刑法有关规定追究刑事责任：

（一）生产、经营、运输、储存、使用危险物品或者处置废弃危险物品，未建立专门安全管理制度、未采取可靠的安全措施的；

（二）对重大危险源未登记建档，或者未进行评估、监控，或者未制定应急预案的；

（三）进行爆破、吊装以及国务院安全生产监督管理部门会同国务院有关部门规定的其他危险作业，未安排专门人员进行现场安全管理的；

（四）未建立事故隐患排查治理制度的。

第一百零二条　生产经营单位有下列行为之一的，责令限期改正，可以处五万元以下的罚款，对其直接负责的主管人员和其他直接责任人员可以处一万元以下的罚款；逾期未改正的，责令停产停业整顿；构成犯罪的，依照刑法有关规定追究刑事责任：

（一）生产、经营、储存、使用危险物品的车间、商店、仓库与员工宿舍在同一座建筑内，或者与员工宿舍的距离不符合安全要求的；

（二）生产经营场所和员工宿舍未设有符合紧急疏散需要、标志明显、保持畅通的出口，或者锁闭、封堵生产经营场所或者员工宿舍出口的。

第一百零六条　生产经营单位的主要负责人在本单位发生生产安全事故时，不立即组织抢救或者在事故调查处理期间擅离职守或者逃匿的，给予降级、撤职的处分，并由安全生产监督管理部门处上一年年收入百分之六十至百分之一百的罚款；对逃匿的处十五日以下拘留；构成犯罪的，依照刑法有关规定追究刑事责任。

生产经营单位的主要负责人对生产安全事故隐瞒不报、谎报或者迟报的，依照前款规定处罚。

# 第三章
# 特种设备应急处置与救援指挥

## 第一节　应急组织指挥

应急指挥是指挥员及其指挥机关对应急救援行动进行的特殊的组织领导活动。

### 一、定义

应急组织指挥是指挥员及其指挥机关所从事的一项主观指导活动，指挥员定下决心、实施决心的活动，使潜在的战斗力转变为现实的战斗力。

### 二、要素

指挥要素见图 3-1。

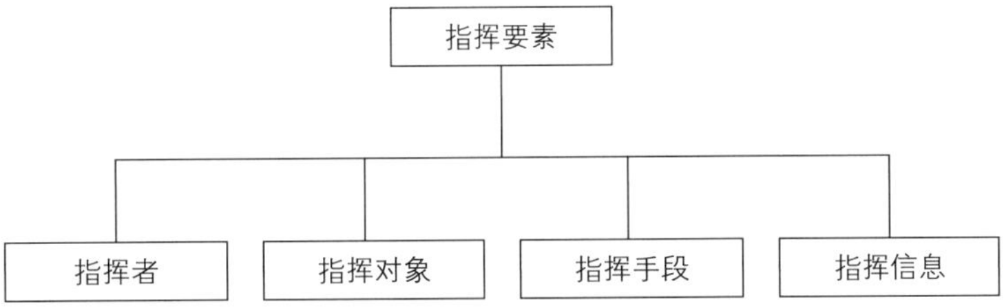


图3-1　指挥要素

### 三、指挥者

指挥员和指挥机关统称指挥者。指挥者是指挥活动的主体要素，是战斗行动的筹划决策、组织计划和协调控制者。没有指挥者就不能构成指挥活动，指挥者在指挥活动中居于主导和支配地位。一名合格的指挥员必须具备的素质：

具有系统的指挥和战术理论；

具有丰富的应急救援实践经验；

掌握相关的工程技术知识；

掌握先进的科学决策手段，具有分析判断和科学决策能力。

## 四、指挥对象

指挥对象是应急救援指挥活动的客体，是指接受指挥员指挥的下级指挥员、指挥机关以及所属力量（图 3-2）。

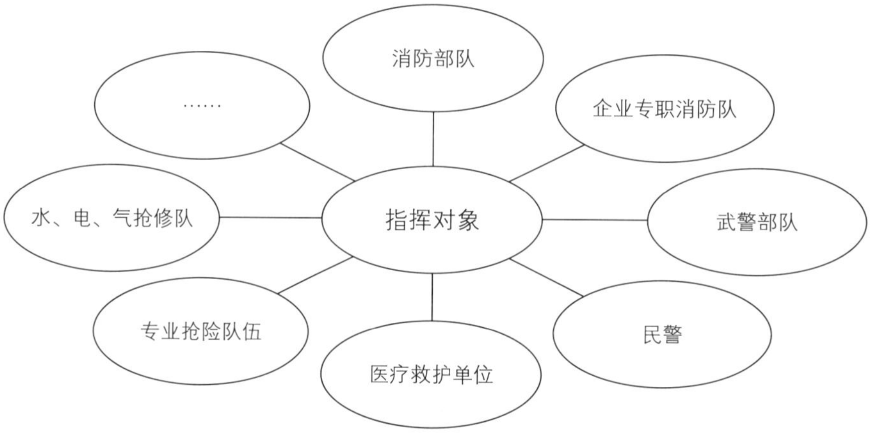


图3-2 指挥对象

指挥对象中包括下级的指挥员和指挥机关，即下级指挥者，当他对自己的部属实施指挥时，他也是指挥者，他具有主动性。

指挥者与指挥对象之间并不是单向作用过程，而是一个不断交流的过程( 图 3-3 )。

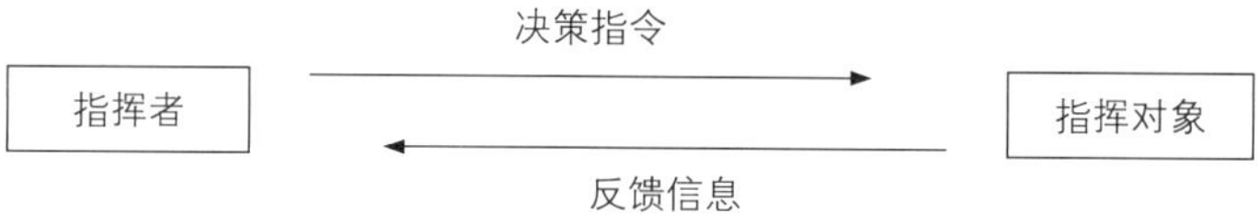

图3-3 指挥者与指挥对象交流过程

## 五、指挥信息

指挥信息是指保障应急救援指挥活动正常运作的各种信息。指挥信息作为应急救援指挥活动的基本要素，其质量直接制约着应急救援指挥能否顺利实施，从而对应急救援结局产生重要的影响。指挥信息包括三个方面的内容：

1. 供指挥者进行应急救援决策的各种情报信息。如：灾害对象情况、灾害燃烧情况、作战环境情况、交通道路情况、水源情况和消防队战斗力情况等。

2. 体现指挥者决心意图的各种应急救援指令。其准确的传达直接关系到指挥效率的高低。

3. 反映应急救援行动状况的各种反馈信息。是指挥者协调控制所属应急救援队行动的依据。

### 六、指挥手段

指挥手段是指挥者在应急救援指挥活动过程中运用各种指挥技术器材进行应急救援指挥的方式和方法。作为指挥者与指挥对象联系的中间媒介，指挥手段的先进与否直接关系到应急救援的效果。指挥手段包括两个方面的含义：

1. 指挥工具。包括锣、鼓、号、旗及有线通信、无线通信、GIS、GPS、以计算机为核心的指挥自动化系统等。

2. 运用指挥工具的方法。指挥者运用指挥技术达到指挥目的的方法和措施。

## 第二节　应急救援组织指挥的特点和原则

### 一、应急救援组织指挥的特点

1. 命令的强制性

应急救援组织指挥各种指令都具有强迫执行而不违的强制性。应急救援组织指挥的强制性，集中在指挥员与被指挥者之间，主要是命令与服从的关系。

2. 应急救援过程的危险性。

3. 众多的参战力量。

4. 全局利益和局部利益相冲突。

5. 指挥活动的时限性

时限性是应急救援指挥对时间的一种要求，即应急救援指挥活动占有时间要少，完成的指挥工作量要多，指挥效率要高。指挥者必须在一定的时限内完成指挥活动，否则就会贻误战机丧失主动，应急救援战斗的时间性要求较高。

6. 决策的风险性

应急救援指挥的风险性，主要是由灾害的危险性和危害性、现场情况的复杂性、险情的突发性和不确定性所决定的。

（1）正确认识指挥过程的风险性，当断则断，该决就决；

（2）实施科学的指挥，降低应急救援的风险性。

7. 技术上的复杂性

（1）应急救援工作所涉及的对象更加广泛，既有自然灾害，也有人为灾害；

（2）参加应急救援所涉及的社会救援力量多；

（3）指挥手段的先进性（GIS、GPS、ICS、辅助决策、自动化）。

8. 决策的随机性

灾害发展过程中险情的突发性和应急救援作战计划中某些预测的不准确性，决定了应急救援组织指挥具有随机性的特点。

## 二、应急救援组织指挥的基本原则

1. 坚持统一领导、科学决策的原则。由现场指挥部和总指挥部根据预案要求和现场情况变化领导应急响应和应急救援，现场指挥部负责现场具体处置，重大决策由总指挥部决定。

2. 坚持信息畅通、协同应对的原则。总指挥部、现场指挥部与救援队伍应保证实时互通信息，提高救援效率，在事故单位开展自救的同时，外部救援力量根据事故单位的需求和总指挥部的要求参与救援。

3. 坚持保护环境，减少污染的原则。在处置中应加强对环境的保护，控制事故范围，减少对人员、大气、土壤、水体的污染。

4. 在救援过程中，有关单位和人员应考虑妥善保护事故现场以及相关证据。任何人不得以救援为借口，故意破坏事故现场、毁灭相关证据。

# 第四章 事故现场的急救基本知识

## 第一节 出血与止血

身体有自然的生理止血机制，对毛细血管、小血管破裂的出血是有效的，如皮肤、皮下软组织挫伤的出血，甚至内脏挫伤（如肝包膜下小挫裂伤）的出血均可在生理止血机制作用下停止出血。然而发生以下情况时，单靠生理止血机制则不能有效止血，必须进行急救止血：①较大血管破裂，尤其是动脉破裂；②组织破损严重致广泛渗血；③特殊部位的出血，如头部硬膜外血肿致脑疝、心包腔出血致急性心脏压塞等，即使出血量不大也要急救止血，否则可带来严重后果甚至死亡；④某些血管外伤，虽无明显出血，但有可能出现严重不良后果，如原供血区的缺血、坏死、功能丧失、具有继发性大出血的潜在危险、后期形成假性动脉瘤或动静脉瘘等，也要进行紧急处理。

### 一、出血分类

1. 按出血部位分为：

（1）外出血：血液从伤口流出，在体表可见到出血。

（2）内出血：血液流入体腔或组织间隙，在体表不能看见，如颅内出血、胸腔内出血、腹腔内出血、皮肤瘀斑等。

2. 按出血的时间分为：

（1）原发性出血：伤后当时出血。

（2）继发性出血：在原发性出血停止后，经过一定时间，再发生出血。

3. 按出血的血管分为：

（1）动脉出血：血液为鲜红色，自近心端喷射出来，随着脉搏而冲出。根据血管大小，虽可有不同的失血量，但一般失血量较大。

（2）静脉出血：暗红色，自远心端缓缓流出，呈持续性。

（3）毛细血管出血：浅红色，血液由创面渗出，看不清大的出血点。根据创面大小，失血量也有所不同。

## 二、出血的临床表现

1. 局部表现。外出血容易发现，但在夜间或衣服过厚时往往易忽略。一般根据衣服、鞋、袜的浸湿程度，血在地面积集的情况和伤员全身情况来判断出血量。内出血除局部有外伤史外，在组织中可出现各种特有的症状。

2. 全身症状。因出血量、出血速度不同而有所不一。严重者可发生休克，表现为神志不清、颜面苍白、四肢厥冷、出冷汗、脉搏细速、血压下降、口渴、少尿，甚至死亡。

## 三、止血方法

急救止血包括权宜性止血、确定性止血和药物止血。权宜性止血是应急方法，目的是暂时止血，但也可能达到最终止血的目的。根据创伤出血情况，在现场一般可选用下述几种止血方法：

（1）指压止血法。指压止血法于体表经皮肤指压动脉于临近骨面上，以控制供血区域出血，是对动脉出血的一种临时止血方法。根据动脉的分布情况，可用手指、手掌或拳头在出血动脉的上部（近心端）用力将中等或较大的动脉压在骨上，以切断血流，达到临时止血的目的。指压动脉的止血方法也可为其他止血法的实施创造条件。

压迫点因不同出血部位而异。如头、颈、面部出血可压迫颈总动脉，颈总动脉经过第六颈椎横突前方上行，故在环状软骨外侧（即胸锁乳突肌中点处），用力向后按压，即可将颈总动脉压向第六颈椎横突上，以达止血目的，但应注意，不能双侧同时压迫，避免阻断全部脑血流；头部或额部出血时，可在耳门前方、颧弓根部压迫颈动脉；面部出血可压下颌角前下凹内的颌下动脉，头后部出血压迫耳后动脉。若上臂出血，可在锁骨上摸到血管搏动处后，向后下方按压锁骨下动脉；在上臂上部以下的上臂出血，可以压迫腋动脉；前臂和手部外伤出血时，可在上臂的中部肱骨压迫肱动脉；手部出血，可在手腕两侧压迫桡动脉及尺动脉；手指出血可压掌动脉及指动脉。若大腿出血，可用两手拇指重叠在腹股沟韧带中点的稍下方，亦可用手掌根将股动脉压在耻骨上进行止血；小腿出血，在腘窝中腘部压迫腘动脉；足部出血，可在踝关节的前后方压迫胫前动脉及胫后动脉，若整个下肢大出血，则可在下腹正中用力压迫腹主动脉（图 4-1）。

（2）加压包扎止血。加压包扎止血是控制四肢、体表出血的最简便、有效的方法，应用最广。将无菌纱布（也可用干净毛巾、布料等代替）覆盖在伤口处，然后用绷带或布条适当加压包扎固定，即可止血。对肢体较大动脉出血若不能控制，可在包扎的近心侧使用止血带，或去除敷料，在满意的光照下，用止血钳将破裂动脉的近心端临时夹闭。在钳夹时尽量多保留正常血管的长度，为后续将要进行的血管吻合提供条件。加压包扎止血不适用于有骨折或存在异物时的患者。

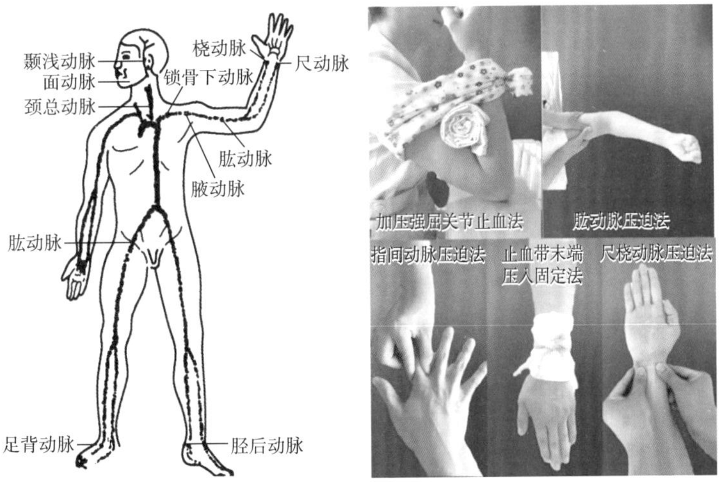

图4-1　不同出血部位的止血压迫点

（3）止血带止血法。适用于四肢较大的动脉出血。用止血带在出血部位的近心端将整个肢体用力环形绑扎，以完全阻断肢体血流，从而达到止血的目的。此法能引起或加重远心端缺血或坏死等并发症。因此，主要用于暂不能用其他方法控制的出血，一般仅用于院前急救、战地救护及伤员转运。使用止血带止血时，一定要注意下列事项：

1）扎止血带的部位应在伤口的近心端，并应尽量靠近伤口。前臂和小腿不适于扎止血带，因前臂有尺骨、桡骨，小腿有胫骨、腓骨，其骨间可通血流，所以止血效果较差。上臂扎止血带时，不可扎在下 1/3 处，以防勒伤桡神经。

2）止血带勿直接扎在皮肤上，必须先用三角巾、毛巾、布块等垫好，以免损伤皮肤。

3）扎止血带时，不可过紧或过松，以远端动脉消失为宜。

4）使用止血带的伤员，应有明显的标记，证明伤情和使用止血带的时间，并记录阻断血流时间，以便其他人了解情况，按时放松止血带，防止因肢体长时间阻断血流而致缺血坏死。

5）使用止血带的时间要尽量缩短，以 1h 为宜，最长不得超过 2~3h。在使用止血带期间，应每隔半小时到 1h 放松止血带一次。放松止血带时，可用指压法使动脉止血。放松止血带 1~2min 后，再在稍高的平面上扎回止血带，不可在同一部位反复缚扎。

6）对使用止血带的伤员，应注意肢体保温，尤其在冬季，更应注意防寒。因伤肢使用止血带后，血液循环被阻断，肢体的血液供应暂时停止，导致抗寒能力低下，所以容易发生冻伤。

7）取下止血带时不可过急、过快地松解，防止伤肢血流突然增加。如松解过快，不仅伤肢血管（尤其是毛细血管）容易受损，而且会影响全身血液的重新分布，甚至引起血压下降。

8）取下止血带后，由于血流阻断时间较长，伤员可感觉到伤肢麻木不适，可对伤肢进行轻轻按摩，使之能很快缓解。

（4）药物止血法。一般而言，局部应用止血药物较安全，将出血部位抬高，用凝血酶止血纱布、明胶海绵、纤维蛋白海绵、三七粉、云南白药等敷在出血处即可。对外伤患者经静脉药物止血，则有一定的限制，且盲目注射大量止血药来临时止血是危险的。

## 第二节　包扎方法

### 一、包扎的目的

包扎的目的是保护伤口，减少污染，固定敷料、药品和骨折位置，压迫止血及减轻疼痛。常用的材料是绷带、三角巾和多头带，抢救中也可用衣裤、毛巾、被单等进行包扎。

### 二、绷带包扎

绷带包扎法的用途广泛，是包扎的基础。包扎的目的是限制活动、固定敷料、固定夹板、加压止血、促进组织液的吸收或防止组织液流失、支托下肢，以促进静脉回流。

1. 绷带包扎的原则

（1）包扎部位必须清洁干燥。皮肤皱褶处如腋下、乳下、腹股沟等，用棉垫纱布间隔，骨隆突处用棉垫保护。

（2）包扎时，应使伤员的位置舒适；需抬高肢体时，要给以适当的扶托物。包扎后，应保持于功能位置。

（3）根据包扎部位，选用宽度适宜的绷带，应避免用潮湿绷带，以免绷带干后收缩过紧，从而妨碍血运。潮湿绷带还会刺激皮肤生湿疹，适于细菌滋生而延误伤口愈合。

(4) 包扎方向一般从远心端向近心端包扎，以促进静脉血液回流。即绷带起端在伤口下部，自下而上地包扎，以免影响血液循环而发生充血、肿胀。包扎时，绷带必须平贴包扎部位，而且要注意勿使绷带落地而被污染。

(5) 包扎开始，要先环形 2 周固定。以后每周压力要均匀，松紧要适当，如果太松则容易脱落，过紧则影响血运。指(趾)端最好露在外面，以便观察肢体血运情况，如皮肤发冷、发绀、感觉改变(麻木或感觉丧失)、有水肿、指甲床的再充血变化(用拇指与食指紧按伤员的指甲床，继而突然松开，观察指甲床颜色的恢复情况，正常时颜色应在 2s 内恢复)及功能是否消失。

(6) 绷带每周应遮盖前周绷带宽度的 1/2，以充分固定。绷带的回返及交叉，应当为一直线，互相重叠，不要使皮肤露在外面。

(7)包扎完毕，再环行绕2周，用胶布固定或撕开绷带尾打结固定。固定的打结处，应放在肢体的外侧面，忌固定在伤口上、骨隆处或易于受压部位。

(8) 解除绷带时，先解开固定结，取下胶布，然后以两手互相传递松解，勿使绷带脱落在地上。紧急时，或绷带已被伤口分泌物浸透、干硬时，可用剪刀剪开。

2. 基本包扎法

根据包扎部位的形状不同而采取以下几种基本方法进行包扎：

(1) 环形包扎法：环形缠绕，下周将上周绷带完全遮盖，用于绷扎开始与结束时固定绷带端以及包扎额、颈、腕等处(图 4-2)。

(2) 蛇形包扎法(斜绷法)：斜行延伸，各周互不遮盖，用于需由一处迅速伸至另一处时，或做简单的固定(图 4-3)。

(3) 螺旋形包扎法：以稍微倾斜螺旋向上缠绕，每周遮盖上周的 1/3~1/2。用于包扎身体直径基本相同的部位，如上臂、手指、躯干、大腿等(图 4-4)。

(4) 螺旋回返包扎法(折转法)：每周均向下反折，遮盖其上周的 1/2，用于直径大小不等的部位，如前臂、小腿等，使绷带更加贴合。但不可在伤口上或骨隆突处回返，而且回返应呈一直线(图 4-5)。

图4-2
环形包扎法

图4-3
蛇形包扎法

图4-4
螺旋形包扎法

图4-5
螺旋回返包扎法

（5）“8”字包扎法：是重复以“8”字形在关节上下做倾斜旋转，每周遮盖上周的1/3~1/2，用于肢体直径不一致的部位或屈曲的关节，如肩、髋、膝等部位，应用范围较广（图4-6）。

（6）回返包扎法：大都用于包扎顶端的部位，如指端、头部或截肢残端（图4-7）。

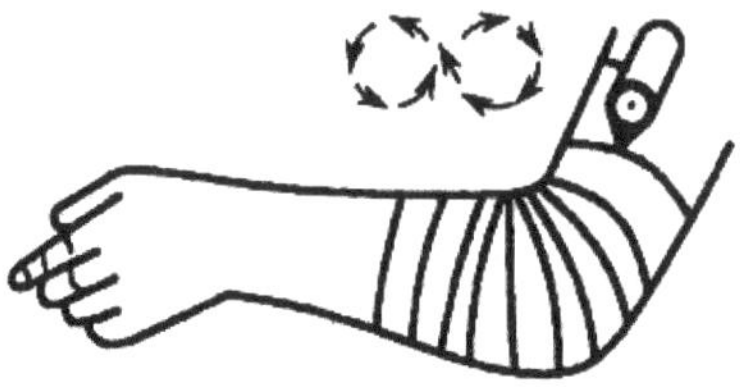

图4-6 “8”字包扎法

图4-7 回返包扎法

（7）各部位的包扎法：为各种基本包扎法的具体应用（图4-8~图4-20）。

图4-8 帽式包扎法

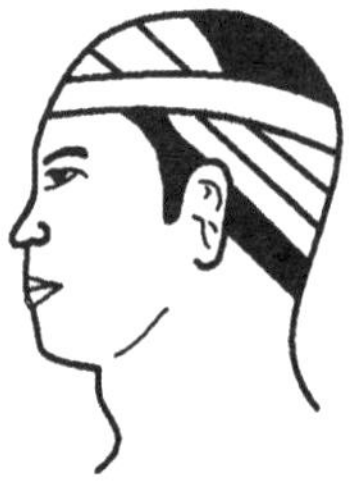

图4-9 额枕部包扎法

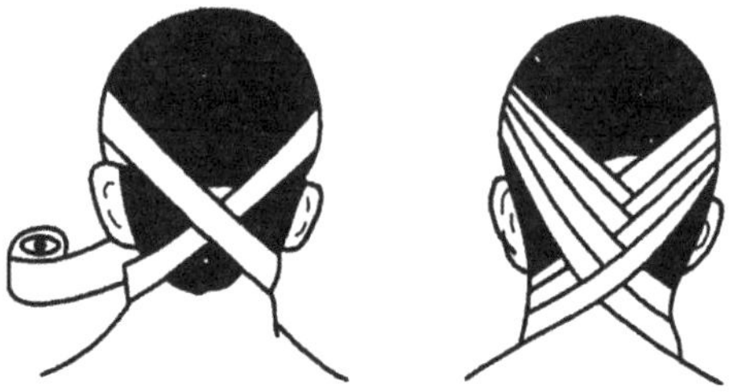

图4-10 颈后“8”字包扎法

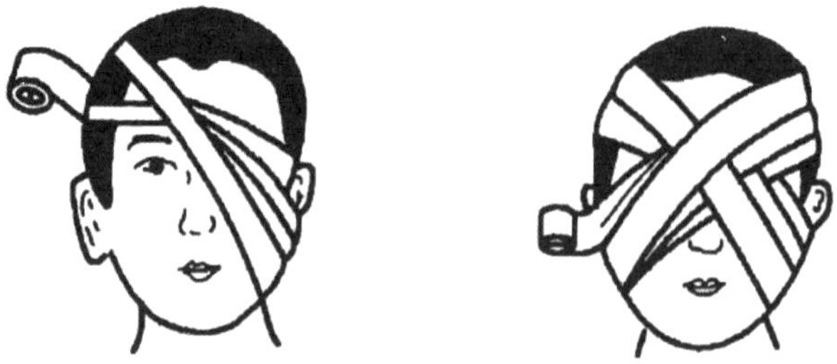

（a）单眼包扎法 （b）双眼包扎法

图4-11 眼部包扎法

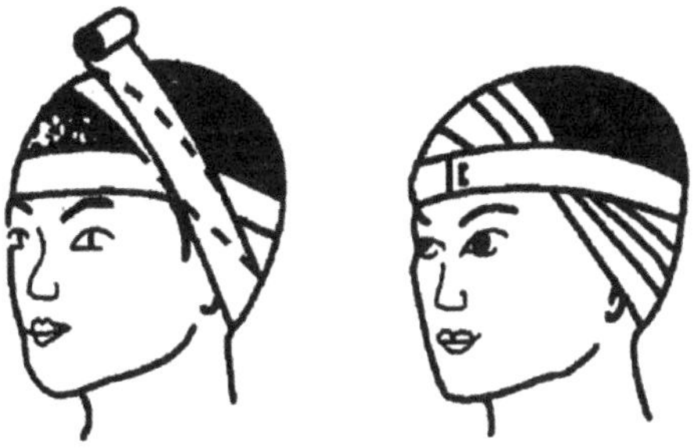

图4-12　耳部包扎法

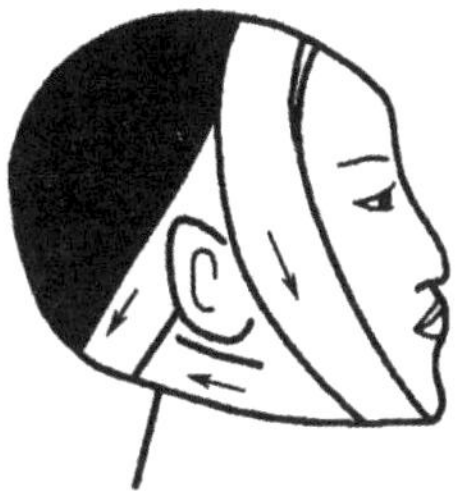

图4-13　下颌包扎法

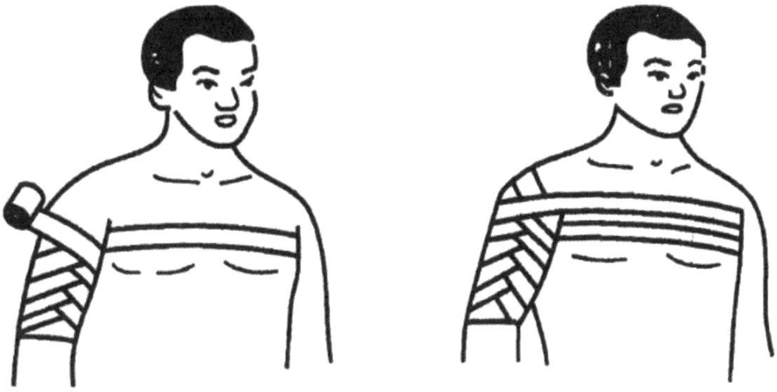

（a）　（b）

图4-14　肩部包扎法

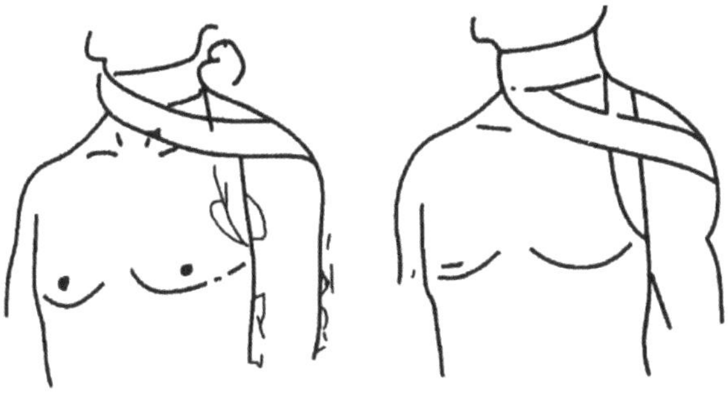

图4-15　腋部包扎法

图4-16　前臂包扎法

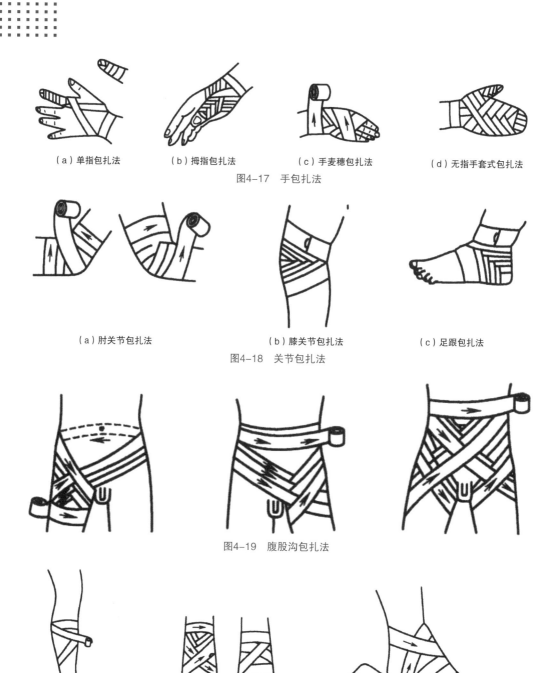

(a) 单指包扎法　(b) 拇指包扎法　(c) 手麦穗包扎法　(d) 无指手套式包扎法

图4-17　手包扎法

(a) 肘关节包扎法　(b) 膝关节包扎法　(c) 足跟包扎法

图4-18　关节包扎法

图4-19　腹股沟包扎法

图4-20　小腿及足包扎法

（8）三角巾包扎

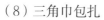

1）三角巾包扎的优点较多，如制作方便，操作简捷，也能与各个部位相适应，适用于急救的包扎。

2）三角巾的制法：用一块宽 90cm 的白布，裁成正方形，再对角剪开，就成了两条三角巾。其底边长约 130cm，顶角到底边中点约 65cm，顶角可根据具体情况固定一条带子。

（9）包扎原则

1）包扎伤口时不要触及伤口，以免加重伤员的疼痛、伤口出血及污染。要求包扎人员动作迅速、谨慎。

2）包扎时松紧度要适宜，以免影响血液循环，并须防止敷料脱落或移动。

3）注意包扎要妥帖、整齐，使伤员舒适，并保持在功能位置。

（10）包扎方法

1）头部包扎法

①风帽式头部包扎法：将三角巾顶角和底边中点各打一结，将顶角结处放额部，底边中点结处放枕结节下方。两角向面部拉紧，并反折包绕下颌，两角交叉拉至枕后打结（图4-21）。

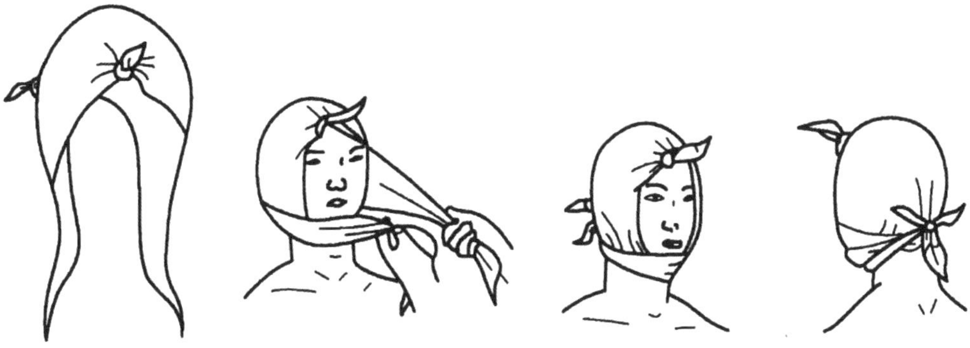

(a) (b) (c) (d)

图4-21 风帽式头部包扎法

②帽式头部包扎法：将三角巾底边向上反折约3cm后，其中点部分放前额（平眉），顶角拉至头后，将两角在头后交叉，顶角与两角拉至前额打结（图4-22）。

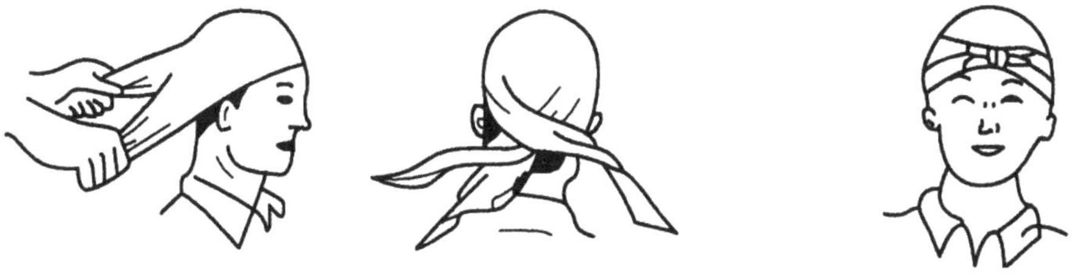

(a) (b) (c)

图4-22 帽式头部包扎法

2）面部包扎法

①三角巾顶角打一结，放下颌处或将顶角结放头顶处［图4-23（a）］；②将三角巾覆盖面部［图4-23（b）］；③将底边两角拉向枕后交叉，然后在前额打结［图4-23

（c）]；④在覆盖面部的三角巾对应部位开洞，露出眼、鼻、口（图 4-23）。

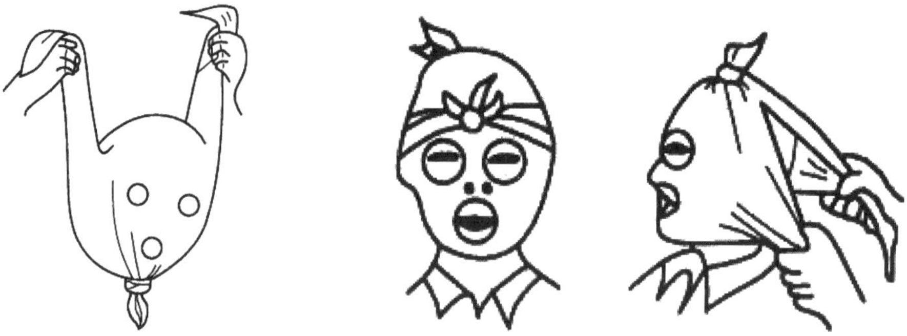

（a）（b）（c）

图4-23　面部包扎法

3）肩部包扎法

①将三角巾一底角拉向健侧腋下［图 4-24（a）］；②顶角覆盖患肩并向后拉［图 4-24（b）］；③用顶角上带子，在上臂上 1/3 处缠绕［图 4-24（c）］；④再将底角从患侧腋后拉出，绕过肩胛与底角在健侧腋下打结［图 4-24（d）］。

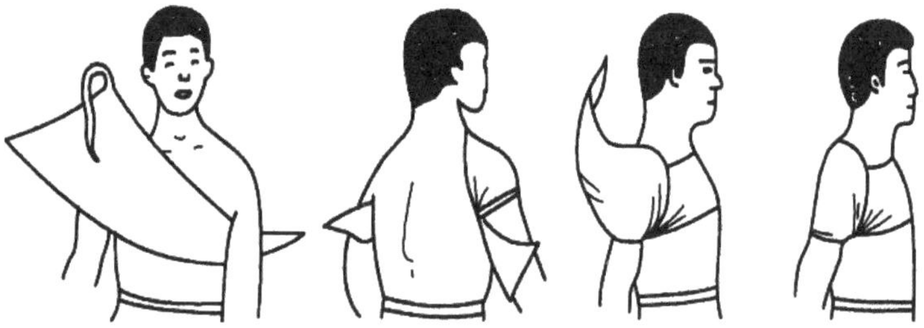

（a）（b）（c）（d）

图4-24　肩部包扎法

4）胸部包扎法

①单胸包扎法：将三角巾底边横放在胸部，顶角超过伤肩，并垂向背部；两底角在背后打结，再将顶角带子与之相接。此法如包扎背部时，在胸部打结（图 4-25）。

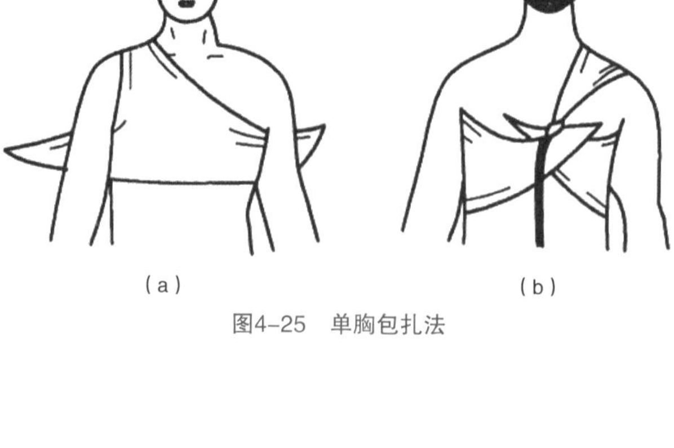

（a）（b）

图4-25　单胸包扎法

②双胸包扎法：将三角巾打成燕尾状，两燕尾向上，平放于胸部；两燕尾在颈后打结；将顶角带子拉向对侧腋下打结。此法用于背部包扎时，将两燕尾拉向颈前打结（图 4-26）。

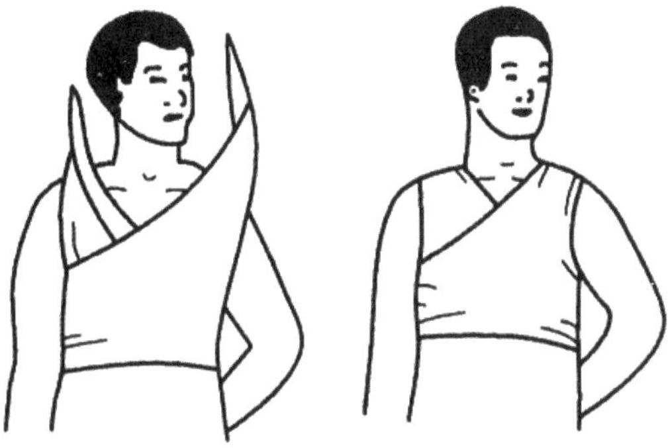

（a）　（b）

图4-26　双胸包扎法

5）四肢三角巾包扎法

①肢体包扎法：以三角巾底边为纵轴折叠成适当宽度（4~8cm）的长条，放伤口处包绕肢体，在伤口旁打结。

②肘、膝关节包扎法：根据伤情将三角巾折叠成适当宽度的长条，将中点部分斜放于关节上，两端分别向上、下缠绕关节上下各一周并打结（图 4-27）。

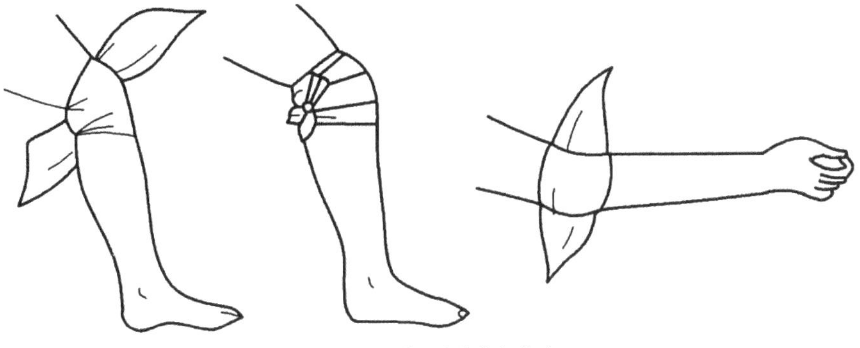

图4-27　肘、膝关节包扎法

③手、足包扎法：将手（足）放在三角巾上，顶角从指（趾）端向上拉，覆盖手（足）背，再将底边缠绕腕（踝）部后，将两角在手腕（足踝）部打结。

3. 多头带制备和应用

多头带也叫多尾带，常用的有四头带、腹带、胸带、丁字带等。多头带用于不规则部位的包扎，如下颌、鼻、肘、膝、会阴、肛门、乳房、胸腹部等处。

（1）四头带是多头带中最方便的一种，制作简单，用一长方形布，剪开两端，大小按需要定，四头带用于下颌、额、眼、枕、肘、膝、足跟等部位的包扎（图 4-28）。

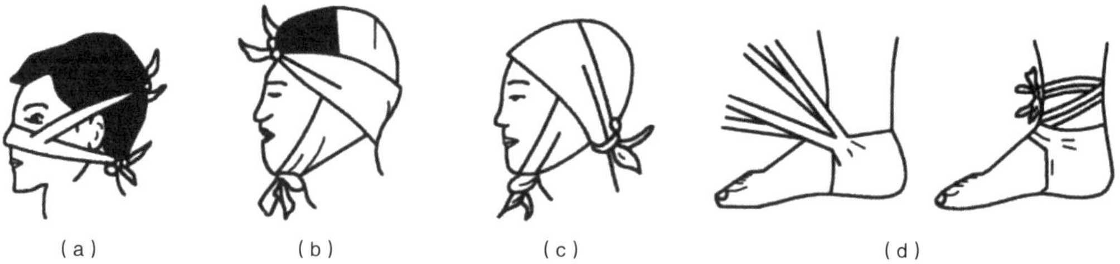


图4-28　四头带

（2）腹带用于腹部包扎，由中间宽 45cm、长 35cm 的双层布制成，两端各有五对带子，每条宽 5cm、长 35cm，每条之间重叠 1/3。腹带的操作方法如下：

1）伤员平卧，松开腰带，将衣、裤解开并暴露腹部，腹带放腰部，下缘应在髋上。

2）将腹带右边最上边带子拉平覆盖腹部，拉至对侧中线，将该带子剩余部分反折压在左边最上边带下，注意松紧度适宜。

3）将左边最上面带子拉平覆盖着上边带子的 1/2~2/3，并将该带子剩余部分反折。

4）依次包扎各条带子，最后一对带子在无伤口侧打活结。

下腹部伤口应由下向上包扎。一次性腹带由布、松紧带及尼龙搭扣制成，使用方便，可用于各种腹部伤口（图 4-29）。

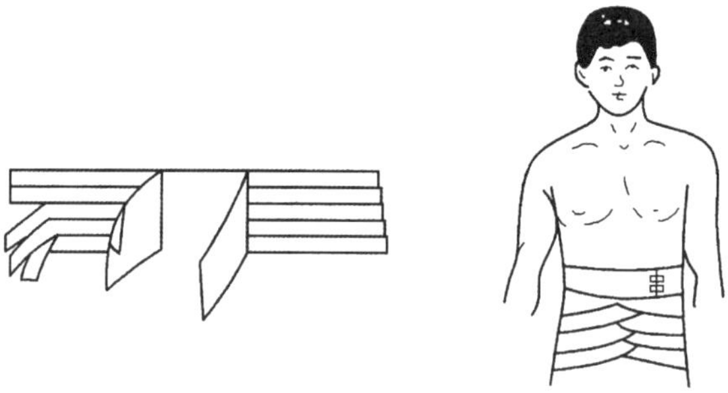

图4-29　腹带的应用

（3）胸带用于胸部包扎，其构造比腹带多两条肩带。一次性胸带形同背心，方便适用。操作方法：平卧，脱去上衣，将胸带平放于背下；将肩带从背后越过肩部，平放于胸前；从上向下包扎每对带子（同腹带包扎）并压住肩带；最后一对带子在无伤口侧打活结（图 4-30）。

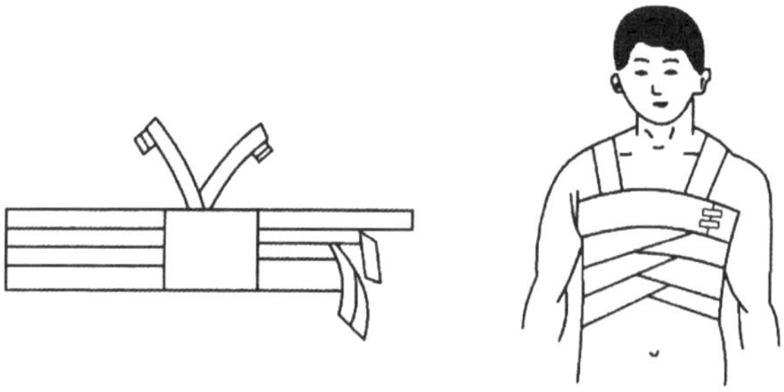

图4-30　胸带的应用

（4）丁字带用于肛门、会阴部伤口包扎或术后阴囊肿胀等。有单丁字带及双丁字带两种，单的用于女性，双的用于男性（图 4-31）。

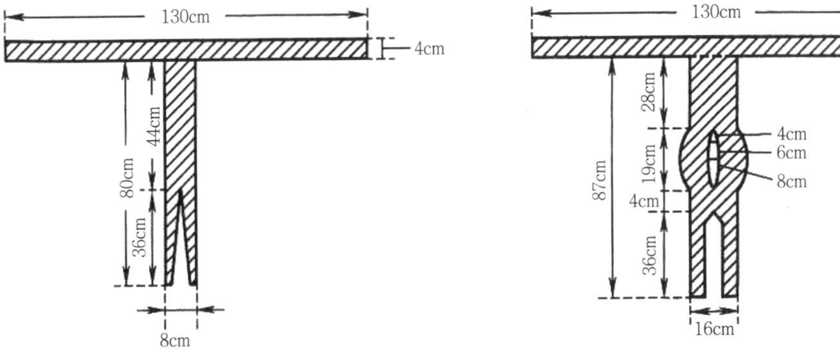


图4-31　丁字带

## 第三节　伤处固定

用于骨折或骨关节损伤，以减轻疼痛，避免骨折片损伤血管、神经等，并可防治休克，更便于伤员的转送。如有较重的软组织损伤，也宜将局部固定。

### 一、固定注意事项

（1）如有伤口和出血，应先行止血，并包扎伤口，然后再固定骨折。如有休克，应首先进行抗休克处理。

（2）临时固定骨折，只是为了制止肢体活动。在处理开放性骨折时，不可把刺出的骨端送回伤口，以免造成感染。

（3）上夹板时，除固定骨折部位上、下两端外，还要固定上、下两关节。夹板的长度与宽度要与骨折的肢体相适应。其长度必须超过骨折部的上、下两个关节。

（4）夹板不可与皮肤直接接触，要用棉花或其他物品垫在夹板与皮肤之间，尤其是在夹板两端，骨突出部位和悬空部位，以防局部不固定与受压。

（5）固定应牢固可靠，且松紧适宜，以免影响血液循环。

（6）肢体骨折固定时，一定要将指（趾）端露出，以便随时观察血液循环情况，如发现指（趾）端苍白，发冷、麻木、疼痛、水肿或青紫时，表示血运不良，应松开重新固定。

### 二、各部位骨折固定方法

1. 锁骨骨折及肩锁关节损伤

（1）单侧锁骨骨折：取坐位，将三角巾折成燕尾状，将两燕尾从胸前拉向颈后，并在颈一侧打结；伤侧上臂屈曲 90°，三角巾兜起前臂，三角巾顶尖放肘后，再向前包住肘部并用安全别针固定。

（2）双侧锁骨骨折：背部放丁字形夹板，两腋窝放衬垫物，用绷带做“∞”字形包扎，其顺序为左肩上→横过胸部→右腋下→绕过右肩部→右肩上斜过前胸→左腋下→绕过左肩，依次缠绕数次，以固定牢固夹板为宜，腰部用绷带将夹板固定好（图 4-32）。

2. 前臂及肱骨骨折

（1）前臂骨骨折：患者取坐位，将两块夹板（长度超过患者前臂肘关节→腕关节）放好衬垫物，置前臂掌背侧；用带子或绷带将夹板与前臂上、下两端扎牢，再使肘关节屈曲 90°；用悬臂带吊起夹板（图 4-33）。

（2）肱骨骨折：取坐位，用两个夹板放上臂内、外侧，加衬垫后包扎固定；将患肢屈肘，用三角巾悬吊前臂，做贴胸固定；如无夹板，可用两条三角巾，一条中点放上臂越过胸部，在对侧腋下打结，另一条将前臂悬吊（图 4-34）。

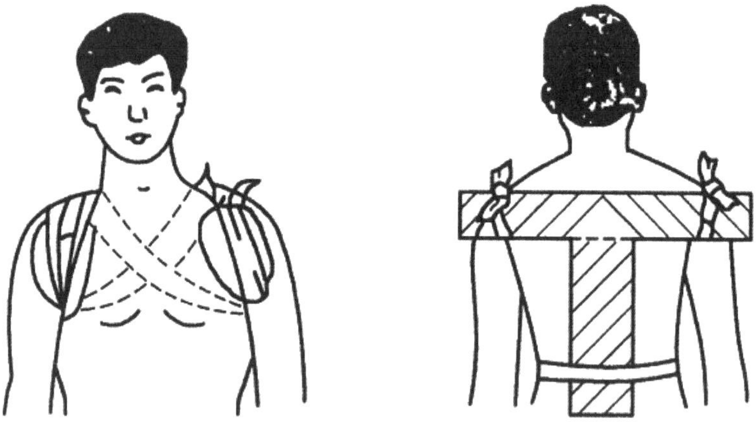

图4-32 双侧锁骨骨折固定

图4-33 前臂骨骨折固定

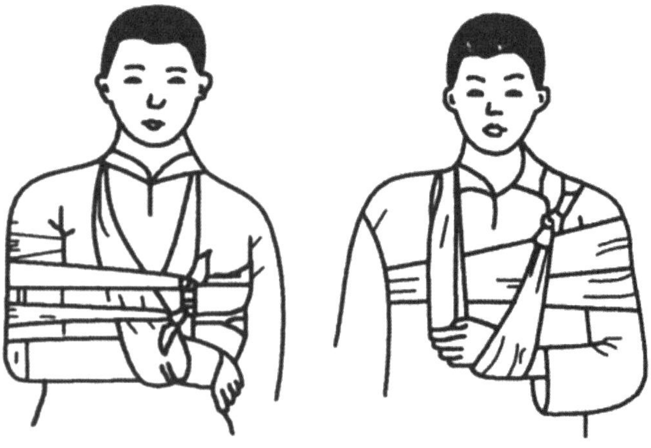

（a） （b）

图4-34 肱骨骨折固定

3. 踝、足部及小腿骨折

（1）踝、足部骨折：取坐位，将患肢呈中立位；踝周围及足底衬软垫，足底、足跟放夹板；用绷带沿小腿做环形包扎，踝部做“8”字形包扎，足部做环形包扎固定（图 4-35）。

图4-35 踝、足部骨折固定

（2）小腿骨折：取卧位，伸直伤肢。用两块长夹板（从足跟到大腿），做好衬垫，尤其是腘窝处，将夹板分别置于伤腿的内、外侧，用绷带或带子在上、下端及小腿和腘窝处绑扎牢固。如现场无夹板，可将伤肢与健肢固定在一起，需注意在膝关节与小腿之间空隙处垫好软垫，以保持固定稳定（图 4-36）。

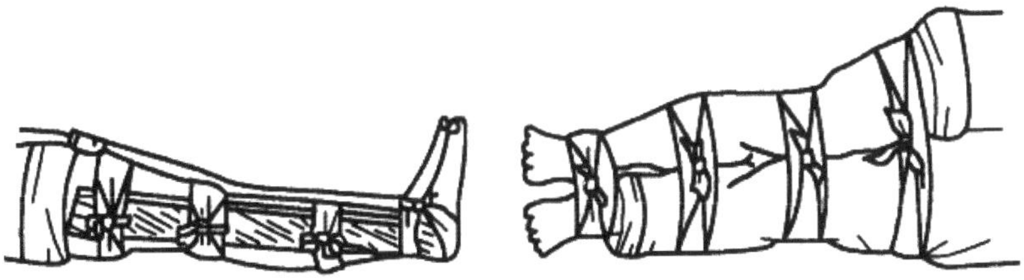
图4-36 小腿骨折固定

4. 大腿骨折

患者取平卧位，用长夹板一块（从患者腋下至足部），在腋下、乳峰、髋部、膝、踝、足跟等处做好衬垫，将夹板置伤肢外侧，用绷带或宽带、三角巾分段绷扎固定（图 4-37）。

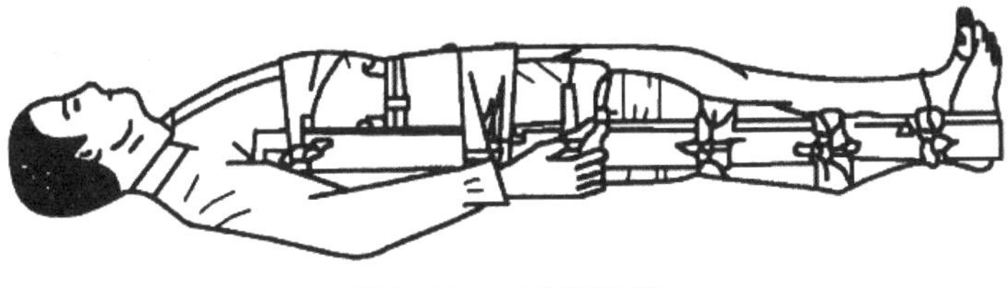
图4-37 大腿骨折固定

5. 脊柱骨折

平卧于担架上，用布带将头、胸、骨盆及下肢固定于担架上。

## 第四节　灼伤应急处置

### 一、化学性皮肤烧伤

1. 化学性皮肤烧伤的现场处理方法是：立即移离现场，迅速脱去被化学物沾污的衣裤、鞋袜等。

2. 无论酸、碱或其他化学物烧伤，立即用大量流动自来水或清水冲洗创面 15~30min。

3. 新鲜创面上不要任意涂上油膏或红药水，不用脏布包裹。

4. 黄磷烧伤时应用大量水冲洗、浸泡或用多层湿布覆盖创面。

5. 烧伤病人应及时送医院。

6. 烧伤的同时，往往合并骨折、出血等外伤，在现场也应及时处理（图 4–38）。

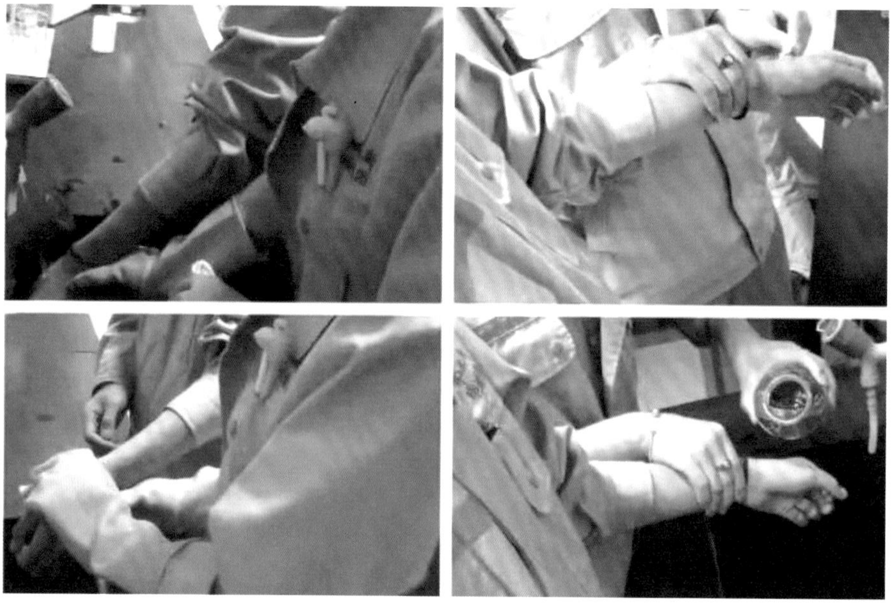

图4–38　手部骨折紧急处置

### 二、化学性眼烧伤

1. 迅速在现场用流动清水冲洗，千万不要未经冲洗处理而急于送医院。

2. 冲洗时眼皮一定要掰开。

3. 如无冲洗设备，也可把头部埋入清洁盆水中，把眼皮掰开。眼球来回转动洗涤。

4. 电石、生石灰（氧化钙）颗粒溅入眼内，应先用蘸石蜡油或植物油的棉签去除颗粒后，再用水冲洗（图 4–39）。

图4-39 眼部紧急清洗

## 第五节 中毒、窒息应急处置

### 一、化学品中毒事故的现场救援必须遵循一定的原则

1. 抢救最危急的生命体征；

2. 处理眼和皮肤污染；

3. 查明化学物质的毒性；

4. 进行特殊和/或对症处理。

中毒的途径：在危险化学品的储存、运输、装卸、搬倒商品等操作过程中，毒物主要经呼吸道和皮肤进入人体，经消化道者较少。

### 二、急性中毒的现场急救处置

1. 发生急性中毒事故，应立即将中毒者送医院急救。护送者要向院方提供引起中毒的原因、毒物名称等，如化学物不明，则需带该物料及呕吐物的样品，以供医院及时检测。如不能立即到达医院，可采取急性中毒的现场急救处理：

（1）吸入中毒者，应迅速脱离中毒现场，向上风向转移，至空气新鲜处。松开患者衣领和裤带，并注意保暖。

（2）化学毒物沾染皮肤时，应迅速脱去污染的衣服、鞋等，用大量流动清水冲洗15~30min。头面部受污染时，首先注意眼睛的冲洗。

（3）口服中毒者，如为非腐蚀性物质，应立即用催吐方法，使毒物吐出。对中毒引起呼吸、心跳停者，应进行心肺复苏术，主要的方法有口对口人工呼吸（图4-40）

和心脏胸外挤压术（图 4-41）。

图4-40　口对口人工呼吸

图4-41　心脏胸外挤压术

2. 刺激性气体中毒。刺激性气体主要是指那些由于本身的理化特性而对呼吸道及肺泡上皮具有直接刺激作用的气态化合物。刺激性气体过量吸入可引起以呼吸道刺激、炎症乃至以肺水肿为主要表现的疾病状态，称为刺激性气体中毒。

## 第六节　触电应急处置

当发现有人触电时，在保证自己安全的前提下，应根据不同情况采取不同的方法，迅速而果断地使其脱离电源。脱离电源的一般方法：

1. 如果触电人所在的地方较高，须预先采取保证触电人安全的措施，否则停电后会摔下来给触电者更大的危险。

2. 停电时如影响事故地点的照明，必须迅速准备手电筒或合上备用事故照明灯，以便继续进行救护工作。

3. 如不能迅速地将电源断开，就必须设法使触电者与带电部分分开（在低压设备上，如果触电者的衣服是干燥的而且不紧裹在身上，则可以拉他的衣服，但不能触及裸露的皮肤及附近的金属物件；如果电源线较小，可用电工钳将电源线剪断；如果触电者握住了粗导线或母线，必须用绝缘板将触电者垫起来，使其脱离地面）。

4. 如果触电者还没有失去知觉，只在触电过程中曾一度昏迷或触电时间较长，则必须保证触电者的安静，并保持环境通风良好，然后通知医院救护车接往医院诊治。

5. 如果触电者已失去知觉，但呼吸尚存在，则应当使他舒服，安静地平卧，解开衣服，周围不让人围着，保持空气流通，向触电者身上洒冷水摩擦全身，并通知医院派救护车前来救护；如果触电人呼吸困难，呼吸稀少，不时出现痉挛现象，则必须施行人工呼吸。

6. 如果没有生命的征象（呼吸、脉搏及心脏跳动停止），这时也不能送往医院，只能就地救护（图 4-42）。在未得到医生的确诊之前，救护始终不能停止。

图4-42　就地救护

## 第七节　高处坠落应急处置

高空坠落、撞击、挤压可能使胸部内脏破裂出血，伤者表面无出血，但表面出现面色苍白、腹痛、意识不清、四肢发冷等征兆。应首先观察或询问是否出现上述特征，确认或怀疑存在上述特征时，严禁移动伤者，应平躺并立即拨打 120 急救电话。

如有骨折，应就地取材，使用夹板或竹棍固定，避免骨折部位移位；开放性骨折并伴有大出血者，应先止血再固定，用担架或自制简易担架运送伤者至医院治疗（图 4-43）。

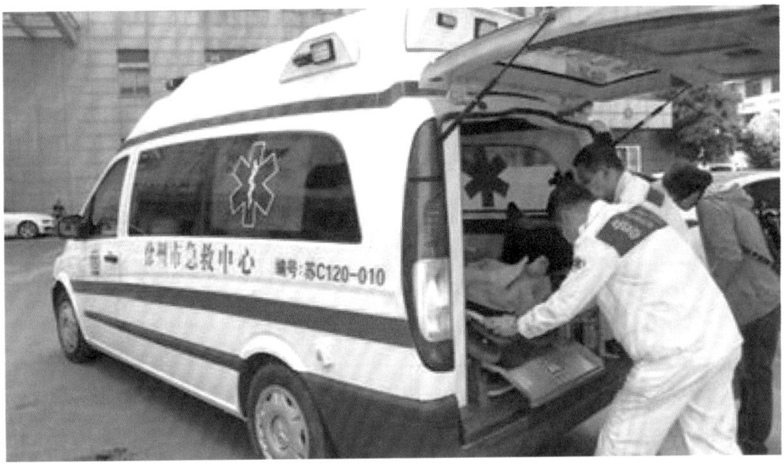


图4-43　运送伤者

## 第八节　物体打击应急处置

首先查看被打击部位伤害情况。根据伤情确定救护方案，需要包扎的进行现场简易包扎，若有骨折，应就地取材，使用夹板或竹棍固定，避免骨折部位移位。开放性骨折并伴有大出血者，应先止血再固定，用担架或自制简易担架运送伤者至医院治疗（图 4-44）。

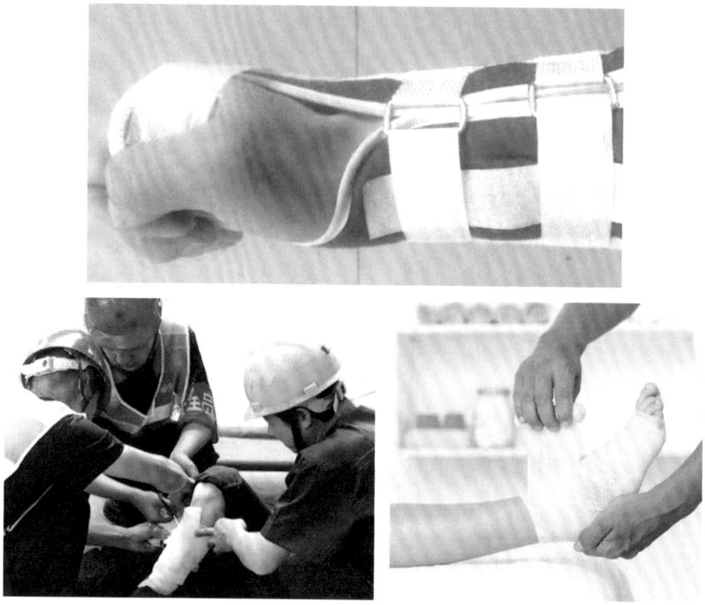

图4-44　手部、腿部骨折紧急处置

## 第九节　机械伤害应急处置

立即关闭施工机械。如造成断肢或骨折，应立即进行现场固定包扎，找回被切断肢体，以便送医院后救治（图 4-45）。需要抢救的伤员，应立即就地坚持心肺复苏抢救，并联系就近医院医治。

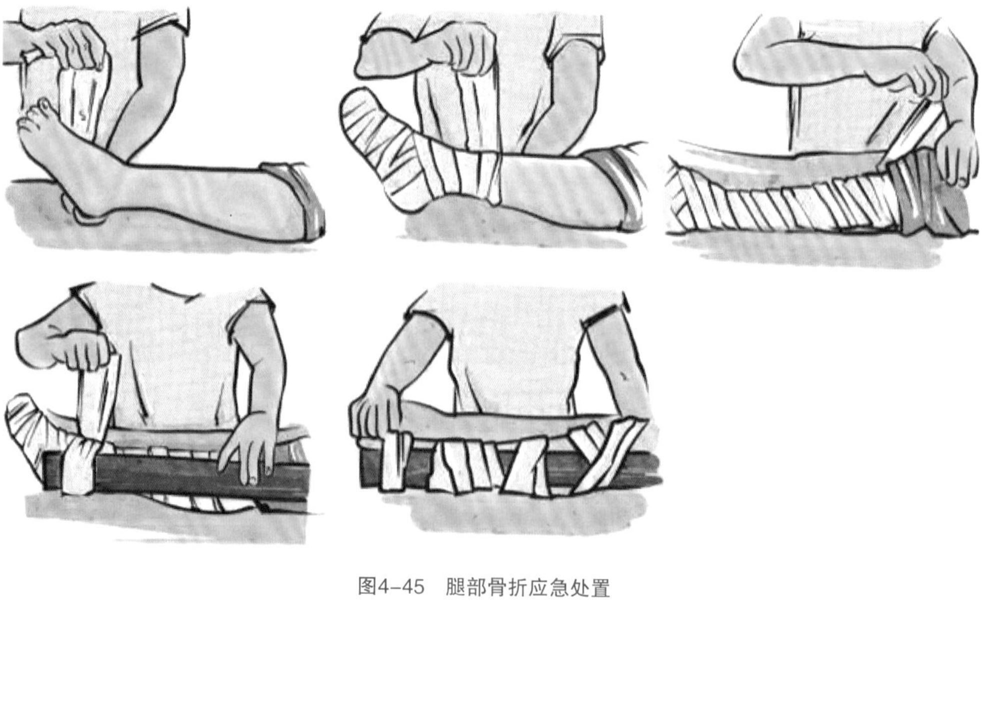

图4-45　腿部骨折应急处置

## 第十节　车辆伤害应急处置

根据伤情确定救护方案，需要包扎的进行现场简易包扎，若有出血，先简易包扎止血。若有骨折，应就地取材，使用夹板或竹棍固定，避免骨折部位移位（图 4-46）。开放性骨折并伴有大出血者，应先止血再固定。

上述紧急处理后的伤员抢救，立即与急救中心和医院联系，请求出动急救车辆并做好急救准备，确保伤员得到及时医治。

事故现场取证：救助行动中，安排人员同时做好事故调查取证工作，以利于事故处理，防止证据遗失。

图4-46　骨折应急处置

## 第十一节　吊装伤害应急处置

当吊装事故发生时，如果有人员伤害，首先抢救受伤人员，同时报告应急指挥中心。如果发生吊装事故没有人员伤亡，应及时处理以免发生人身伤害。设置警戒区，保护现场，组织人员撤离。得到报警信号后，施工人员立即停止工作，就近关闭电源、火源，沿既定应急撤离路线撤离到指定地点，撤离过程中听从应急指挥员的指挥，不拥挤、不慌乱，照顾伤病员，有秩序地迅速撤离。如伤害严重时，应立即安排车辆将伤员送往医院急救。人员撤离到集合地点时，清点人员。应急指挥中心组织好现场保护工作，并协助公司、业主或地方主管部门进行调查。

## 第十二节　现场急救常识

### 一、现场抢救

1. 救出现场，至安全地带；
2. 采取紧急措施，维持生命体征（呼吸、体温、脉搏）；
3. 眼部污染应及时、充分以清水冲洗；
4. 脱去污染衣着，立即以大量清水彻底冲洗污染皮肤；
5. 经紧急处理后，立即送医院，途中继续做好必要的抢救，并记录病情。

## 二、基本做法

1. 首先将病人转移到安全地带，解开领扣和腰带，使呼吸通畅，让病人呼吸新鲜空气，脱去污染衣服鞋袜，并彻底清洗污染的皮肤和毛发，注意保暖；

2. 呼吸困难或停止呼吸者应立即进行人工呼吸，有条件时给氧和注射呼吸中枢兴奋药；

3. 心脏骤停者应立即进行胸外心脏按压术；

4. 迅速送往医院，护送途中仍要施行人工呼吸和胸外心脏按压，保持救护用车车内通风换气。

## 三、口对口（鼻）人工呼吸术，胸外心脏按压术

1. 呼吸、心脏骤停的常见原因

（1）呼吸道的梗阻、淹溺、塌方所致窒息、自缢、电击等。

（2）氧气由肺泡入血障碍，吸入窒息性气体（如氮气），氧气吸入减少。

（3）中毒、人体组织携带氧及吸取困难，如一氧化碳、硫化氢、氰化氢气体中毒。

（4）冠心病、急性心肌梗死。

（5）触电、雷击。

（6）外伤急性大量失血、药物过敏等。

2. 人工呼吸法

（1）使患者仰卧在比较坚实的地方，打开气道（仰头举颏或推颌法等）。气道是指气体从口到肺脏的通道，包括鼻腔、口腔、咽喉和气管。打开气道也叫畅通呼吸道。

（2）使患者鼻孔（或口）紧闭，救护人深吸两口气后紧贴患者的口（或鼻），用力向内吹气，直到患者胸部上举。之后，放开患者鼻孔（或口），以便病人呼气，此时患者胸部下陷，即刻可作心脏胸廓按压。按压胸部频率一般为 60~80 次 / 分。

注：如果无法使患者把口张开，则用口对鼻人工呼吸法。

3. 胸外心脏按压法

（1）判定无脉搏和心跳停止

如病人无脉搏，立即进行胸部按压。由于病人颈部暴露，抢救人员可用中指与无名指，在病人气管旁，轻轻触摸颈动脉的搏动，如未触及，表示心跳已停止。

（2）胸部按压

按压部位：病人胸骨中下的 1/3 交界处。

按压方法：将手掌根两手重叠（一手放在另一手背上），两手指交叉，按压时双臂绷直，双肩在病人的胸骨正中，利用抢救人员的上身体重和肩臂部肌肉的力量，垂直向下，按压应平稳、有规律地进行，不能冲击式地猛压，下压与向上抬的时间应大

致相等，下压时应能使胸骨下陷 3.5~5cm，按压到最低点处，应有一明显的停顿。放松时，定位的手掌部不能离开胸骨定位点，但应放松，不能使胸骨有一点压力。心跳和呼吸是互相联系的，心脏跳动停止了，呼吸很快就会停止，呼吸停止了，心脏跳动维持不了多久。一旦呼吸和心跳都停止了，应当同时做人工呼吸和胸外心脏按压术。如抢救由一人进行，每吹气两次再挤压心脏 15 次；如两人进行抢救，则人工呼吸与按压之比为 1：5（即每做一次人工呼吸，按压胸部心脏 5 次）

施行人工呼吸和胸外心脏按压的抢救要坚持不断，切不可轻率终止。运送途中也不能终止抢救。抢救过程中，如发现病人脸色有了红润，瞳孔逐渐缩小，嘴唇稍有开合或眼皮活动，或嗓间有咽东西等动作，则说明抢救收到了效果。如病人身上出现尸斑或身体僵冷，经医生作出无法救活的诊断后，方可停止抢救。

（3）心肺复苏效果判断

正确吹气后，病人胸部应略有隆起，如无反应，则检查呼吸道是否通畅，气道是否打开，鼻孔是否捏住，口唇是否包严，吹气量是否足够等。有效心脏按压，能触到颈动脉搏动。长时间有效地按压，可见到患者脸色转红，瞳孔逐渐缩小。

## 第十三节　自救与互救方法

### 一、自救

1. 自救的含义是自己救自己。要做到自救，必须先辨识出周围的危险因素，其次要懂得中毒的初期症状。上岗前就要有防事故的意识和精神行动上的准备。

2. 急性中毒。在可能或已发生有毒气体泄漏的作业场所，当突然出现头晕、头痛、恶心、呕吐或无力等症状，必须想到有发生中毒的可能性，要根据实际情况，采取有效对策。

3. 如果备有防毒面具，应按规定要求快速、熟练地戴上防毒面具，立即离开并向有关领导汇报。

4. 憋住气迅速脱离中毒环境，朝上风向或侧风向撤离。

5. 发出呼救信号。

6. 如果是氨、氯等刺激性气体，掏出手帕浸上水，捂住鼻子向外跑。

7. 如果在无围栏的高处，以最快的速度抓住东西或趴倒在上风向或侧风向，尽力避免坠落外伤。

8. 如有警报装置，应予以启用。

9. 眼睛防护

（1）发生事故的瞬间闭住或用手捂住眼睛，防止有毒有害液体溅入眼内。

（2）如果眼睛被沾污，立即到流动的清洁水下冲洗；如果只眼睛受沾污，在冲洗眼睛的最初时间，要保护好另一只眼睛避免沾污。

10.皮肤防护

（1）如果化学物质沾污皮肤，立即用大量流动清洁水或温水冲洗，毛发也不例外。

（2）如果沾污衣服、鞋袜，均应立即脱去，然后冲洗皮肤。

**二、互救**

许多情况下，无法自救，特别是当中毒病情较重、患者意识不清的时候，当眼睛被化学物质刺激、肿胀睁不开的时候，这就需要他人救助。因此互救是十分重要的措施。

（1）了解情况，落实救护者的个人防护。一定要首先摸清被救者所处的环境，如果是有毒有害气体，则首先要正确选择合适的防毒用具；如果是酸或碱泄漏，要穿戴防护衣、手套和胶靴；如果毒源仍未切断，则立即报告生产调度。在设法抢救患者的同时，要采取关闭阀门、加盲板、停车、停止送气、堵塞漏气设备等措施。切忌因盲目行动，产生更严重的中毒。

（2）救出患者，仔细检查，分清轻重，合理处置。①搬运过程中要沉着、冷静，不要强拖硬拉，若已有骨折、出血或外伤，则要简单包扎、固定，避免搬运中造成更大损害。②患者被搬到空气新鲜处后，要按顺序检查，神智是否清晰，脉搏、心跳是否存在，呼吸是否停止，有无出血及骨折。如有心跳停止者，须就地进行心脏胸外按压术；如有呼吸停止，须就地进行人工呼吸；如果有出血和骨折，则需检查搬运前的处理是否有效，还须作哪些补充处理（图 4-47）。

（3）如果神志清晰，心跳、呼吸正常，则检查眼睛，如沾污化学物质，则须就地冲洗；如果是氨等，则冲洗时间要长，起码 20min 以上，甚至 30min，并要使眼上、下穹隆冲洗彻底。

（4）最后检查皮肤，不要疏忽会阴部、腋窝等处。

总之，自救互救是抢时间、挽救生命的措施。所以，要快和正确、不要过分强调条件；同时要向气防部门、医疗单位发出呼救，尽快送往医院。

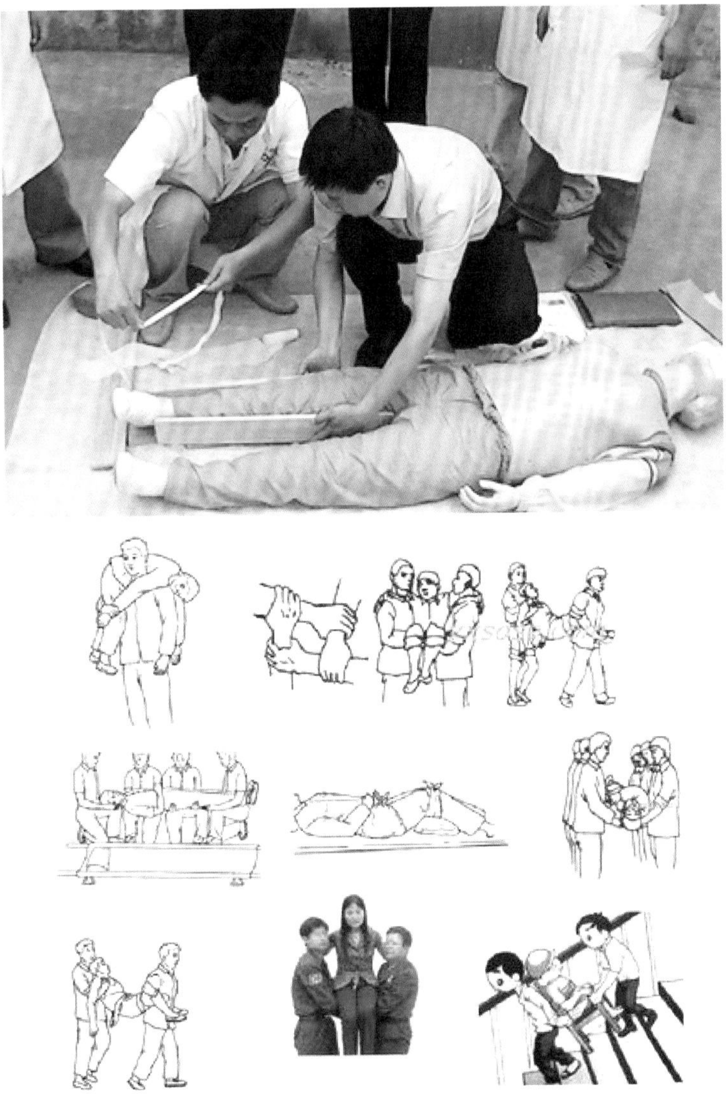

图4–47　事故现场骨折应急处置

# 第五章
# 特种设备应急处置与救援装备

特种设备应急处置与救援装备，是特种设备应急处置与救援的保证。要提高特种设备应急处置与救援能力，保障应急救援工作的高效开展，迅速化解险情，控制事故，就必须为应急救援人员配备专业化的应急救援装备。救援无装备，如作战没武器，要打胜仗，绝不可能。而有了先进的应急装备，不能正确选择使用，充分施展其功能，再好的应急装备也会大打折扣，降低救援效果。应急救援装备是应急救援的有力武器与根本保障。特种设备应急处置与救援装备的配备与使用，是应急救援能力的根本基础与重要标志。因此，必须深刻理解应急救援装备的重要作用，并加强装备选择与使用培训，做到会选择、会使用、会维护、会排除故障，充分发挥应急装备的应急救援保障作用。

## 第一节　特种设备应急处置与救援装备的作用及分类

### 一、特种设备应急处置与救援装备的作用，主要体现在以下 4 个方面：

1. 高效处置事故

高效处置事故，尽可能地避免、减少人员的伤亡和经济损失，是特种设备应急处置与救援的核心目标。

险情、事故的多样性、复杂性，决定了在特种设备应急处置与救援行动中必须使用种类不一的应急救援装备。如发生火灾，要使用灭火器、消防车；发生毒气泄漏，要使用空气呼吸器、防毒面具；发生停电事故，要使用应急照明；管线穿孔，易燃易爆物质泄漏，必须立即使用专业器材进行堵漏；等。如果没有专业的应急救援装备，火灾将得不到遏制，泄漏将无法控制，抢险人员的生命将得不到保障，低下的应急救援能力将使事故不断升级恶化，造成难以估量的恶果。在险情突发之时，如果监测装备、控制装备能够及时投用，消除险情，避免事故，便可有效避免人员伤亡。事故初发之时，高效的应急救援装备，会将事故尽快予以控制。

特种设备应急处置与救援装备，是高效处置事故的重要保障。

2. 保障生命安全

在险情突发之时，如果监测装备、控制装备能够及时启动，消除险情，避免事故，就可从根本上消除对相关人员的生命威胁，避免人员伤亡。譬如，油气管线泄漏，若可燃气体监测仪能及时监测报警，就可以在泄漏初期及早处置，避免火灾爆炸事故的发生。

同样，事故发生之后，及时启用相应的应急救援装备，也可以有效控制事故，有效避免、减轻相关人员的伤亡，从而避免事故的恶化、扩大。如果救援装备配备不到位，功能不到位，一起小事故仍可能恶化成一场群死群伤的灾难。

3. 消减财产损失和生态破坏

高效的特种设备应急处置与救援装备，会将事故尽快予以控制，避免事故恶化，在避免、减少人员伤亡的同时，有效避免、减少财产损失。譬如，成功处置了易燃易爆管线、容器的泄漏，避免了火灾爆炸事故的发生，不仅能避免人员的伤亡，同样也会使设备、装备免受损害，避免造成重大的财产损失，避免企业赖以生存的物质基础受到破坏。

许多事故发生之后，都会对水源、大气造成污染，如运输甲苯、苯等危险化学品运输车辆翻进河流，发生泄漏，就会直接对水源造成污染。如果运输液氨、液氯、硫化氢等危险化学品的车辆发生泄漏，就会直接对大气造成污染。如果应急救援不及时，就会造成不可估量的后果。即便没有造成人员伤亡，直接间接的处理、善后费用，往往都是一个惊人的数字。

4. 维护社会稳定

许多事故发生之后，往往会引起局部地区的社会恐慌，甚至引发社会动荡。如危险化学品运输车辆翻进河流，发生泄漏，对水源造成污染，就会造成相应地区的居民产生恐慌，严重者会引发局部地区的社会动荡。先进的应急救援装备，能有效提高应急救援的能力，消减人员的伤亡和财产损失，有效保护环境和社会稳定，充分体现生命至上、安全发展、科学发展的时代理念。

## 二、特种设备应急处置与救援装备分类

应急救援装备，指用于应急管理与应急救援的工具、器材、服装、技术力量等。如消防车、监测仪、防化服、隔热服；应急救援专用数据库、GPS 技术、GIS 技术等各种各样的物资装备与技术装备。应急救援装备种类繁多，功能不一，适用性差异大，可按其具体功能、适用性、使用状态进行分类：

1. 按照适用性分类

特种设备应急处置与救援应急装备种类繁多，有的适用性很广，有的则具有很强的专业性。一般可将应急装备分为通用性应急装备、特殊应急装备。通用性应急装备，主要包括：个体防护装备，如呼吸器、护目镜、安全带等；消防装备，如灭火器、消防锹等；通信装备，如固定电话、移动电话、对讲机等；报警装备，如手摇式报警、电铃式报警等装备。特殊应急装备，因专业不同而各不相同，可分为灭火装备、危险品泄漏控制装备、专用通信装备、医疗装备、电力抢险装备等。具体会细分好多种小类，如：

（1）危险化学品抢险用的防化服，易燃易爆有毒有害气体监测仪等；

（2）消防人员用的高温避火服、举高车、救生垫等；

（3）医疗抢险用的铲式担架、氧气瓶、救护车等；

（4）水上救生用的救生艇、救生圈、信号枪等；

（5）电工用的绝缘棒、电压表等；

（6）煤矿用的抽风机、抽水机等；

（7）环境监测装备，如水质分析仪、大气分析仪等；

（8）气象监测仪，如风向标、风力计等；

（9）专用通信装备，如卫星电话、车载电话等；

（10）专用信息传送装备，如传真机、无线上网笔记本电脑等。

2. 按照功能分类

根据应急救援各种装备的功能，可将应急救援装备分为预测预警装备、个体防护装备、通信与信息装备、灭火抢险装备、医疗救护装备、交通运输装备、工程救援装备、应急技术装备等八大类及若干小类。

（1）预测预警装备。具体可分为：监测装备、报警装备、联动控制装备、安全标志等。

（2）个体防护装备。具体可分为：头面部防护装备、眼睛防护装备、听力防护装备、

呼吸器官防护装备、躯体防护装备、手部防护装备、脚部防护装备、坠落防护装备等。

（3）通信与信息装备。具体可分为：防爆通信装备、卫星通信装备、信息传输处理装备等。

（4）灭火抢险装备。具体可分为：灭火器、消防车、消防炮、消防栓、破拆工具、登高工具、消防照明、救生工具、带压堵漏器材等。

（5）医疗救护装备。具体可分为：多功能急救箱、伤员转运装备、现场急救装备等。

（6）交通运输装备。如运输车辆、装卸设备等。

（7）工程救援装备。如地下金属管线探测设备、起重设备、推土机、挖掘机、探照灯等。

（8）应急技术装备。如用于支撑应急救援的通信、地理信息、堵漏等技术装备，如 GPS（Global Positioning System，全球卫星定位系统）技术，GIS（Geographical Information System，地理信息系统）技术、无火花堵漏技术等。

3. 根据使用状态分类

根据特种设备应急处置与救援装备的使用状态，特种设备应急处置与救援装备可分为日常应急救援装备和抢险应急救援装备两类。

（1）日常应急救援装备

日常应急救援装备是指日常生产、工作、生活等状态正常情况下，仍然运行的应急通信、视频监控、气体监测等装备。

日常应急救援装备，主要包括用于日常管理的装备，如随时进行监控、接受报告的应急指挥大厅里配备的专用通信设施、视频监控设施等，以及进行动态监测的仪器仪表，如固定式可燃气体监测仪、大气监测仪、水质监测仪等。

（2）抢险应急救援装备

抢险应急救援装备，即指在出现事故险情或事故发生时，投入使用的应急救援装备。如灭火器、消防车、空气呼吸器、抽水机、排烟机、切割机等。

日常应急救援装备与抢险应急救援装备不能严格区分，非此即彼，许多应急救援装备既有日常应急救援装备特点，又有抢险应急救援装备特点。如水质监测仪，在生产、工作、生活等状态正常情况下主要是进行日常监测预警，在事故发生时，则是进行动态监测，确定应急救援行动是否结束。

## 第二节　特种设备应急处置与救援装备要求

特种设备应急处置与救援对象及其发生事故情形的多样性、复杂性，决定了应急救援行动过程中要用到各种各样的装备，各种各样的装备必须组合使用。这种应急救援装备的多样性、组合性，决定了应急救援装备的系统性。每一次应急救援行动，无论大小，都须有一个应急救援装备体系作保障。

根据应急救援各种装备的具体功能，应急救援装备体系示意图如图 5-1 所示。

## 一、特种设备应急处置与救援装备保障要求

应急救援保障系统，包括通信与信息保障、人力资源保障、法制体系保障、技术支持保障、物资装备保障、培训演练保障、应急经费保障等诸多系统。应急装备保障是物资装备保障的重要内容。应急救援装备保障总体要求，主要包括种类选择、数量确定、功能要求、使用培训、检修维护等方面。

1. 应急救援装备种类选择

特种设备应急处置与救援装备的种类很多，同类产品在功能、使用、质量、价格等方面也存在很大差异，特别是国内外产品差距最为明显。那么如何进行类型选择呢?

（1）根据法规要求进行配备

对法律法规明文要求必备的，必须配备到位。随着应急法制建设的推进，相关的专业应急救援规程、规定、标准必将出现。对于这些规程、标准、规定要求配备的装备必须依法配备到位。

（2）根据预案要求进行种类选择

特种设备应急处置与救援应急预案是应急准备与行动的重要指南，因此，特种设备应急处置与救援装备必须依照应急预案的要求进行选择配备。

应急预案中需要配备的装备，有些可能明确列出，有些可能只是列出通用性要求。对于明确列出的装备直接照方抓药即可，而对于没有列出具体名称，只列出通用性要求的设备，则要根据要求，根据所需要的功能与用途认真选定，充分满足应急救援的实际需要。

（3）特种设备应急处置与救援应急救援装备选购

特种设备应急处置与救援应急救援的装备种类很多，价格差距往往也很大。在选购时，首先，要明确需求，从功能上正确选购；其次，要考虑到运用的方便，从实用性上进行选购；再次，要保证性能稳定，质量可靠，从耐用性、安全性上选购；最后，要经济性合理。从价格和维护成本上货比三家，在满足需要的前提下，尽可能地少花钱，多办事。

（4）严禁采用淘汰类型的产品

特种设备应急处置与救援装备也有一个产生、改进、完善的过程，在这个过程中，可能出现因设计不合理，甚至存在严重缺陷而被淘汰的产品，对这些淘汰产品必须严

禁采用。如果采用这些淘汰产品，在应急救援行动过程中，就会降低救援的效率，甚至引发不应发生的次生事故。

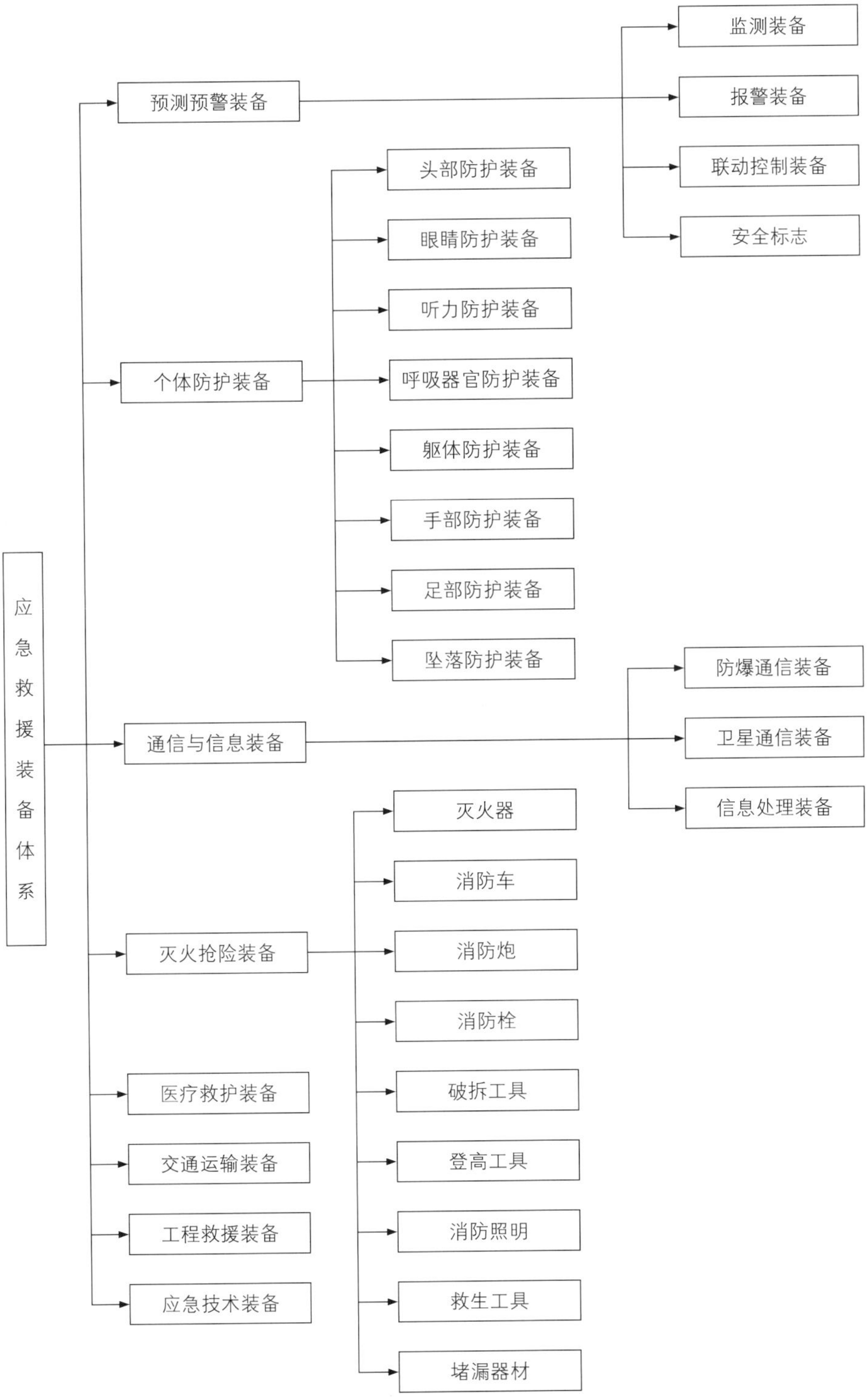


图5-1 应急救援装备体系

2. 应急救援装备数量要求

应急救援装备的配备数量，应坚持三个原则，确保应急救援装备的配备数量到位。

（1）依法配备

对法律法规明文要求必备数量的，必须依法配备到位。

（2）合理配备

对法律法规没做明文要求的，按照预案要求和企业实际，合理配备。

（3）备份配备

任何设备都可能损坏，因此，应急装备在使用过程中突然出现故障，无论从理论上分析，还是从实践中考虑，都会发生。一旦发生故障，不能正常使用，应急行动就可能被迫中断。譬如：总指挥的手机突然损坏，或电池耗尽，不能正常使用，指挥通信系统的中断，就很可能使应急救援行动处于等待指示的中断状态之中。又如，遇到氨气泄漏，如果只有一具空气呼吸器，此空气呼吸器出现故障不能正常使用或者余量不足，现场救援处置行动必将因此而停止。

遇到上述种种情况怎么办？最好的方法，就是事先进行双套备份配置，当设备出现故障不能正常使用，立即启用备用设备。因此，对于一些特殊的应急装备，必须进行双套配置，譬如移动通信话机突然坏了，不能正常进行指挥，只有靠备用移动通信工具；空气呼吸器如果突然出现严重故障，不能正常使用，谁也不能冒险进入毒气区进行操作，如若不然，就必然造成事故的恶化。

对于双套配置的问题，要根据实际全面考虑。既不要怕花钱，也不能一概而论，造成过度投入，浪费资金。三个准则：一是保证救援行动不出现严重的中断，不受到严重影响；二是量力而行，有能力，尽可能双套配置，对一些关键设备如通信话机、电源、事故照明等必须双套配置，如能力不足则循序渐进，逐步配齐；三是考察装备稳定性，如稳定性很高，难以损坏，则可单套配置。

3. 特种设备应急处置与救援装备的功能要求

应急救援装备的功能要求，就是要求应急救援装备应能完成预案所确定的任务。

特别注意，对于同样用途的装备，会因使用环境的差异出现不同的功能要求，这就必须根据实际需要提出相应的特殊功能要求。譬如，在高温潮湿的南方，在寒冷低温的北方，可燃气体监测仪、水质监测仪能否正常工作。许多情况下，应急装备都有其适用温度、湿度范围等限制，因此，在一些条件恶劣的特殊环境下，应该特别注意装备的适用性。如果不适用，就非但无益，反而有害了。

4. 特种设备应急处置与救援装备的使用要求

特种设备应急处置与救援装备是用来保障生命财产安全的“生命装备”，必须严格管理，正确使用，仔细维护，使其时刻处于良好的备用状态。同时，有关人员必须会用，确保其功能得到最大程度的发挥。

特种设备应急处置与救援装备的使用要求，主要包括以下几个方面：

（1）专人管理，职责明确

特种设备应急处置与救援装备，大到价值数百万的抢险救援车，小到普普通通的防毒面具，都应指定专人进行管理，明确管理要求，确保装备的妥善管理。

（2）严格培训，严格考核

要严格按照说明书要求，对使用者进行认真的培训，使其能够正确熟练地使用，并把对应急救援装备的正确使用，作为对相关人员的一项严格的考核要求。

要特别注意一些貌似简单，实为易出错环节的培训与考核。譬如，对防毒面具，许多人一看就明白，认为把橡胶面具拉开往脸上一戴就万事大吉了。其实不然，必须先拔开气塞，保证呼吸畅通，才能戴面具，如若不然，就可能发生窒息事故。这种不拔气塞就戴面具并憋得面红耳赤的事情，在紧急状况下屡见不鲜，主要原因就是心理紧张和操作不熟练。又如，对于可燃气体监测仪，使用前，必须先校零，只有消除零位飘移，才能保证监测数据的准确，如若不然，就会得出错误的结果，做出错误的决策。

5. 特种设备应急处置与救援装备的维护要求

对特种设备应急处置与救援装备，必须经常进行检查，正确维护，保持随时可用的状态，要不然，就可能不仅造成装备因维护不当而损坏，同时，会因为装备不能正常使用，而延误事故处置。特种设备应急处置与救援装备的检查维护，必须形成制度化、规范化。应急装备的维护，主要包括两种形式：

（1）定期维护

根据说明书的要求，对有明确的维护周期的，按照规定的维护周期和项目进行定期维护，定期标定、定期更换、定期检验等。

（2）随机维护

对于没有明确维护周期的装备，要按照产品书的要求，进行经常性的检查，严格按照规定进行管理。发现异常，及时处理，随时保证装备完好可用。

## 第三节　部分应急处置装备与器材

特种设备发生事故后，要完成应急处置工作，还必须要借助一些装备和器材。包括工程机械、消防器材、应急人员的安全防护用品、安全检测仪器和带压密封装置、应急工具等。

## 一、工程机械和设备

各种吨位的汽车吊、烃泵、水泵、柴油发电机、高压软管、快速接头、液压千斤顶、手动葫芦、燃气检测装置等。

1. 汽车吊

汽车吊如图 5-2 所示。

图5-2　汽车吊

2. 烃泵（图 5-3）

主要用来移除障碍物或事故设备，要求必须由技术熟练的持证人员操作，在易燃易爆的场所，钢丝绳与金属接触部位应垫湿麻袋或棉布，防止产生火花。

现场用来倒转液化石油气和其他烃类介质，起倒灌之用。

YQB系列液化石油气泵

图5-3　烃泵

## 二、消防器材

消防车、消防水幕、消防水炮、各种型号的干粉、二氧化碳灭火器、小型家庭式干粉灭火器。

## 三、安全防护用品

安全帽、安全带、急救绳、空气呼吸器（图 5-4）、氧气呼吸器（图 5-5）、防化服、防护靴、耐高温低温手套、防水防爆电筒、防护眼镜、便携式急救包、阻燃工作服、防毒面具（图 5-6）、空气长管式防毒面具、便携式洗眼器等。

图5-4　正压式空气呼吸器

图5-5　氧气呼吸器

图5-6　防毒面具图

## 四、安全检测仪器

主要包括可燃气体报警仪（图 5-7）、可燃气检测仪、毒气报警仪、毒性气体检测仪（图 5-8）、氧气检测仪、风向仪、便携式多功能辐射仪（图 5-9）、超声波测厚仪、多功能磁粉仪、数字式超声波探伤仪等。

图5-7　可燃气体报警仪

图5-8　毒性气体检测仪

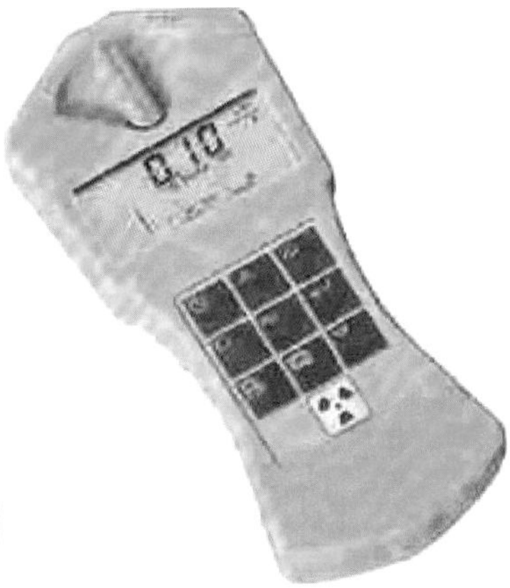

图5-9　便携式多功能辐射仪

## 五、带压密封装置

主要包括注胶枪（快速胶）（图 5-10）、90° ~120° 拐接头、耳形注胶接头、紧带器（图 5-11）、不锈钢带、带扣、卡兰、堵漏胶、增漏剂、管道修补带、RG 紧急堵漏修补剂、手动高压油泵（图 5-12）、注胶快速堵漏工具（图 5-13）、堵封胶、捆扎堵漏工具、管卡、法兰卡具等。

图5-10　注胶枪（快速胶）

图5-11　紧带器

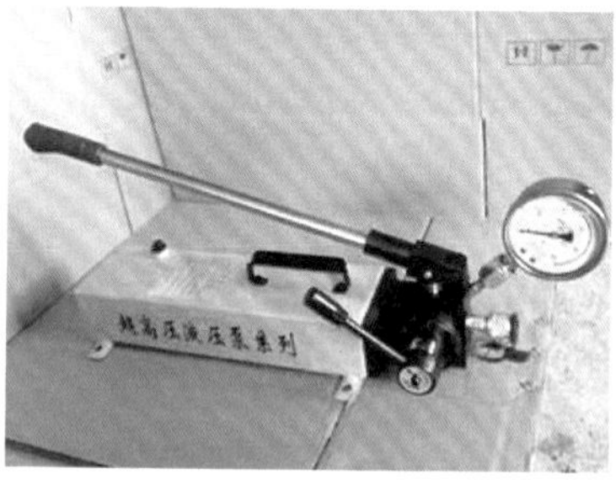

图5-12　手动高压油泵

图5-13　注胶快速堵漏工具

# 第六章 电梯事故应急处置与救援

## 第一节 电梯简介

根据《特种设备目录》(质检总局2014年第114号)的定义，电梯是指动力驱动，利用沿刚性导轨运行的箱体或者沿固定线路运行的梯级(踏步)，进行升降或者平行运送人、货物的机电设备，包括载人(货)电梯、自动扶梯、自动人行道等。分类如下：

1.按用途分

(1)乘客电梯：为运送乘客而设计的电梯(图6-1)。

(2)载货电梯：主要运送货物的电梯，同时允许有人员伴随(图6-2)。

图6-1 乘客电梯

图6-2 载货电梯

（3）客货电梯：以运送乘客为主，同时兼顾运送非集中载荷货物的电梯（图6-3）。

（4）病床电梯（医用电梯）：运送病床（包括病人）及相关医疗设备的电梯（图6-4）。

图6-3　客货电梯

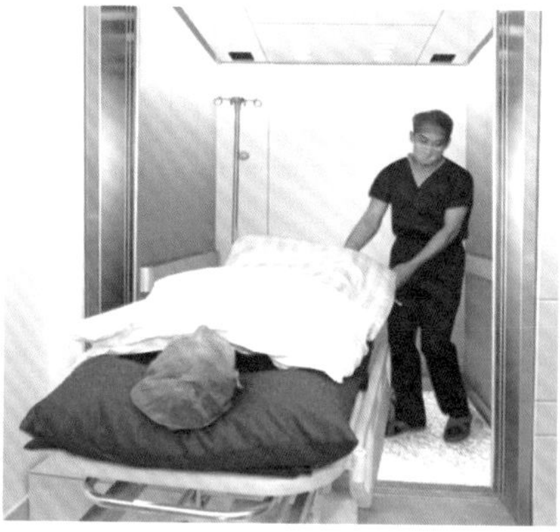

图6-4　病床电梯

（5）住宅电梯：服务于住宅楼供公众使用的电梯（图6-5）。

（6）杂物电梯：服务于规定层站固定式提升装置，具有一个轿厢，由于结构形式和尺寸的关系，轿厢内不允许人员进入（图6-6）。

图6-5　住宅电梯

图6-6　杂物电梯

（7）船用电梯：船舶上使用的电梯。

（8）防爆电梯：采取适当措施，可以应用于有爆炸危险场所的电梯（图6-7）。

（9）消防电梯：首先预定为乘客使用而安装的电梯，其附加的保护、控制和信号使其能在消防服务的直接控制下使用（图6-8）。

图6-7　防爆电梯

图6-8　消防电梯

（10）观光电梯：井道和轿厢壁至少有同一侧透明，乘客可观看轿厢外景物的电梯（图 6-9）。

（11）汽车电梯：其轿厢适于运载小型乘客汽车的电梯（图 6-10）。

图6-9　观光电梯

图6-10　汽车电梯

（12）家用电梯：安装在私人住宅中，仅供单一家庭成员使用的电梯，它也可以安装在非单一家庭使用的建筑物内，作为单一家庭进入其住所的工具（图 6-11）。

（13）自动扶梯：带有循环运行梯级，用于向上或向下倾斜运输乘客的固定电力驱动设备（图 6-12）。

图6-11 家用电梯

图6-12 自动扶梯

（14）自动人行道：带有循环运行（板式或带式）走道，用于水平或倾斜角不大于 12° 运输乘客的固定电力驱动设备（图 6-13）。

2. 按驱动方式分

（1）曳引驱动电梯：依靠摩擦力驱动的电梯。

（2）强制驱动电梯：用链或钢丝绳悬吊的非摩擦方式驱动的电梯。

（3）液压电梯：依靠液压驱动的电梯。

3. 按机房布置形式分

（1）有机房电梯：需要专门机房用于安装电梯驱动主机、控制柜、限速器等设备的电梯。

（2）无机房电梯：不需要建筑物提供封闭的专门机房用于安装电梯驱动主机、控制柜、限速器等设备的电梯（图 6-14）。

图6-13 自动人行道

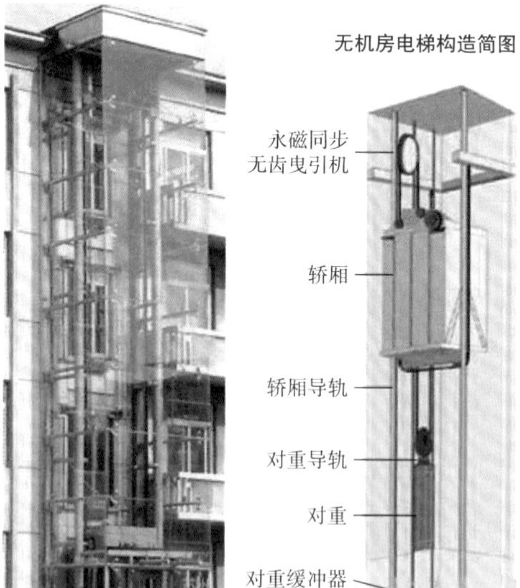


图6-14 无机房电梯

# 第二节　垂直升降电梯应急处置与救援

## 一、曳引驱动电梯应急救援方法注意事项

请各单位参考以下方法，并根据实际情况制定相应的应急救援方法：

（1）应急救援小组成员应持有特种设备主管部门颁发的特种设备作业人员证。

（2）救援人员必须 2 人以上。

（3）应急救援设备、工具：层门开锁钥匙、盘车轮或盘车装置、松闸装置、常用五金工具、照明器材、通信设备、单位内部应急组织通讯录、安全防护用具、警示牌等。

（4）在救援的同时还要保证自身安全。

（5）首先断开电梯主开关，以避免在救援过程中突然恢复供电而导致意外的发生。

（6）通过电梯紧急报警装置或其他通信方式与被困乘客保持通话（图 6-15），安抚被困乘客，可以采用以下安抚语言："乘客们，你们好！很抱歉，电梯暂时发生了故障，请大家保持冷静，安心地在轿厢内等候救援，专业救援人员已经开始工作，请听从我们的安排。谢谢您的配合。"

（7）若确认有乘客受伤或有可能有乘客会受伤等情况，则应立即同时通报 120 急救中心，以使急救中心做出相应行动。

图6-15　救援人员与轿厢内乘客联系示意图

## 二、曳引驱动电梯在非开门区停电困人应急救援方法

（1）通过与轿厢内被困乘客的通话，以及通过与现场其他相关人员的询问或与监控中心的信息沟通等渠道，初步确定轿厢的大致位置。

（2）在保证安全的情况下，用电梯专用层门开锁钥匙（图 6-16）打开初步确认的轿厢所在楼层的上一层层门（若初步确认轿厢在顶层，则打开顶层的层门）。

（3）打开层门后，若在开门区，则直接开门放人。若在非开门区（图 6-17），则仔细确认电梯轿厢确切位置（若确认电梯轿厢地板在顶层门区地平面以上较大距离，被困乘客无法从轿厢到达顶层地面，即冲顶情况，请参照本节“五、电梯‘冲顶’后的应急救援方法”处理；若确认电梯轿厢地板在底层门区地平面以下较大距离，被困乘客无法从轿厢到达底层地面，即蹲底情况，请参照本节“六、电梯‘蹲底’后的应急救援方法”处理）。根据不同类型电梯进行下一步操作：

图6-16　专用层门开锁钥匙

图6-17　不能救援位置示意图

## 三、有机房电梯停电状态下的应急救援方法

（1）救援人员在机房通过紧急报警装置或其他通信方式与被困乘客保持通话，告知被困乘客将缓慢移动轿厢。

（2）仔细阅读有机房电梯松闸盘车作业指导或紧急电动运行作业指导，严格按照相关的作业指导进行救援操作（图 6-18）。

图6-18　手动盘车示意图

（3）根据电梯轿厢移动距离，判断电梯轿厢进入平层区后，停止盘车作业或紧急电动运行。

（4）根据轿厢实际所在楼层，用层门开锁钥匙打开相应层门，救出被困乘客（图 6-19、图 6-20）。

图6-19　救援乘客示意图（轿厢在层站上部）

图6-20　救援乘客示意图（轿厢在层站下部）

## 四、无机房电梯停电状态下的应急救援方法

（1）救援人员通过紧急报警装置或其他通信方式与被困乘客保持通话，告知被困乘客将缓慢移动轿厢。

（2）仔细阅读无机房电梯紧急松闸救援作业指导（根据轿厢与对重是否平衡，进行相关的操作）或紧急电动运行作业指导，严格按照相关的作业指导进行救援操作。

（3）根据电梯轿厢移动距离，判断电梯轿厢进入平层区后，停止松闸或紧急电动运行。

（4）根据轿厢实际所在楼层，用层门开锁钥匙打开相应层门，救出被困乘客。

## 五、电梯“冲顶”后的应急救援方法

对于无机房电梯，如果轿厢冲顶、对重压在缓冲器上且轿厢安全钳动作，可在顶层开门放人。

（1）通过与轿厢内被困乘客的通话，以及通过与现场其他相关人员的询问或与监控中心的信息沟通等渠道，初步确定轿厢的大致位置。

（2）在保证安全的情况下，用电梯专用层门开锁钥匙打开初步确认的轿厢所在楼层的上一层层门（若初步确认轿厢在顶层，则打开顶层的层门）。

（3）打开层门后，确认电梯轿厢地板在顶层门区地平面以上较大距离，即冲顶情况，则根据不同类型电梯进行下一步操作：

1）有机房电梯“冲顶”后的救援方法

①救援人员在机房通过电梯紧急报警装置或其他通信方式与被困乘客保持通话，告知被困乘客将缓慢移动轿厢。

②观察电梯曳引机上的钢丝绳，如果发现没有紧绷，则可能是轿厢在冲顶后，对重压上缓冲器，然后轿厢向下坠落，引起了安全钳动作。此时，必须先释放安全钳，

然后进行操作。

③仔细阅读有机房电梯松闸盘车（向轿厢下行方向盘车）作业指导或紧急电动运行（向轿厢下行方向）作业指导，严格按照相关的作业指导进行救援操作。

④根据电梯轿厢移动距离，判断电梯轿厢进入顶层平层区后，停止盘车作业或紧急电动运行。

⑤在顶层用层门开锁钥匙打开相应层门，救出被困乘客。

2）无机房电梯“冲顶”后的应急救援方法

①救援人员通过电梯紧急报警装置或其他通信方式与被困乘客保持通话，告知被困乘客将缓慢移动轿厢。

②仔细阅读无机房电梯紧急电动运行作业指导，严格按照相关的作业指导进行救援操作。

（注：一般在冲顶情况下，应该是轿厢较轻，不适宜进行手动松闸救援；另外由于各种原因，也不适宜进行增加轿厢重量进行救援，向轿厢下行方向）

③根据电梯轿厢移动距离，判断电梯轿厢进入平层区后，停止松闸作业或紧急电动运行。

④在顶层用层门开锁钥匙打开相应层门，救出被困乘客。

**六、电梯“蹲底”后的应急救援方法**

（1）通过与轿厢内被困乘客的通话，以及通过与现场其他相关人员的询问或与监控中心的信息沟通等渠道，初步确定轿厢的大致位置。

（2）在保证安全的情况下，用电梯专用层门开锁钥匙打开初步确认的轿厢所在楼层的上一层层门（若初步确认轿厢在顶层，则打开顶层的层门）。

（3）打开层门后，确认电梯轿厢地板在底层门区地平面以下较大距离，即蹲底情况，则根据不同类型电梯进行下一步操作：

1）有机房电梯“蹲底”后的应急救援方法

①救援人员在机房通过电梯紧急报警装置或其他通信方式与被困乘客保持通话，告知被困乘客将缓慢移动轿厢。

②仔细阅读有机房电梯松闸盘车（向轿厢上行方向盘车）作业指导或紧急电动运行（向轿厢上行方向）作业指导，严格按照相关的作业指导进行救援操作。

③根据电梯轿厢移动距离，判断电梯轿厢进入底层平层区后，停止盘车作业或紧急电动运行。

④在底层用层门开锁钥匙打开相应层门，救出被困乘客。

2）无机房电梯“蹲底”后的应急救援方法

①救援人员通过电梯紧急报警装置或其他通信方式与被困乘客保持通话，告知被困乘客将缓慢移动轿厢。

②仔细阅读无机房电梯紧急松闸救援或紧急电动运行（向轿厢上行方向）作业指导，严格按照相关的作业指导进行救援操作。

③根据电梯轿厢移动距离，判断电梯轿厢进入平层区后，停止松闸作业或紧急电动运行。

④在底层用层门开锁钥匙打开相应层门，救出被困乘客。

## 七、电梯“门触点故障”导致电梯轿厢停在非开门区的应急救援方法

（1）通过与轿厢内被困乘客的通话，以及通过与现场其他相关人员的询问或与监控中心的信息沟通等渠道，初步确定轿厢的大致位置。

（2）在保证安全的情况下，用电梯专用层门开锁钥匙打开初步确认的轿厢所在楼层的上一层层门（若初步确认轿厢在顶层，则打开顶层的层门）。

（3）打开层门后，确认电梯轿厢地板在顶层门区地平面以上较大距离，即冲顶情况，则根据不同类型电梯进行下一步操作：

1）有机房电梯“门触点故障”导致电梯轿厢停在非开门区的应急救援方法

①救援人员在机房通过电梯紧急报警装置或其他通信方式与被困乘客保持通话，告知被困乘客将缓慢移动轿厢。

②仔细阅读有机房电梯松闸盘车（向轿厢上行方向盘车）作业指导或紧急电动运行（向轿厢上行方向）作业指导，严格按照相关的作业指导进行救援操作。

③根据电梯轿厢移动距离，判断电梯轿厢进入底层平层区后，停止盘车作业或紧急电动运行。

④用层门开锁钥匙打开相应层门，救出被困乘客。

2）无机房电梯“门触点故障”导致电梯轿厢停在非开门区的应急救援方法

①救援人员通过电梯紧急报警装置或其他通信方式与被困乘客保持通话，告知被困乘客将缓慢移动轿厢。

②仔细阅读无机房电梯紧急松闸救援或紧急电动运行（向轿厢上行方向）作业指导，严格按照相关的作业指导进行救援操作。

③根据电梯轿厢移动距离，判断电梯轿厢进入平层区后，停止松闸作业或紧急电动运行。

④用层门开锁钥匙打开相应层门，救出被困乘客。

## 八、电梯非正常开门运行导致发生人员剪切事故的应急救援方法

（一）如果是轿厢内人员或层站乘客在出入轿厢时被剪切

1. 如果可以通过直接打开电梯门即可救出乘客，则在保证安全的前提下，用层门开锁钥匙打开相应层门，救出被困乘客。

2. 如果不可以通过用层门开锁钥匙打开电梯门救出乘客，相应人员在受伤乘客所在楼层留守，相应人员进行盘车救援操作或紧急电动运行，并且保持与留守在受伤乘客所在楼层的人员通信，一旦可以进行受伤乘客救出工作，则停止盘车救援操作或紧急电动运行。

3. 在保证安全的前提下，用层门开锁钥匙打开相应层门，救出被困乘客。

4. 救出乘客后，根据 120 急救人员的指示进行下一步救援工作。

（二）如果是乘客或其他人员在非出入轿厢时被剪切，即发生轿底或轿顶剪切

1. 在轿底发生人员被剪切时的应急救援方法

（1）相应人员在受伤乘客所在楼层留守，相应人员进行盘车救援操作或紧急电动运行（使轿厢向上移动），并且保持与留守在受伤乘客所在楼层的人员通信，一旦可以进行受伤乘客救出工作，则停止盘车救援操作或紧急电动运行。

（2）救出乘客后，根据 120 急救人员的指示进行下一步救援工作。

2. 在轿顶发生人员被剪切时的应急救援方法

（1）相应人员在受伤乘客所在楼层留守，相应人员进行盘车救援操作或紧急电动运行（使轿厢向下移动），并且保持与留守在受伤乘客所在楼层的人员通信，一旦可以进行受伤乘客救出工作，则停止盘车救援操作或紧急电动运行。

（2）救出乘客后，根据 120 急救人员的指示进行下一步救援工作。

3. 如果 120 急救人员到来之前不宜进行救援

（1）根据 120 急救人员的指示，进行前期救援准备工作。

（2）在 120 急救人员到来后，配合救援工作。

### 九、电梯“溜车”发生人员剪切事故时的应急救援方法

在符合以下条件下，可在 120 急救人员到来之前进行救援：

（1）进行救援不会导致受伤人员的进一步伤害。

（2）有足够的救援人员。

否则按以下方式进行处理：

（1）根据 120 急救人员的指示，进行前期救援准备工作。

（2）在 120 急救人员到来后，配合救援工作。

（一）轿厢内人员或层站乘客在出入轿厢时被剪切的应急救援方法

（1）如果可以通过直接打开电梯门即可救出乘客，则在保证安全的前提下，用层门开锁钥匙打开相应层门，救出被困乘客。

（2）如果不可以通过用层门开锁钥匙打开电梯门即可救出乘客，则相应人员在受伤乘客所在楼层留守，相应人员进行盘车救援操作或紧急电动运行，并且保持与留守在受伤乘客所在楼层的人员通信，一旦可以进行受伤乘客救出工作，则停止盘车救援操作或紧急电动运行。

（3）在保证安全的前提下，用层门开锁钥匙打开相应层门，救出被困乘客。

（4）救出乘客后，根据 120 急救人员的指示进行下一步救援工作。

（二）乘客或其他人员在非出入轿厢时被剪切，即发生轿底或轿顶剪切的应急救援方法

1. 在轿底发生人员剪切时的应急救援方法

（1）相应人员在受伤乘客所在楼层留守，相应人员进行盘车救援操作或紧急电动运行（使轿厢向上移动），并且保持与留守在受伤乘客所在楼层的人员通信，一旦可以进行受伤乘客救出工作，则停止盘车救援操作或紧急电动运行。

（2）救出乘客后，根据 120 急救人员的指示进行下一步救援工作。

2. 在轿顶发生人员剪切时的应急救援方法

（1）相应人员在受伤乘客所在楼层留守，相应人员进行盘车救援操作或紧急电动运行（使轿厢向下移动），并且保持与留守在受伤乘客所在楼层的人员通信，一旦可以进行受伤乘客救出工作，则停止盘车救援操作或紧急电动运行。

（2）救出乘客后，根据 120 急救人员的指示进行下一步救援工作。

3. 如果 120 急救人员到来之前不宜进行救援

（1）据 120 急救人员的指示，进行前期救援准备工作。

（2）在 120 急救人员到来后，配合救援工作。

## 十、电梯制动器失效状态下的应急救援方法

1. 有机房电梯的制动器失效状态下的应急救援方法

（1）首先通过盘车装置等，使电梯轿厢可靠制停。

（2）排除制动器故障。

（3）若超速保护装置动作，则释放超速保护装置。

（4）救援人员在机房通过紧急报警装置或其他通信方式与被困乘客保持通话，告知被困乘客将缓慢移动轿厢。

（5）仔细阅读有机房电梯松闸盘车作业指导或紧急电动运行作业指导，严格按照相关的作业指导进行救援操作。

（6）根据电梯轿厢移动距离，判断电梯轿厢进入平层区后，停止盘车作业或紧急电动运行。

（7）根据轿厢实际所在层楼，用层门开锁钥匙打开相应层门，救出被困乘客。

2. 无机房电梯的制动器失效状态下的应急救援方法

（1）通过与轿厢内被困乘客的通话，以及通过与现场其他相关人员的询问或与监控中心的信息沟通等渠道，初步确定轿厢的大致位置。

（2）在保证安全的情况下，用电梯专用层门开锁钥匙打开初步确认的轿厢所在楼层的上一层层门（若初步确认轿厢在顶层，则打开顶层的层门）。

（3）打开层门后，若确认电梯轿厢地板在顶层门区附近或以上，则关上层门（不允许直接救援），在保证安全的情况下进入底坑，用千斤顶将对重逐渐向上顶，轿厢进入门区后，用层门开锁钥匙打开相应层门，救出被困乘客。

（4）对于其他情况，维修人员进入轿厢顶，应用电葫芦等将轿厢向上吊，轿厢进入门区后，用层门开锁钥匙打开相应层门，救出被困乘客。

## 十一、电梯制动器失效导致轿厢“冲顶”时的救援方法

（1）首先进行拍照，记录电梯制动器故障状态，保持原始记录以备分析、调查、检查时使用。

（2）在机房内切断电梯主电源，查看钢丝绳和传动轮是否正常，是否满足盘车运行的要求。

（3）轿厢停止位置高于层门地坎在 500mm 以内时，使用层门开锁钥匙，打开层门，救出乘客。

（4）确认电梯轿厢、对重所在的位置，选择电梯准备停靠的层站。

（5）轿厢停止位置高于层门地坎大于 500mm 时，应至少 2 人进行，其中一人手动盘车，将轿厢移动至平层区内，并用力保持轿厢不能移动，另一人在电梯顶层，打开层门，救出乘客。

（6）关闭层门，缓慢将轿厢移动至最上端，使电梯保持稳定状态。

（7）检修制动器。

## 十二、电梯制动器失效导致轿厢“蹲底”时的救援方法

（1）告知电梯轿厢内的受困人员救援活动已经开始，提示电梯轿厢内的人员配合救援活动，不要扒门，不要试图强行离开轿厢。

（2）在机房内切断电梯主电源，查看钢丝绳和传动轮是否正常，是否满足盘车运行的要求。

（3）轿厢蹲底时，先不要采取任何措施进行救出，因乘客走出电梯产生的负荷变化，会使轿厢移动。所以，先采取以下措施后，再利用最下层的开锁装置进行救出。

1）曳引轮带孔时，利用曳引轮孔在配重一侧，用钢丝绳扣（$\phi$10mm 以上）将

曳引轮和曳引绳缚紧，钢丝绳扣要用三个以上 U 形卡子固定。

2）曳引轮上不带孔时，利用导向轮按上述要领将导向轮和钢丝绳固定。

（4）使用层门开锁钥匙，打开层门，救出乘客。

（5）检修制动器。

## 十三、电梯安全钳意外动作状态下的应急救援方法

（一）救援操作程序

（1）告知电梯轿厢内的受困人员救援活动已经开始，提示电梯轿厢内的人员配合救援活动，不要扒门，不要试图强行离开轿厢。

（2）在机房内切断电梯主电源，查看钢丝绳和传动轮是否正常，是否满足盘车运行的要求。

（3）确认电梯轿厢、对重所在的位置，选择电梯准备停靠的层站。

（二）救援方案 1

（1）救援人员到达电梯轿顶。

（2）将电梯轿顶检修开关设置在检修位置，使电梯处在检修控制状态。

（3）接通电梯主电源，恢复限速器、安全钳上的安全开关，使安全回路恢复正常，层门锁安全回路正常。

（4）电梯轿顶救援人员可通过下列操作方式释放安全钳：

1）如果是轿厢下行安全钳动作，点动方式操作电梯向上运行，释放安全钳。

2）如果是轿厢上行安全钳动作，点动方式操作电梯向下运行，释放安全钳。

3）如果是对重超速安全钳动作，点动方式操作电梯轿厢向下运行，使对重安全钳释放。

（5）当安全钳楔块脱开导轨后，电梯轿顶的救援人员用点动方式操作电梯运行，使电梯在选择的层站停靠，确认平层后，通知其他救援人员在机房切断电梯主电源。

（6）在确认电梯轿厢平层后，电梯轿顶的救援人员盘动开门机构开启电梯层门 / 轿门，救出受困人员。

（7）当救援方案 1 不能完成救援活动时，可以选择救援方案 2 继续实施救援。

（三）救援方案 2

可以采用紧急操作，让电梯轿厢平层后，开启电梯层门 / 轿门，完成救援工作，针对故障电梯的种类不同，可参照下列方法实施救援工作：

1. 有机房曳引驱动电梯安全钳意外动作状态下的应急救援方法

（1）切断电梯主电源。

（2）检查确认电梯机械传动系统（钢丝绳、传动轮）正常。

（3）检查限速器。如限速器已经动作，应先复位限速器。

（4）确认电梯层 / 轿门处于关闭状态。

（5）确认电梯轿厢、对重所在的位置，选择电梯准备停靠的层站。

（6）参考电梯生产厂家的盘车说明，一名维修人员用抱闸扳手打开机械抱闸；同时，另一名维修人员双手抓住电梯盘车轮，根据机房内确定轿厢位置的标识（如：钢丝绳层站标识）和盘车力矩，盘动电梯盘车轮，将电梯停靠在准备停靠的层站。

（7）维修人员释放抱闸扳手，关闭抱闸装置，防止电梯轿厢移动。

（8）维修人员应到电梯轿厢停靠层站确认电梯平层后，用层门开锁钥匙打开电梯层门 / 轿门。

（9）如层门开锁钥匙无法打开层门，维修人员可到上一层站打开层门，在确认安全的情况下到达轿顶，采取手动盘开层门 / 轿门救出人员。

2.无机房曳引驱动电梯安全钳意外动作状态下的应急救援方法

（1）切断电梯主电源。

（2）确认电梯轿厢门处于关闭状态。

（3）检查确认电梯机械传动系统（钢丝绳、传动轮）正常。

（4）准备好松开抱闸的机械或电气装置。

（5）电梯故障状态及手动操作电梯运行方法：

1）确认电梯轿厢、对重所在的位置，选择电梯准备停靠的层站；

2）当电梯轿厢上行安全钳楔块动作或对重安全钳楔块动作以后，按以下方法操作：

①两名维修人员可根据电梯轿厢的位置，选择进入电梯井道底坑或电梯轿顶。

②用电梯生产厂家配备的轿厢提升装置，将钢丝绳夹板夹在对重侧钢丝绳上（或用钢丝绳套和钢丝绳卡子将手动葫芦挂在对重侧导轨上，将手动葫芦吊钩与钢丝绳夹板挂牢）。

③维修人员拉动手动葫芦拉链，使对重上移；打开抱闸，轿厢向下移动，安全钳释放并复位，此时继续拉动手动葫芦拉链，轿厢向就近楼层移动，确认平层后停止拉动手动葫芦拉链，关闭抱闸装置，通知层门外的维修人员开启电梯层门 / 轿门。

④电梯层门外的维修人员在确认平层后，在轿厢停靠的楼层，用层门开锁钥匙开启电梯层门 / 轿门。

⑤如层门开锁钥匙无法打开层门，维修人员可到上一层站打开层门，在确认安全的情况下上到轿顶，手动打开层门 / 轿门。

3）当电梯轿厢下行安全钳动作以后，按以下方法操作：

①两名维修人员可根据电梯轿厢的位置，进入电梯轿顶。

②用电梯生产厂家配备的轿厢提升装置，将钢丝绳夹板夹在轿厢侧钢丝绳上（或用钢丝绳套和钢丝绳卡子将手动葫芦挂在轿厢侧导轨上，将手动葫芦吊钩与钢丝绳夹板挂牢）。

③维修人员拉动手动葫芦拉链并打开抱闸，轿厢向上移动，安全钳释放并复位，此时继续拉动手动葫芦拉链，轿厢向就近楼层移动，确认平层后停止拉动手动葫芦拉链，关闭抱闸装置，通知层门外的维修人员开启电梯层门/轿门。

④电梯层门外的维修人员在确认平层后，在轿厢停靠的楼层，用层门开锁钥匙开启电梯层门/轿门。

⑤如层门开锁钥匙无法打开层门，维修人员可到上一层站打开层门，在确认安全的情况下上到轿顶，手动盘开层门/轿门。

4）安全钳楔块没有动作时，按以下方法操作：

①维修人员采用“点动”方式反复松开抱闸装置，利用轿厢重量与对重的不平衡，使电梯轿厢缓慢滑行，直至电梯轿厢停在平层位置，关闭抱闸装置。

②电梯层门外的维修人员在确认平层后，在轿厢停靠的楼层，用层门开锁钥匙开启电梯层门/轿门。

③如层门开锁钥匙无法打开层门，维修人员可到上一层站打开层门，在确认安全的情况下上到轿顶，手动打开层门/轿门。

（四）当电梯轿厢上行安全钳楔块动作或对重安全钳楔块动作后的应急救援方法

（1）两名维修人员可根据电梯轿厢的位置，选择进入电梯井道底坑或电梯轿顶。

（2）用电梯生产厂家配备的轿厢提升装置，将钢丝绳夹板夹在对重侧钢丝绳上（或用钢丝绳套和钢丝绳卡子将手动葫芦挂在对重侧导轨上，将手动葫芦吊钩与钢丝绳夹板挂牢）。

（3）维修人员拉动手动葫芦拉链，使对重上移；打开抱闸，轿厢向下移动，安全钳释放并复位，此时继续拉动手动葫芦拉链，轿厢向就近楼层移动，确认平层后停止拉动手动葫芦拉链，关闭抱闸装置，通知层门外的维修人员开启电梯层门/轿门。

（4）电梯层门外的维修人员在确认平层后，在轿厢停靠的楼层，用层门开锁钥匙开启电梯层门/轿门。

（5）如层门开锁钥匙无法打开层门，维修人员可到上一层站打开层门，在确认安全的情况下上到轿顶，手动打开层门/轿门。

（五）当电梯轿厢下行安全钳动作后的应急救援方法

（1）两名维修人员可根据电梯轿厢的位置，进入电梯轿顶。

（2）用电梯生产厂家配备的轿厢提升装置，将钢丝绳夹板夹在轿厢侧钢丝绳上（或用钢丝绳套和钢丝绳卡子将手动葫芦挂在轿厢侧导轨上，将手动葫芦吊钩与钢丝绳夹板挂牢）。

（3）维修人员拉动手动葫芦拉链并打开抱闸，轿厢向上移动，安全钳释放并复位，此时继续拉动手动葫芦拉链，轿厢向就近楼层移动，确认平层后停止拉动手动葫芦拉链，关闭抱闸装置，通知层门外的维修人员开启电梯层门/轿门。

（4）电梯层门外的维修人员在确认平层后，在轿厢停靠的楼层，用层门开锁钥匙开启电梯层门/轿门。

（5）如层门开锁钥匙无法打开层门，维修人员可到上一层站打开层门，在确认安全的情况下上到轿顶，手动盘开层门/轿门。

（六）安全钳楔块没有动作时的应急救援方法

（1）维修人员采用“点动”方式反复松开抱闸装置，利用轿厢重量与对重的不平衡，使电梯轿厢缓慢滑行，直至电梯轿厢停在平层位置，关闭抱闸装置。

（2）电梯层门外的维修人员在确认平层后，在轿厢停靠的楼层，用层门开锁钥匙开启电梯层门/轿门。

（3）如层门开锁钥匙无法打开层门，维修人员可到上一层站打开层门，在确认安全的情况下上到轿顶，手动打开层门/轿门。

1）方法1

救援人员上到轿顶，在轿顶增加砝码或是固态的重物，然后再通过松闸进行自动溜车到平层区后，用层门开锁钥匙打开相应层门，救出被困乘客。

2）方法2

如果楼层间距较高，故障电梯的轿厢停在中间位置，既不能开门向轿厢内或轿顶增加负载，也不能在轿厢内增加重物时，救援人员可进入底坑，在对重侧或是轿厢侧的补偿链上增加钩码（吊挂在补偿链上的砝码）破坏静平衡，应急救援人员撤出底坑后，然后再进行松闸，使轿厢移动到平层区后，用层门开锁钥匙打开相应层门，救出被困乘客。

（七）请求支援

当上述救援方法不能完成救援活动时，应急救援小组负责人应立即向本单位负责人或应急救援指挥部报告，请求支援。

**十四、上行超速保护装置动作状态下的应急救援方法**

常用的电梯上行超速保护装置有四种形式及救援方法：

（一）电梯轿厢上行安全钳动作以后的应急救援方法

1. 救援方案 1

（1）救援人员到达电梯轿顶。

（2）将电梯轿顶检修开关设置在检修位置，使电梯处在检修控制状。

（3）接通机房内电梯主电源，恢复限速器、安全钳上的安全开关，使安全回路恢复正常，层门锁安全回路正常。

（4）点动方式操作电梯向下运行，释放安全钳。

（5）当安全钳释放并复位后，电梯轿顶的救援人员用点动方式操作电梯运行，使电梯轿厢在选择的层站停靠，确认平层后，通知其他救援人员在机房切断电梯主电源。

（6）在确认电梯轿厢平层后，电梯轿顶的救援人员盘动开门机构开启电梯层门 / 轿门，救出受困人员。

（7）当救援方案 1 不能完成救援活动时，可以选择救援方案 2 继续实施救援。

2. 救援方案 2

可以采用人工盘车运行的方法，让电梯轿厢平层后，开启电梯层门 / 轿门，完成救援工作，救援方法如下：

（1）切断电梯主电源。

（2）检查确认电梯机械传动系统（钢丝绳、传动轮）正常。

（3）检查限速器。如限速器已经动作，应先复位限速器。

（4）确认电梯层 / 轿门处于关闭状态。

（5）确认电梯轿厢、对重所在的位置，选择电梯准备停靠的层站。

（6）参考电梯生产厂家的盘车说明，一名维修人员用抱闸扳手打开机械抱闸；同时，另一名维修人员双手抓住电梯盘车轮，根据机房内确定轿厢位置的标识（如：钢丝绳层站标识）和盘车力矩，盘动电梯盘车轮，将电梯停靠在准备停靠的层站。

（7）维修人员释放抱闸扳手，关闭抱闸装置，防止电梯轿厢移动。

（8）维修人员应到电梯轿厢停靠层站确认电梯平层后， 用层门开锁钥匙打开电梯层门 / 轿门。

（9）如层门开锁钥匙无法打开层门，维修人员可到上一层站打开层门，在确认安全的情况下到达轿顶，采用手动盘开层门 / 轿门。

（二）对重安全钳动作以后的应急救援方法

1. 救援方案 1

（1）救援人员到达电梯轿顶。

（2）将电梯轿顶检修开关设置在检修位置，使电梯处在检修控制状态。

（3）接通机房内电梯主电源，恢复限速器、安全钳上的安全开关，使安全回路恢复正常，层门锁安全回路正常。

（4）点动方式操作电梯轿厢向下运行，使对重安全钳楔块脱开导轨。

（5）当安全钳脱开导轨后，电梯轿顶的救援人员用点动方式操作电梯运行，使电梯轿厢在选择的层站停靠，确认平层后，通知其他救援人员在机房切断电梯主电源。

（6）在确认电梯轿厢平层后，电梯轿顶的救援人员盘动开门机构开启电梯层门/轿门，救出受困人员。

（7）当救援方案1不能完成救援活动时，可以选择救援方案2继续实施救援。

2.救援方案2

可以采用人工操作电梯运行的方法，让电梯轿厢平层后，开启电梯层门/轿门，完成救援工作，救援方法按以下进行：

（1）切断电梯主电源。

（2）检查确认电梯机械传动系统（钢丝绳、传动轮）正常。

（3）检查限速器。如限速器已经动作，应先复位限速器。

（4）确认电梯层/轿门处于关闭状态。

（5）确认电梯轿厢、对重所在的位置，选择电梯准备停靠的层站。

（6）参考电梯生产厂家的盘车说明，一名维修人员用抱闸扳手打开机械抱闸；同时，另一名维修人员双手抓住电梯盘车轮，根据机房内确定轿厢位置的标识（如：钢丝绳层站标识）和盘车力矩，盘动电梯盘车轮，将电梯停靠在准备停靠的层站。

（7）维修人员释放抱闸扳手，关闭抱闸装置，防止电梯轿厢移动。

（8）维修人员应到电梯轿厢停靠层站确认电梯平层后，用层门开锁钥匙打开电梯层门/轿门。

（9）如层门开锁钥匙无法打开层门，维修人员可到上一层站打开层门，在确认安全的情况下上到轿顶，手动盘开层门/轿门。

（三）曳引钢丝绳夹绳器动作以后的应急救援方法

（1）将电梯处于检修状态。

（2）参照电梯生产厂家的说明，将作用在曳引钢丝绳上的夹绳器释放（图6-21），并查看钢丝绳等，确认正常。

（3）将电梯限速器上行超速保护装置恢复正常（包括限速器和夹绳器的安全开关）。

（4）接通电梯主电源。

图6-21　夹绳器示意图

（5）点动向下运行，确认电梯正常。

（6）用检修方式运行将电梯就近平层，平层后打开电梯层门/轿门，将被困人员救出。

（四）无齿轮曳引机上行抱闸动作以后的应急救援方法

（1）参照电梯生产厂家的说明，将电梯限速器上行保护装置恢复正常。

（2）对抱闸系统进行检查，确认抱闸系统正常。

（3）接通电梯主电源。

（4）用检修方式运行将电梯就近平层，平层后打开电梯层门/轿门，将被困人员救出。

（5）请求支援。

当上述救援方法不能完成救援活动时，应急救援小组负责人应立即向本单位负责人或应急救援指挥部报告，请求支援。

**十五、无机房曳引驱动电梯平衡负载时的应急救援方法**

各单位参考以下方法并根据实际情况制定相应的应急救援方法：

（1）应急救援小组成员应持有特种设备主管部门颁发的特种设备作业人员证。

（2）救援人员2人以上。

（3）应急救援设备、工具：层门开锁钥匙、常用五金工具、曳引钢丝绳夹板、手动葫芦、钢丝绳套及钢丝绳卡子、扳手、铁锤、撬杠等。

（4）在救援的同时要保证自身安全。

（5）施救前必须先切断电梯主电源。

（6）确认电梯轿厢门处于关闭状态。

（7）检查确认电梯机械传动系统（钢丝绳、传动轮）正常。

（8）准备好松开抱闸的机械或电气装置。

（9）确认电梯轿厢、对重所在的位置，选择电梯准备停靠的层站。

（10）应急救援人员抵达现场后，通过电梯紧急报警装置或其他通信方式与被困乘客保持通话，告知被困乘客将缓慢移动轿厢。

（11）手动松闸打开制动器，看轿厢或对重是否移动，如不能移动，则采取下述方法 1 或方法 2，来进行救援操作。

1）方法 1

救援人员上到轿顶，在轿顶增加砝码或是固态的重物，然后再通过松闸进行自动溜车到平层区后，用层门开锁钥匙打开相应层门，救出被困乘客。

2）方法 2

如果楼层间距较高，故障电梯的轿厢停在中间位置，既不能开门向轿厢内或轿顶增加负载，也不能在轿厢内增加重物时，救援人员可进入底坑，在对重侧或是轿厢侧的补偿链上增加钩码（吊挂在补偿链上的砝码）破坏静平衡，应急救援人员撤出底坑后，再进行松闸，使轿厢移动到平层区，用层门开锁钥匙打开相应层门，救出被困乘客。

## 第三节 自动扶梯、自动人行道应急救援方法

### 一、自动扶梯、自动人行道应急救援时的注意事项

各单位参考以下方法，并根据实际情况制定相应的应急救援方法：

（1）应急救援小组成员应持有特种设备主管部门颁发的特种设备作业人员证。

（2）救援人员 2 人以上。

（3）应急救援设备、工具：层门开锁钥匙、盘车轮或盘车装置、松闸装置、常用五金工具、照明器材、通信设备、单位内部应急组织通讯录、安全防护用具、警示牌等。

（4）在救援的同时还要保证自身安全。

（5）按下“急停按钮”或切断自动扶梯（或自动人行道）的总电源、在自动扶梯/自动人行道上下端站设置警示牌，防止无关人员进入，对受伤人员进行必要的救助。

（6）若确认有乘客受伤或有可能有乘客会受伤等情况，则应立即同时通报 120 急救中心，以使急救中心做出相应行动。

（7）梯级与围裙板发生夹持，救援方法参见本节“二、自动扶梯、自动人行道梯级与围裙板发生夹人时的应急救援方法”。

（8）扶手带发生夹持，救援方法参见本节“三、自动扶梯、自动人行道扶手带

发生夹人时的应急救援方法”。

（9）梳齿板发生夹持，救援方法参见本节“四、自动扶梯、自动人行道梳齿板发生夹人时的应急救援方法”。

## 二、自动扶梯、自动人行道梯级与围裙板发生夹人时的应急救援方法

1. 如果围裙板开关（安全装置）起作用，可通过反方向盘车方法救援，救援方法如下：

（1）切断自动扶梯或自动人行道主电源。

（2）确认自动扶梯全行程之内没有无关人员或其他杂物。

（3）确认在自动扶梯上（下）入口处已有维修人员进行监护，并设置了安全警示牌。严禁其他人员上（下）自动扶梯或自动人行道。

（4）确认救援行动需要自动扶梯或自动人行道运行的方向。

（5）打开上（下）机房盖板，放到安全处。

（6）装好盘车手轮（固定盘车轮除外）。

（7）一名维修人员将抱闸打开，另一人将扶梯盘车轮上的盘车运动方向标识与救援行动需要电梯运行的方向进行对照，缓慢转动盘车手轮，使扶梯向救援行动需要的方向运行，直到满足救援需要或决定放弃手动操作扶梯运行方法。

（8）关闭抱闸装置。

2. 如果围裙板开关（安全装置）不起作用，应以最快的速度对内侧盖板、围裙板进行拆除或切割，救出受困人员。

3. 请求支援

当上述救援方法不能完成救援活动时，应急救援小组负责人应立即向本单位负责人或应急救援指挥部报告，请求支援。

## 三、自动扶梯、自动人行道扶手带发生夹人时的应急救援方法

（1）扶手带入口处夹持乘客，可拆掉扶手带入口保护装置，即可放出被夹持的乘客。

（2）扶手带夹伤乘客，可用工具撬开扶手带放出受伤乘客。

（3）对夹持乘客的部件进行拆除或切割，救出受困人员。

（4）请求支援。

当上述救援方法不能完成救援活动时，应急救援小组负责人应立即向本单位负责人或应急救援指挥部报告，请求支援。

## 四、自动扶梯、自动人行道梳齿板发生夹人时的应急救援方法

拆除梳齿板或通过反方向盘车方法实施救援的救援方法如下：

（1）切断自动扶梯或自动人行道主电源。

（2）确认自动扶梯全行程之内没有无关人员或其他杂物。

（3）确认在自动扶梯上（下）入口处已有维修人员进行监护，并设置了安全警示牌。严禁其他人员上（下）自动扶梯或自动人行道。

（4）确认救援行动需要自动扶梯或自动人行道运行的方向。

（5）打开上（下）机房盖板，放到安全处。

（6）装好盘车手轮（固定盘车轮除外）。

（7）一名维修人员将抱闸打开，另一人将扶梯盘车轮上的盘车运动方向标识与救援行动需要电梯运行的方向进行对照，缓慢转动盘车手轮，使自动扶梯向救援行动需要的方向运行，直到满足救援需要或决定放弃手动操作扶梯运行方法。

（8）关闭抱闸装置。

（9）对梳齿板、楼层板进行拆除或切割，完成救援工作。

（10）请求支援。

当上述救援方法不能完成救援活动时，应急救援小组负责人应立即向本单位负责人或应急救援指挥部报告，请求支援。

**五、自动扶梯、自动人行道梯级发生断裂时的应急救援方法**

确定盘车方向，在确保盘车过程中不会加重或增加伤害的情况下，可通过反方向盘车方法救援，否则应参照下列方法进行救援：

（1）切断自动扶梯或自动人行道主电源。

（2）确认自动扶梯全行程之内没有无关人员或其他杂物。

（3）确认在自动扶梯上（下）入口处已有维修人员进行监护，并设置了安全警示牌。严禁其他人员上（下）自动扶梯或自动人行道。

（4）确认救援行动需要自动扶梯或自动人行道运行的方向。

（5）打开上（下）机房盖板，放到安全处。

（6）装好盘车手轮（固定盘车轮除外）。

（7）一名维修人员将抱闸打开，另一人将扶梯盘车轮上的盘车运动方向标识与救援行动需要电梯运行的方向进行对照，缓慢转动盘车手轮，使自动扶梯向救援行动需要的方向运行，直到满足救援需要或决定放弃手动操作扶梯运行方法。

（8）关闭抱闸装置。

（9）可对梯级和桁架进行拆除或切割作业，完成救援活动。

（10）请求支援。

当上述救援方法不能完成救援活动时，应急救援小组负责人应立即向本单位负责人或应急救援指挥部报告，请求支援。

### 六、驱动链发生断链时的应急救援方法

确定盘车方向，在确保盘车过程中不会加重或增加伤害的情况下，可通过反方向盘车方法救援，否则应参照下列方法进行救援：

（1）切断自动扶梯或自动人行道主电源。

（2）确认自动扶梯全行程之内没有无关人员或其他杂物。

（3）确认在自动扶梯上（下）入口处已有维修人员进行监护，并设置了安全警示牌。严禁其他人员上（下）自动扶梯或自动人行道。

（4）确认救援行动需要自动扶梯或自动人行道运行的方向。

（5）打开上（下）机房盖板，放到安全处。

（6）装好盘车手轮（固定盘车轮除外）。

（7）一名维修人员将抱闸打开，另一人将自动扶梯盘车轮上的盘车运动方向标识与救援行动需要电梯运行的方向进行对照，缓慢转动盘车手轮，使自动扶梯向救援行动需要的方向运行，直到满足救援需要或决定放弃手动操作扶梯运行方法。

（8）关闭抱闸装置。

（9）可对梯级和桁架进行拆除或切割作业，完成救援活动。

（10）请求支援。

当上述救援方法不能完成救援活动时，应急救援小组负责人应立即向本单位负责人或应急救援指挥部报告，请求支援。

### 七、自动扶梯、自动人行道制动器失效状态下的应急救援方法

在正常运行时不会发生人员伤亡事故，但如在正常运行时出现停电、急停回路断开等情况时，可能会造成制动器失灵，自动扶梯及自动人行道向下滑车的现象，人多时会发生人员挤压事故。此时应立即封闭上端站入口，防止人员再次进入自动扶梯或自动人行道，并立即疏导底端站的乘梯人员。

## 第四节　液压电梯的应急救援方法

### 一、液压电梯“停电”伤人或困人的应急救援方法

各单位参考以下方法，并根据实际情况制定相应的应急救援方法：

（1）应急救援小组成员应持有特种设备主管部门颁发的特种设备作业人员证。

（2）救援人员 2 人以上。

（3）应急救援设备、工具：层门开锁钥匙、盘车轮或盘车装置、松闸装置、常用五金工具、照明器材、通信设备、单位内部应急组织通讯录、安全防护用具、警示牌等。

（4）在救援的同时还要保证自身安全。

（5）首先断开电梯主开关，以避免在救援过程中突然恢复供电而导致意外的发生。

（6）通过电梯紧急报警装置或其他通信方式与被困乘客保持通话，安抚被困乘客，可以采用以下安抚语言：“乘客们，你们好！很抱歉，电梯暂时发生了故障，请大家保持冷静，安心地在轿厢内等候救援，专业救援人员已经开始工作，请听从我们的安排。谢谢您的配合。”

（7）若确认有乘客受伤或可能有乘客会受伤等情况，则应立即同时通报 120 急救中心，以使急救中心做出相应行动。

## 二、液压电梯“冲顶”伤人或困人的应急救援方法

（1）应急救援人员赶赴现场后，若判定非停电，应到机房打开控制柜观察、分析故障点，若确定“冲顶”困人，应通过对讲机告知其他应急救援人员故障点及相关情况。

（2）应急救援人员到现场后，实施救援前应立即与轿厢内人员对话了解情况和安抚被困人员。

（3）机房应急救援人员确定故障后，断开总电源，防止在救援过程中造成意外事故。

（4）应急救援人员用电梯专用层门开锁钥匙打开层门，直接与被困人员对话安抚。同时通过对讲机通知机房应急救援人员工作。

（5）机房应急救援人员可“点动”按压泵站“泄压按钮”，观察压力表变化，并通过对讲机与层门处应急救援人员联络。

（6）轿厢缓慢下降至顶层平层区，释放被困人员。

（7）被困人员中若有伤者或身体不适者，应急救援人员应及时联系医疗救护，送医院救治。

（8）应急救援人员检查“上极限开关”“油缸极限开关”等，查明故障原因后复位。

（9）应急救援人员全行程运行电梯（反复多次）并确定无异常后，告知使用方。

（10）应急救援人员通过救援和检查，应查明事故点，并作现场记录。

（11）应急救援指挥中心办公室应对事故作出纠正预防措施报告。

## 三、液压电梯“蹲底”伤人或困人的应急救援方法

（1）应急救援人员赶赴现场后，若判定非停电，应到机房打开控制柜观察分析故障点，若确定“蹲底”困人，应通过对讲机告知其他应急救援人员故障点及相关情况。

（2）应急救援人员到现场后，实施救援前应立即与轿厢内人员对话了解情况和

安抚被困人员。

（3）机房应急救援人员确定故障后，拉下总电源，防止在救援过程中造成意外事故。

（4）应急救援人员用电梯专用层门开锁钥匙打开层门，直接与被困人员对话安抚。同时通过对讲机通知机房应急救援人员工作。

（5）机房应急救援人员可用“加压杆”通过手动泵加压，观察压力表变化，并通过对讲机与层门处应急救援人员联络。

（6）轿厢缓慢上升至平层区，释放被困人员。

（7）被困人员中若有伤者或身体不适者，应急救援人员应及时联系医疗救护，送医院救治。

（8）应急救援人员检查“下极限开关”“底坑安全开关”等，查明故障点后复位。

（9）应急救援人员全行程运行电梯（反复多次）并确定无异常后，告知使用方。

（10）应急救援人员通过救援和检查，应查明事故点，并作现场记录。

（11）应急救援指挥中心办公室应对事故作出纠正预防措施报告。

## 四、液压电梯“门触点故障”导致伤人或困人后的应急救援方法

（1）应急救援人员赶赴现场后，若判定非停电，应到机房打开控制柜观察故障点，若确定“门触点故障”困人，应通过对讲机告知其他应急救援人员故障点。

（2）应急救援人员到现场后，实施救援前应立即与轿厢内人员对话了解情况和安抚被困人员。

（3）机房应急救援人员确定故障后，拉下总电源，防止在救援过程中造成意外事故。

（4）应急救援人员用电梯专用层门开锁钥匙打开层门，直接与被困人员对话安抚。确定运动方向，同时通过对讲机通知机房应急救援人员工作。

（5）“向下”就近平层时，机房应急救援人员可“点动”按压泵站“泄压按钮”，观察压力表变化，并通过对讲机与层门处应急救援人员联络。“向上”就近平层时，机房应急救援人员可用“加压杆”通过手动泵加压，观察压力表变化，并通过对讲机与层门处应急救援人员联络。

（6）“向下”就近平层时，轿厢应缓慢下降至平层区，释放被困人员。“向上”就近平层时，轿厢应缓慢上升至平层区，释放被困人员。

（7）被困人员中若有伤者或身体不适者，应急救援人员应及时联系医疗救护，送医院救治。

（8）应急救援人员检查“门触点开关”“门系统其他安全部件”等，更换或调

整开关或部件。

（9）应急救援人员查明、排除故障点后复位，并作现场记录。

（10）应急救援人员全行程运行电梯（反复多次）并确定无异常后，告知使用方。

（11）应急救援指挥中心办公室应对事故作出纠正预防措施报告。

### 五、液压电梯意外开门导致人员被剪切事故后的应急救援方法

（1）应急救援人员赶赴现场后，若判定非停电，应到机房打开控制柜观察故障点，将观察情况通过对讲机告知其他应急救援人员。

（2）应急救援人员到现场后，尽快与轿厢内人员对话，了解情况和安抚被困人员。

（3）机房应急救援人员将机房控制柜观察情况通话告知以后，拉下总电源，防止在救援过程中造成意外事故。

（4）门区应急救援人员用电梯专用层门开锁钥匙打开层门，直接与被困人员对话安抚。确定轿厢运动方向，同时通过对讲机通知机房应急救援人员工作。

（5）“向下”就近平层时，机房应急救援人员可“点动”按压泵站“泄压按钮”，观察压力表变化，并通过对讲机与层门处应急救援人员联络。“向上”就近平层时，机房应急救援人员可用“加压杆”通过手动泵加压，观察压力表变化，并通过对讲机与层门处应急救援人员联络。

（6）“向下”就近平层时，轿厢应缓慢下降至平层区，释放被困人员。“向上”就近平层时，轿厢应缓慢上升至平层区，释放被困人员。

（7）被困人员中若有伤者或身体不适者，应急救援人员应及时联系医疗救护，送医院救治。

（8）应急救援人员检查“PLC 或微机板门锁输出点”“主接触器是否粘连”“泵站电磁阀”“PLC 或微机板下行触点”“平衡管或油管破裂”等，更换或调整部件。

（9）应急救援人员查明、排除故障点后复位，并作现场记录。

（10）应急救援人员全行程运行电梯（反复多次）并确定无异常后，告知使用方。

（11）应急救援指挥中心办公室应对事故作出纠正预防措施报告。

## 第五节　发生其他灾害时电梯的应急救援

### 一、发生其他灾害时电梯的应急救援注意事项

各单位参考以下方法，并根据实际情况制定相应的应急救援方法：

（1）应急救援小组成员应持有特种设备主管部门颁布的特种设备作业人员证。

（2）救援人员 4 人以上。

（3）应急救援设备、工具：灭火器、建筑内的消防栓、水管、水枪、水桶、盘车轮、抱闸扳手、层门开锁钥匙、常用五金工具、照明器材、通信设备、单位内部应急组织通讯录、安全防护用具、手砂轮/切割设备、撬杠、警示牌等。

（4）在救援的同时要保证自身安全。

（5）了解实际应急救援活动的需求。

（6）掌握应急救援活动的进展程度。

（7）向本区域内的社会救援力量通报应急救援信息、发布启动应急救援活动的指令，调集本区域内的应急救援力量开展应急救援活动。

（8）请求其他区域的社会救援力量进行支援，加强救援的力量，推动救援的速度。

（9）收集、传递、通报应急救援信息。

**二、大面积停电、雷击、暴风雪应急救援**

1. 告知电梯轿厢内的人员救援活动已经开始，提示电梯轿厢内的人员配合救援活动，不要扒门，不要试图离开轿厢。

2. 在机房内切断电梯主电源，查看钢丝绳和传动轮是否正常，是否满足盘车运行的救援要求。

3. 确认电梯轿厢、对重所在的位置，选择电梯准备停靠的层站。

4. 针对不同电梯，可参照下列救援方法：

（1）有机房曳引驱动电梯的应急救援方法

1）切断电梯主电源。

2）检查确认电梯机械传动系统（钢丝绳、传动轮）正常。

3）检查限速器，如限速器已经动作，应先复位限速器。

4）确认电梯层/轿门处于关闭状态。

5）确认电梯轿厢、对重所在的位置，选择电梯准备停靠的层站。

6）参考电梯生产厂家的盘车说明，一名维修人员用抱闸扳手打开机械抱闸；同时，另一名维修人员双手抓住电梯盘车轮，根据机房内确定轿厢位置的标识（如：钢丝绳层站标识）和盘车力矩，盘动电梯盘车轮，将电梯停靠在准备停靠的层站。

7）维修人员释放抱闸扳手，关闭抱闸装置，防止电梯轿厢移动。

8）维修人员应到电梯轿厢停靠层站确认电梯平层后，用层门开锁钥匙打开电梯层门/轿门。

9）如层门开锁钥匙无法打开层门，维修人员可到上一层站打开层门，在确认安全的情况下上到轿顶，手动盘开层门/轿门。

（2）无机房曳引驱动电梯的应急救援方法

1）切断电梯主电源。

2）确认电梯轿厢门处于关闭状态。

3）检查确认电梯机械传动系统（钢丝绳、传动轮）正常。

4）准备好松开抱闸的机械或电气装置。

5）确认电梯轿厢、对重所在的位置，选择电梯准备停靠的层站。

6）当电梯轿厢上行安全钳楔块动作或对重安全钳楔块动作以后，可检修点动向下运行，使安全钳楔块脱离轨道。

7）当电梯轿厢下行安全钳楔块动作以后，可检修点动向上运行，使安全钳楔块脱离轨道。

8）限速器动作，安全钳楔块没有动作，恢复限速器的安全开关，接通电源后检修点动上下运行以确保无碍。

（3）液压式电梯的应急救援方法

1）切断电梯主电源。

2）确认电梯轿厢门处于关闭状态。

3）检查确认电梯机械传动系统（钢丝绳、传动轮）正常。

4）准备好松开抱闸的机械或电气装置。

5）确认电梯轿厢、对重所在的位置，选择电梯准备停靠的层站。

6）应急救援人员抵达现场后，通过电梯紧急报警装置或其他通信方式与被困乘客保持通话，告知被困乘客将缓慢移动轿厢。

7）手动松闸打开制动器，看轿厢或对重是否移动，如不能移动，则采取下述方法 1 或方法 2 来进行救援操作：

①方法 1

救援人员上到轿顶，在轿顶增加砝码或是固态的重物，然后再通过松闸进行自动溜车到平层区后，用层门开锁钥匙打开相应层门，救出被困乘客。

②方法 2

如果楼层间距较高，故障电梯的轿厢停在中间位置，既不能开门向轿厢内或轿顶增加负载，也不能在轿厢内增加重物时，救援人员可进入底坑，在对重侧或是轿厢侧的补偿链上增加钩码（吊挂在补偿链上的砝码）破坏静平衡，应急救援人员撤出底坑后，然后再进行松闸，使轿厢移动到平层区后，用层门开锁钥匙打开相应层门，救出被困乘客。

5. 请求支援。

当上述救援方法不能完成救援活动时，应急救援小组负责人应立即向本单位负责人或应急救援指挥部报告，请求支援。

三、电梯在地震、台风以后的应急救援方法

（一）电梯地震感应器动作后的应急救援方法

1. 首先断开电梯主开关，以避免在救援过程中突然恢复供电而导致意外的发生。

2. 通过电梯紧急报警装置或其他通信方式与被困乘客保持通话，安抚被困乘客，可以采用以下安抚语言："乘客们，你们好！很抱歉，电梯暂时发生了故障，请大家保持冷静，安心地在轿厢内等候救援，专业救援人员已经开始工作，请听从我们的安排。谢谢您的配合。"同时了解轿厢内乘客的情况，若确认有乘客受伤或可能有乘客会受伤等情况，则应立即通报120急救中心，以使急救中心做出相应行动。

3. 由于制动器失效，无法制动电梯轿厢，所以在保证可靠制停轿厢前，除非是无机房电梯等特殊情况，禁止进入井道实施救援。

4. 制动器失效造成的轿厢停留位置有以下几种可能性：

（1）电梯下行超速保护装置动作，电梯在中间楼层。

（2）电梯上行超速保护装置动作，电梯在中间楼层。

（3）电梯"蹲底"。

（4）电梯"冲顶"。

（5）电梯的超速保护装置未动作，电梯在中间楼层。

5. 有机房时的操作

（1）首先通过盘车装置等，使电梯轿厢可靠制停。

（2）排除制动器故障。

（3）若超速保护装置动作，则释放超速保护装置。

（4）救援人员在机房通过紧急报警装置或其他通信方式与被困乘客保持通话，告知被困乘客将缓慢移动轿厢。

（5）仔细阅读有机房电梯松闸盘车作业指导或紧急电动运行作业指导，严格按照相关的作业指导进行救援操作。

（6）根据电梯轿厢移动距离，判断电梯轿厢进入平层区后，停止盘车作业或紧急电动运行。

（7）根据轿厢实际所在楼层，用层门开锁钥匙打开相应层门，救出被困乘客。

6. 地震、台风以后无机房电梯应急救援时的操作

（1）通过与轿厢内被困乘客的通话，以及通过与现场其他相关人员的询问或与监控中心的信息沟通等渠道，初步确定轿厢的大致位置。

（2）在保证安全的情况下，用电梯专用层门开锁钥匙打开初步确认的轿厢所在

楼层的上一层层门（若初步确认轿厢在顶层，则打开顶层的层门）。

（3）打开层门后，若确认电梯轿厢地板在顶层门区附近或以上，则关上层门（不允许直接救援），在保证安全的情况下进入底坑，用千斤顶等将对重逐渐向上顶，轿厢进入门区后，用层门开锁钥匙打开相应层门，救出被困乘客。

（4）对于其他情况，维修人员进入轿厢顶，应用电葫芦等将轿厢向上吊，轿厢进入门区后，用层门开锁钥匙打开相应层门，救出被困乘客。

（二）地震、台风以后电梯在有条件盘车运行时的应急救援方法

1. 告知电梯轿厢内的受困人员救援活动已经开始，提示电梯轿厢内的人员配合救援活动，不要扒门，不要试图强行离开轿厢。

2. 在机房内切断电梯主电源，查看钢丝绳和传动轮是否正常，是否满足盘车运行的要求。

3. 确认电梯轿厢、对重所在的位置，选择电梯准备停靠的层站。

4. 救援方案 1

（1）救援人员到达电梯轿顶。

（2）将电梯轿顶检修开关设置在检修位置，使电梯处在检修控制状态。

（3）接通电梯主电源，恢复限速器、安全钳上的安全开关，使安全回路恢复正常，层门锁安全回路正常。

（4）电梯轿顶救援人员可通过下列操作方式释放安全钳：

1）如果是轿厢下行安全钳动作，点动方式操作电梯向上运行，释放安全钳。

2）如果是轿厢上行安全钳动作，点动方式操作电梯向下运行，释放安全钳。

3）如果是对重超速安全钳动作，点动方式操作电梯轿厢向下运行，使对重安全钳释放。

4）当安全钳楔块脱开导轨后，电梯轿顶的救援人员用点动方式操作电梯运行，使电梯在选择的层站停靠，确认平层后，通知其他救援人员在机房切断电梯主电源。

5）在确认电梯轿厢平层后，电梯轿顶的救援人员盘动开门机构开启电梯层门/轿门，救出受困人员。

6）当救援方案 1 不能完成救援活动时，可以选择救援方案 2 继续实施救援。

5. 救援方案 2

可以采用紧急操作，让电梯轿厢平层后，开启电梯层门/轿门，完成救援工作，针对故障电梯的种类不同，可参照下列方法实施救援工作：

（1）有机房曳引驱动电梯的救援方法

1）切断电梯主电源。

2）检查确认电梯机械传动系统（钢丝绳、传动轮）正常。

3）检查限速器。如限速器已经动作，应先复位限速器。

4）确认电梯层 / 轿门处于关闭状态。

5）确认电梯轿厢、对重所在的位置，选择电梯准备停靠的层站。

6）参考电梯生产厂家的盘车说明，一名维修人员用抱闸扳手打开机械抱闸；同时，另一名维修人员双手抓住电梯盘车轮，根据机房内确定轿厢位置的标识（如：钢丝绳层站标识）和盘车力矩，盘动电梯盘车轮，将电梯停靠在准备停靠的层站。

7）维修人员释放抱闸扳手，关闭抱闸装置，防止电梯轿厢移动。

8）维修人员应到电梯轿厢停靠层站确认电梯平层后，用层门开锁钥匙打开电梯层门 / 轿门。

9）如层门开锁钥匙无法打开层门，维修人员可到上一层站打开层门，在确认安全的情况下上到轿顶，手动盘开层门 / 轿门，按以下步骤进行：

①切断电梯主电源。

②检查确认电梯机械传动系统（钢丝绳、传动轮）正常。

③检查限速器。如限速器已经动作，应先复位限速器。

④确认电梯层门 / 轿门处于关闭状态。

⑤确认电梯轿厢、对重所在的位置，选择电梯准备停靠的层站。

⑥参考电梯生产厂家的盘车说明，一名维修人员用抱闸扳手打开机械抱闸；同时，另一名维修人员双手抓住电梯盘车轮，根据机房内确定轿厢位置的标识（如：钢丝绳层站标识）和盘车力矩，盘动电梯盘车轮，将电梯停靠在准备停靠的层站。

⑦维修人员释放抱闸扳手，关闭抱闸装置，防止电梯轿厢移动。

⑧维修人员应到电梯轿厢停靠层站确认电梯平层后，用层门开锁钥匙打开电梯层门 / 轿门。

⑨如层门开锁钥匙无法打开层门，维修人员可到上一层站打开层门，在确认安全的情况下上到轿顶，手动盘开层门 / 轿门。

（2）无机房电梯的应急救援方法

1）当电梯轿厢上行安全钳楔块动作或对重安全钳楔块动作以后的应急救援方法

①两名维修人员可根据电梯轿厢的位置，选择进入电梯井道底坑或电梯轿顶。

②用电梯生产厂家配备的轿厢提升装置，将钢丝绳夹板夹在对重侧钢丝绳上（或用钢丝绳套和钢丝绳卡子将手动葫芦挂在对重侧导轨上，将手动葫芦吊钩与钢丝绳夹板挂牢）。

③维修人员拉动手动葫芦拉链，使对重上移；打开抱闸，轿厢向下移动，安全钳

释放并复位，此时继续拉动手动葫芦拉链，轿厢向就近楼层移动，确认平层后停止拉动手动葫芦拉链，关闭抱闸装置，通知层门外的维修人员开启电梯层门 / 轿门。

④电梯层门外的维修人员在确认平层后，在轿厢停靠的楼层，用层门开锁钥匙开启电梯层门 / 轿门。

⑤如层门开锁钥匙无法打开层门，维修人员可到上一层站打开层门，在确认安全的情况下上到轿顶，手动打开层门 / 轿门。

2）当电梯轿厢下行安全钳动作以后的应急救援方法

①两名维修人员可根据电梯轿厢的位置，进入电梯轿顶。

②将钢丝绳夹板夹在轿厢侧钢丝绳上，用电梯生产厂家配备的轿厢提升装置（或用钢丝绳套和钢丝绳卡子将手动葫芦挂在轿厢侧导轨上，将手动葫芦吊钩与钢丝绳夹板挂牢）。

③维修人员拉动手动葫芦拉链并打开抱闸，轿厢向上移动，安全钳释放并复位，此时继续拉动手动葫芦拉链，轿厢向就近楼层移动，确认平层后停止拉动手动葫芦拉链，关闭抱闸装置，通知层门外的维修人员开启电梯层门 / 轿门。

④电梯层门外的维修人员在确认平层后，在轿厢停靠的楼层，用层门开锁钥匙开启电梯层门 / 轿门。

⑤如层门钥匙无法打开层门，维修人员可到上一层站打开层门，在确认安全的情况下上到轿顶，手动盘开层门 / 轿门。

3）安全钳楔块没有动作时的应急救援方法

①维修人员采用“点动”方式反复松开抱闸装置，利用轿厢重量与对重的不平衡，使电梯轿厢缓慢滑行，直至电梯轿厢停在平层位置，关闭抱闸装置。

②电梯层门外的维修人员在确认平层后，在轿厢停靠的楼层，用层门开锁钥匙开启电梯层门 / 轿门；

③如层门开锁钥匙无法打开层门，维修人员可到上一层站打开层门，在确认安全的情况下上到轿顶，手动打开层门 / 轿门。

4）液压式电梯的应急救援方法

①切断电梯主电源。

②确认电梯轿厢门处于关闭状态。

③检查确认电梯机械传动系统（钢丝绳、传动轮）正常。

④准备好松开抱闸的机械或电气装置。

⑤确认电梯轿厢、对重所在的位置，选择电梯准备停靠的层站。

⑥应急救援人员抵达现场后，通过电梯紧急报警装置或其他通信方式与被困乘客

保持通话，告知被困乘客将缓慢移动轿厢。

⑦手动松闸打开制动器，看轿厢或对重是否移动，如不能移动，则采取下述方法 1 或方法 2 来进行救援操作：

方法 1

救援人员上到轿顶，在轿顶增加砝码或是固态的重物，然后再通过松闸进行自动溜车到平层区后，用层门开锁钥匙打开相应层门，救出被困乘客。

方法 2

如果楼层间距较高，故障电梯的轿厢停在中间位置，既不能开门向轿厢内或轿顶增加负载，也不能在轿厢内增加重物时，救援人员可进入底坑，在对重侧或是轿厢侧的补偿链上增加钩码（吊挂在补偿链上的砝码）破坏静平衡，应急救援人员撤出底坑后，然后再进行松闸，使轿厢移动到平层区后，用层门开锁钥匙打开相应层门，救出被困乘客。

6. 请求支援

当上述救援方法不能完成救援活动时，应急救援小组负责人应立即向本单位负责人或应急救援指挥部报告，请求支援。

四、地震、台风以后机房受损时的应急救援方法

（一）电梯轿厢上行安全钳动作以后的救援

（1）救援人员到达电梯轿顶。

（2）将电梯轿顶检修开关设置在检修位置，使电梯处在检修控制状态。

（3）接通机房内电梯主电源，恢复限速器、安全钳上的安全开关，使安全回路恢复正常，层门锁安全回路正常。

（4）点动方式操作电梯向下运行，释放安全钳。

（5）当安全钳释放并复位后，电梯轿顶的救援人员用点动方式操作电梯运行，使电梯轿厢在选择的层站停靠，确认平层后，通知其他救援人员在机房切断电梯主电源。

（6）在确认电梯轿厢平层后，电梯轿顶的救援人员盘动开门机构开启电梯层门 / 轿门，救出受困人员。

（二）对重安全钳动作以后的救援

1. 救援方案 1

（1）救援人员到达电梯轿顶。

（2）将电梯轿顶检修开关设置在检修位置，使电梯处在检修控制状态。

（3）接通机房内电梯主电源，恢复限速器、安全钳上的安全开关，使安全回路

恢复正常，层门锁安全回路正常。

（4）点动方式操作电梯轿厢向下运行，使对重安全钳楔块脱开导轨。

（5）当安全钳脱开导轨后，电梯轿顶的救援人员用点动方式操作电梯运行，使电梯轿厢在选择的层站停靠，确认平层后，通知其他救援人员在机房切断电梯主电源。

（6）在确认电梯轿厢平层后，电梯轿顶的救援人员盘动开门机构开启电梯层门/轿门，救出受困人员。

2. 救援方案 2

（1）切断电梯主电源。

（2）检查确认电梯机械传动系统（钢丝绳、传动轮）正常。

（3）检查限速器。如限速器已经动作，应先复位限速器。

（4）确认电梯层门/轿门处于关闭状态。

（5）确认电梯轿厢、对重所在的位置，选择电梯准备停靠的层站。

（6）参考电梯生产厂家的盘车说明，一名维修人员用抱闸扳手打开机械抱闸；同时，另一名维修人员双手抓住电梯盘车轮，根据机房内确定轿厢位置的标识（如：钢丝绳层站标识）和盘车力矩，盘动电梯盘车轮，将电梯停靠在准备停靠的层站。

（7）维修人员释放抱闸扳手，关闭抱闸装置，防止电梯轿厢移动。

（8）维修人员应到电梯轿厢停靠层站确认电梯平层后，用层门开锁钥匙打开电梯层门/轿门。

（9）如层门开锁钥匙无法打开层门，维修人员可到上一层站打开层门，在确认安全的情况下上到轿顶，采取手动盘开层门/轿门，放出被困人员。

（三）曳引钢丝绳夹绳器动作以后的应急救援方法

（1）将电梯处于检修状态。

（2）参照电梯生产厂家的说明，将作用在曳引钢丝绳上的夹绳器释放，并查看钢丝绳等，确认正常。

（3）将电梯限速器上行超速保护装置恢复正常（包括限速器和夹绳器的安全开关）。

（4）接通电梯主电源。

（5）采取紧急电动运行，确认电梯正常。

（6）用检修方式运行将电梯就近平层，平层后打开电梯层门/轿门，将被困人员救出。

**五、地震、台风以后无齿轮曳引机上行抱闸动作以后的应急救援方法**

（1）参照电梯生产厂家的说明，将电梯限速器上行保护装置恢复正常。

（2）对抱闸系统进行检查，确认抱闸系统正常。

（3）接通电梯主电源。

（4）用检修方式运行将电梯就近平层，平层后打开电梯层门 / 轿门，将被困人员救出。

**六、电梯地震感应器动作后的应急救援方法**

（1）告知电梯轿厢内的人员救援活动已经开始，提示电梯轿厢内的人员配合救援活动，不要扒门，不要试图离开轿厢。

（2）对电梯进行检查，确定电梯其他部件和建筑物基本正常，基本满足运行条件。

（3）参照电梯生产厂家的说明，恢复动作后的电梯地震感应器，满足运行条件。

（4）救援人员操作电梯以检修方式运行，完成救援工作。

（5）无法完成救援活动时，向本单位应急救援指挥部报告，请求支援。

**七、地震、台风以后电梯有条件盘车运行状态下的应急救援方法**

1. 告知电梯轿厢内的人员救援活动已经开始，提示电梯轿厢内的人员配合救援活动，不要扒门，不要试图离开轿厢。

2. 在机房内切断电梯主电源，查看钢丝绳和传动轮是否正常，是否满足盘车运行的救援要求。

3. 确认电梯轿厢、对重所在的位置，选择电梯准备停靠的层站。

4. 针对不同电梯，可选择相应盘车方法：

（1）有机房曳引驱动电梯的应急救援方法

1）切断电梯主电源。

2）检查确认电梯机械传动系统（钢丝绳、传动轮）正常。

3）检查限速器。如限速器已经动作，应先复位限速器。

4）确认电梯层门 / 轿门处于关闭状态。

5）确认电梯轿厢、对重所在的位置，选择电梯准备停靠的层站。

6）参考电梯生产厂家的盘车说明，一名维修人员用抱闸扳手打开机械抱闸；同时，另一名维修人员双手抓住电梯盘车轮，根据机房内确定轿厢位置的标识（如：钢丝绳层站标识）和盘车力矩，盘动电梯盘车轮，将电梯停靠在准备停靠的层站。

7）维修人员释放抱闸扳手，关闭抱闸装置，防止电梯轿厢移动。

8）维修人员应到电梯轿厢停靠层站确认电梯平层后，用层门开锁钥匙打开电梯层门 / 轿门。

9）如层门开锁钥匙无法打开层门，维修人员可到上一层站打开层门，在确认安全的情况下上到轿顶，手动盘开层门 / 轿门。

（2）无机房曳引驱动电梯的应急救援方法

1）切断电梯主电源。

2）确认电梯轿厢门处于关闭状态。

3）检查确认电梯机械传动系统（钢丝绳、传动轮）正常。

4）准备好松开抱闸的机械或电气装置。

5）确认电梯轿厢、对重所在的位置，选择电梯准备停靠的层站。

6）当电梯轿厢上行安全钳楔块动作或对重安全钳楔块动作以后，可检修点动向下运行，使安全钳楔块脱离轨道。

7）当电梯轿厢下行安全钳楔块动作以后，可检修点动向上运行，使安全钳楔块脱离轨道。

8）限速器动作，安全钳楔块没有动作，恢复限速器的安全开关，接通电源后检修点动上下运行以确保无碍。

①当电梯轿厢上行安全钳楔块动作或对重安全钳楔块动作时：

· 两名维修人员可根据电梯轿厢的位置，选择进入电梯井道底坑或电梯轿顶。

· 用电梯生产厂家配备的轿厢提升装置，将钢丝绳夹板夹在对重侧钢丝绳上（或用钢丝绳套和钢丝绳卡子将手动葫芦挂在对重侧导轨上，将手动葫芦吊钩与钢丝绳夹板挂牢）。

· 维修人员拉动手动葫芦拉链，使对重上移；打开抱闸，轿厢向下移动，安全钳释放并复位，此时继续拉动手动葫芦拉链，轿厢向就近楼层移动，确认平层后停止拉动手动葫芦拉链，关闭抱闸装置，通知层门外的维修人员开启电梯层门 / 轿门。

· 电梯层门外的维修人员在确认平层后，在轿厢停靠的楼层，用层门开锁钥匙开启电梯层门 / 轿门。

· 如层门开锁钥匙无法打开层门，维修人员可到上一层站打开层门，在确认安全的情况下上到轿顶，手动打开层门 / 轿门。

②当电梯轿厢下行安全钳动作时：

· 两名维修人员可根据电梯轿厢的位置，进入电梯轿顶。

· 用电梯生产厂家配备的轿厢提升装置，将钢丝绳夹板夹在轿厢侧钢丝绳上（或用钢丝绳套和钢丝绳卡子将手动葫芦挂在轿厢侧导轨上，将手动葫芦吊钩与钢丝绳夹板挂牢）。

· 维修人员拉动手动葫芦拉链并打开抱闸，轿厢向上移动，安全钳释放并复位，此时继续拉动手动葫芦拉链，轿厢向就近楼层移动，确认平层后停止拉动手动葫芦拉链，关闭抱闸装置，通知层门外的维修人员开启电梯层门 / 轿门。

·电梯层门外的维修人员在确认平层后，在轿厢停靠的楼层，用层门开锁钥匙开启电梯层门 / 轿门。

·如层门开锁钥匙无法打开层门，维修人员可到上一层站打开层门，在确认安全的情况下上到轿顶，手动盘开层门 / 轿门。

③安全钳楔块没有动作时：

·维修人员采用“点动”方式反复松开抱闸装置，利用轿厢重量与对重的不平衡，使电梯轿厢缓慢滑行，直至电梯轿厢停在平层位置，关闭抱闸装置。

·电梯层门外的维修人员在确认平层后，在轿厢停靠的楼层，用层门开锁钥匙开启电梯层门 / 轿门。

·如层门钥匙无法打开层门，维修人员可到上一层站打开层门，在确认安全的情况下上到轿顶，手动打开层门 / 轿门。

（3）液压电梯的应急救援方法

1）切断电梯主电源。

2）确认电梯轿厢门处于关闭状态。

3）检查确认电梯机械传动系统（钢丝绳、传动轮）正常。

4）准备好松开抱闸的机械或电气装置。

5）确认电梯轿厢、对重所在的位置，选择电梯准备停靠的层站。

6）应急救援人员抵达现场后，通过电梯紧急报警装置或其他通信方式与被困乘客保持通话，告知被困乘客将缓慢移动轿厢。

7）手动松闸打开制动器，看轿厢或对重是否移动，如不能移动，则采取下述方法 1 或方法 2 来进行救援操作：

①方法 1

救援人员上到轿顶，在轿顶增加砝码或是固态的重物，然后再通过松闸进行自动溜车到平层区后，用层门开锁钥匙打开相应层门，救出被困乘客。

②方法 2

如果楼层间距较高，故障电梯的轿厢停在中间位置，既不能开门向轿厢内或轿顶增加负载，也不能在轿厢内增加重物时，救援人员可进入底坑，在对重侧或是轿厢侧的补偿链上增加钩码（吊挂在补偿链上的砝码）破坏静平衡，应急救援人员撤出底坑后，然后再进行松闸，使轿厢移动到平层区后，用层门开锁钥匙打开相应层门，救出被困乘客。

5. 无法完成救援活动时，向本单位负责人或应急救援指挥部报告，请求支援。

## 八、电梯没条件盘车运行时的应急救援方法

（1）有机房电梯

1）告知电梯轿厢内的人员救援活动已经开始，提示电梯轿厢内的人员配合救援活动，不要扒门，不要试图离开轿厢。

2）在机房内切断电梯主电源，确认电梯轿厢、对重所在的位置，选择电梯准备停靠的层站。

3）用两个手动葫芦（每个手动葫芦应根据具体情况确定起吊重量，至少具有 2.0 安全系数）分别挂在机房牢固可靠的位置，用三个以上的钢丝绳卡子将钢丝绳套与吊链卡住，每个手动葫芦分别吊住半数的曳引钢丝绳，形成两个葫芦起吊一个轿厢。

4）同时向上拉动两个导链，轿厢向就近楼层运动，当确认轿厢平层后，停止拉动操作，但必须人为将手动葫芦的拉链拴死，防止打滑，并有一名维修人员看护。

5）救援人员在平层位置打开电梯层门 / 轿门，完成救援工作。

6）人员救出后，如果层门门锁损坏，不能锁住层门，维修人员应用铁丝将层门拴死，以防别人不慎掉入井道。

（2）无机房电梯

1）告知电梯轿厢内的人员救援活动已经开始，提示电梯轿厢内的人员配合救援活动，不要扒门，不要试图离开轿厢。

2）切断电梯主电源，确认电梯轿厢、对重所在的位置，选择电梯准备停靠的层站。

3）用两个手动葫芦（每个手动葫芦应根据具体情况确定起吊重量，至少具有 2.0 安全系数）分别挂在牢固可靠的位置，用三个以上的钢丝绳卡子将钢丝绳套与吊链卡住，每个手动葫芦分别吊住半数的曳引钢丝绳，形成两个葫芦起吊一个轿厢。

4）同时向上拉动两个倒链，轿厢向就近楼层运动，当确认轿厢平层后，停止拉动导链，但必须人为将手动葫芦的拉链拴死，防止打滑，并有一名维修人员看护。

5）救援人员在平层位置打开电梯层门 / 轿门，完成救援工作。

6）人员救出后，如果层门钩子锁损坏，不能锁住层门，维修人员应用铁丝将层门拴死，以防别人不慎掉入井道。

无法完成救援活动时，向本单位负责人或应急救援指挥部报告，请求支援。

## 九、火灾发生时电梯的应急救援方法

（一）注意事项

各单位参考以下方法并根据实际情况制定相应的应急救援方法：

（1）应急救援小组成员应持有特种设备主管部门颁布的特种设备作业人员证。

（2）救援人员 4 人以上。

（3）应急救援设备、工具：灭火器、建筑内的消防栓、水管、水枪、水桶、盘车轮、抱闸扳手、层门开锁钥匙、常用五金工具、照明器材、通信设备、单位内部应急组织通讯录、安全防护用具、手砂轮/切割设备、撬杠、警示牌等。

（4）在救援的同时要保证自身安全。

（5）发现火灾的人员应立即向电梯管理单位报警，同时拨打“119”向消防部门报警。

（6）电梯管理单位向电梯维修单位发布应急救援信息。

（7）发布通告，提示建筑物内的人员：严禁进入电梯轿厢，否则可能造成生命危险。

（二）灭火

（1）优先对电梯轿厢、电梯机房、电梯层门周边、电梯井道内的火灾进行扑灭。

（2）对疏散撤离通道上的火灾进行扑灭。

（三）疏散电梯乘客

1. 首先对电梯及电梯轿厢内的情况进行了解。

电梯及电梯轿厢内情况一般可分为五种情况：

（1）空载电梯：电梯轿厢内没有乘客。

（2）Ⅰ类疏散撤离电梯：电梯轿厢内有乘客，同时，电梯可以继续运行。

（3）Ⅱ类疏散撤离电梯：具有消防功能的电梯轿厢内有乘客，同时，电梯可以继续运行。

（4）Ⅲ类疏散撤离电梯：电梯轿厢内有乘客，但是，电梯不可以继续运行。

（5）消防电梯：建筑物发生火灾时专供消防人员使用的电梯。

了解电梯及电梯轿厢内情况的方法一般包括：

（1）利用电梯轿厢内的视频监视系统。

（2）利用电梯轿厢内的紧急报警装置。

（3）救援人员敲打电梯层门，直接与电梯轿厢内的人员取得联系。

2. 将电梯置于非服务状态，防止人员进入电梯轿厢。如为消防员电梯，则使电梯返回消防服务通道层，供消防人员使用。

（四）将3类疏散撤离电梯的信息向电梯维修单位的应急救援人员或消防人员通报

1. Ⅰ类疏散撤离电梯乘客的撤离

（1）告知电梯轿厢内的人员救援活动开始，提示轿厢内的人员配合撤离疏散活动。

（2）指挥轿厢内的人员将电梯停靠在安全的层站后开启电梯层门/轿门，乘客撤离轿厢。

（3）如果无法完成救援活动，可向消防人员请求支援。

2. Ⅱ类疏散撤离电梯乘客的撤离

（1）在首层电梯层门侧上方，将电梯消防开关（图 6-22）置于消防状态，电梯返回首层后，乘客撤离电梯轿厢。

图6-22　电梯消防开关

（2）附加的外部控制或输入使消防电梯自动返回到消防服务通道层，乘客撤离轿厢。

（3）如果无法完成救援活动，可向消防人员请求支援。

3. Ⅲ类疏散撤离电梯（适用于：曳引驱动垂直电梯、液压电梯）

（1）救援操作程序

1）告知电梯轿厢内的人员救援活动已经开始，提示电梯轿厢内的人员配合救援活动，不要扒门，不要试图离开轿厢。

2）切断电梯主电源。

3）确认电梯轿厢、对重所在的位置，选择电梯准备停靠的层站。

（2）救援方法

· 曳引驱动电梯（有机房）的救援方法参照以下方法进行：

①切断电梯主电源。

②检查确认电梯机械传动系统（钢丝绳、传动轮）正常。

③检查限速器。如限速器已经动作，应先复位限速器。

④确认电梯层门/轿门处于关闭状态。

⑤确认电梯轿厢、对重所在的位置，选择电梯准备停靠的层站。

⑥参考电梯生产厂家的盘车说明，一名维修人员用抱闸扳手打开机械抱闸；同时，另一名维修人员双手抓住电梯盘车轮，根据机房内确定轿厢位置的标识（如：钢丝绳层站标识）和盘车力矩，盘动电梯盘车轮，将电梯停靠在准备停靠的层站。

⑦维修人员释放抱闸扳手，关闭抱闸装置，防止电梯轿厢移动。

⑧维修人员应到电梯轿厢停靠层站确认电梯平层后，用层门开锁钥匙打开电梯层门/轿门。

⑨如层门开锁钥匙无法打开层门，维修人员可到上一层站打开层门，在确认安全的情况下上到轿顶，手动盘开层门/轿门。

·曳引驱动电梯（无机房）的救援方法参照以下方法进行：

1）当电梯轿厢上行安全钳楔块动作或对重安全钳楔块动作时

①两名维修人员可根据电梯轿厢的位置，选择进入电梯井道底坑或电梯轿顶。

②用电梯生产厂家配备的轿厢提升装置，将钢丝绳夹板夹在对重侧钢丝绳上（或用钢丝绳套和钢丝绳卡子将手动葫芦挂在对重侧导轨上，将手动葫芦吊钩与钢丝绳夹板挂牢）。

③维修人员拉动手动葫芦拉链，使对重上移；打开抱闸，轿厢向下移动，安全钳释放并复位，此时继续拉动手动葫芦拉链，轿厢向就近楼层移动，确认平层后停止拉动手动葫芦拉链，关闭抱闸装置，通知层门外的维修人员开启电梯层门/轿门。

④电梯层门外的维修人员在确认平层后，在轿厢停靠的楼层，用层门开锁钥匙开启电梯层门/轿门。

⑤如层门开锁钥匙无法打开层门，维修人员可到上一层站打开层门，在确认安全的情况下上到轿顶，手动打开层门/轿门。

2）当电梯轿厢下行安全钳动作时

①两名维修人员可根据电梯轿厢的位置，进入电梯轿顶。

②用电梯生产厂家配备的轿厢提升装置，将钢丝绳夹板夹在轿厢侧钢丝绳上（或用钢丝绳套和钢丝绳卡子将手动葫芦挂在轿厢侧导轨上，将手动葫芦吊钩与钢丝绳夹板挂牢）。

③维修人员拉动手动葫芦拉链并打开抱闸，轿厢向上移动，安全钳释放并复位，此时继续拉动手动葫芦拉链，轿厢向就近楼层移动，确认平层后停止拉动手动葫芦拉链，关闭抱闸装置，通知层门外的维修人员开启电梯层门/轿门。

④电梯层门外的维修人员在确认平层后，在轿厢停靠的楼层，用层门开锁钥匙开启电梯层门 / 轿门。

⑤如层门开锁钥匙无法打开层门，维修人员可到上一层站打开层门，在确认安全的情况下上到轿顶，手动盘开层门 / 轿门。

3）安全钳楔块没有动作时

①维修人员采用“点动”方式反复松开抱闸装置，利用轿厢重量与对重的不平衡，使电梯轿厢缓慢滑行，直至电梯轿厢停在平层位置，关闭抱闸装置。

②电梯层门外的维修人员在确认平层后，在轿厢停靠的楼层，用层门开锁钥匙开启电梯层门 / 轿门。

③如层门开锁钥匙无法打开层门，维修人员可到上一层站打开层门，在确认安全的情况下上到轿顶，手动打开层门 / 轿门。

· 对液压电梯的应急救援方法：

①切断电梯主电源。

②确认电梯轿厢门处于关闭状态。

③检查确认电梯机械传动系统（钢丝绳、传动轮）正常。

④准备好松开抱闸的机械或电气装置。

⑤确认电梯轿厢、对重所在的位置，选择电梯准备停靠的层站。

⑥应急救援人员抵达现场后，通过电梯紧急报警装置或其他通信方式与被困乘客保持通话，告知被困乘客将缓慢移动轿厢。

⑦手动松闸打开制动器，看轿厢或对重是否移动，如不能移动，则采取方法 1 或方法 2 来进行救援操作：

方法 1

救援人员上到轿顶，在轿顶增加砝码或是固态的重物，然后再通过松闸进行自动溜车到平层区后，用层门开锁钥匙打开相应层门，救出被困乘客。

方法 2

如果楼层间距较高，故障电梯的轿厢停在中间位置，既不能开门向轿厢内或轿顶增加负载，也不能在轿厢内增加重物时，救援人员可进入底坑，在对重侧或是轿厢侧的补偿链上增加钩码（吊挂在补偿链上的砝码）破坏静平衡。应急救援人员撤出底坑后，然后再进行松闸，使轿厢移动到平层区后，用层门开锁钥匙打开相应层门，救出被困乘客。

# 第七章
# 起重机械事故应急处置

## 第一节　起重机械简介

按照《特种设备目录》（质检总局 2014 年第 114 号）的定义，起重机械是指用于垂直升降或者垂直升降并水平移动重物的机电设备，其范围规定为额定起重量大于或者等于 0.5t 的升降机；额定起重量大于或者等于 3t（或额定起重力矩大于或者等于 40t・m 的塔式起重机，或生产率大于或者等于 300t/h 的装卸桥）且提升高度大于或者等于 2m 的起重机；层数大于或者等于 2 层的机械式停车设备。起重机械分类如下：

1. 桥式起重机（图 7–1）：通用桥式起重机、防爆桥式起重机、绝缘桥式起重机、冶金桥式起重机、电动单梁起重机、电动葫芦桥式起重机。

2. 门式起重机（图 7–2）：通用门式起重机、防爆门式起重机、轨道式集装箱门式起重机、轮胎式集装箱门式起重机、岸边集装箱起重机、造船门式起重机、电动葫芦门式起重机、装卸桥、架桥机。

3. 塔式起重机（图 7–3）：包括普通塔式起重机、电站塔式起重机。

4. 流动式起重机（图 7–4）：包括轮胎式起重机、履带式起重机、集装箱正面吊运起重机、铁路起重机。

5. 门座式起重机（图 7–5）。

6. 升降机（图 7–6）：包括施工升降机、简易升降机。

7. 缆索式起重机（图 7–7）。

8. 桅杆式起重机（图 7–8）。

9. 机械式停车设备（图 7–9）。

图7–1　桥式起重机

图7–2　门式起重机

图7–3　塔式起重机

图7–4　流动式起重机

图7-5　门座式起重机

图7-6　施工升降机

图7-7　缆索式起重机

图7-8　桅杆式起重机

图7-9　机械式停车设备

## 第二节　常见事故原因

起重机作业过程中造成的伤害事故表现形式主要有坠落、困人、火灾、触电、倒塌、挤压、碰撞、吊具吊物伤人等，究其原因主要包括以下几个方面：

（1）设计缺陷。起重机安全保护装置（制动器、缓冲器、行程限位器、起重量限制器、防护罩等）设计欠缺、设计时承重部件选材不当、司机室设置不合理、塔身（节）设计结构不合理（拆装固定结构存有隐患）等都是事故发生的原因。

（2）制造质量。生产制造单位未按照标准要求安装必要的安全保护装置、选用的零部件质量不合格、钢结构焊接达不到要求、下料未按要求、钢材截面尺寸达不到国家标准规定、未按设计标准进行有效的质量监督等均为事故的发生埋下了隐患。

（3）电气机械故障。大多数起重机都是电力驱动，或通过电缆，或采用固定裸线将电力输入，起重机的任何组成部分或吊物，与带电体距离过近或触碰带电物体时，都可以引发触电伤害。即使是流动式起重机，在输电线附近作业时，触碰高压线的事故也时有发生。直接触电或由于跨步电压会造成电伤、电击事故。机械故障如吊具或吊装容器损坏、物件捆绑不牢、挂钩不当、电磁吸盘突然失电、起升机构的零件故障（特别是制动器失灵、钢丝绳断裂）、金属结构的破坏等都会引发重物坠落。

（4）操作不当。如起吊方式不当、捆绑不牢造成的脱钩、起重物散落或摆动伤人，超载起重等违反操作规程的行为，指挥不当、动作不协调造成的碰撞，操作人员未持证上岗，管理部门未按要求对起重机进行定期检查保养等。

（5）其他因素。其他伤害是指人体与运动零部件接触引起的绞、碾、戳等伤害，液压起重机的液压元件破坏造成高压液体的喷射伤害，飞出物件的打击伤害，装卸高温液态金属、易燃易爆、有毒、腐蚀等危险品，由于坠落或包装捆绑不牢破损引起的伤害，自然灾害造成的设备事故等。

## 第三节　应急处置方法

1. 坠落事故应急处置

（1）现场警戒和隔离。根据现场人员状况和数量，警戒和隔离适当区域，同时应注意保证紧急处置的通道畅通，避免坠落伤害继续扩大和围观人员妨碍现场应急处置工作。

（2）现场抢险救出伤员。在采取必要的防护措施下，现场应急处置人员根据人员坠落情况，用相应的工具、设备和手段，尽快抢救出坠落的伤员。

（3）通知医疗救护人员，送救伤员。

（4）应急处置时必须穿戴必要的防护用品（安全帽、防护服、防滑鞋等）。

（5）现场应急处置人员实施统一指挥、统一行动。

2. 困人事故应急处置

（1）现场警戒和隔离。现场应急人员根据现场情况实施区域隔离，并保证应急处置通道畅通。

（2）应急处置人员迅速调集液压升降平台等设备或经由高处通道抵达被困人员位置，帮助被困人员脱离危险区域。如有人员受伤，可视具体情况，用安全绳吊放或其他方法转移伤员。

（3）如有危险吊具或吊装物时，应视情况切换备用电源或固定吊物位置。

（4）设备操作人员应由取得特种设备作业人员证和登高作业证的专业维修人员进行，并必须穿戴必要的防护用品（安全带、安全帽、防滑鞋等），同时采取必要措施防止人员高处坠落。

（5）高处、地面应急处置人员应统一指挥，协调行动，根据情况地面可设防止被困人员及施救人员高处坠落的保护措施（充气减震垫、防护网等）。

3. 火灾事故应急处置

（1）采取措施施救被困于高处无法逃生的人员。

（2）立即切断起重机械电源开关，防止电气火灾的蔓延扩大。

（3）及时通知有关单位及相关部门到场。

（4）督促事故单位向119指挥中心报警，维护现场秩序。必要时向120请求救援。

（5）由电气引起的火灾，应采用干粉灭火器灭火。灭火时，应穿戴好防护用品，防止中毒、窒息、灼伤等事故的发生。

4. 触电事故应急处置

（1）切断电源。应急处置人员迅速将起重机的总电源断开。

（2）应急处置人员用绝缘物（棒）或木制杆件分开导电体与伤员的接触。

（3）医护人员实施人工呼吸或其他方法救护伤员。

（4）总电源切断前禁止盲目施救。

（5）被困司机在起重机漏电的情况下，如未断开总电源，禁止自行移动，以避免跨步电压对人身的伤害。

（6）应急处置人员必须穿戴绝缘服、绝缘鞋、绝缘手套等防护用品。

5. 倒塌事故应急处置

（1）现场警戒和隔离。根据现场情况，警戒保卫组对现场进行警戒和隔离，并保证救援通道畅通，避免坠落物伤害继续扩大，避免无关人员影响现场救援工作。

（2）紧急通知危险区域内的人员撤离和疏散。通信联络组用有效的通信手段（广播、话筒等）立即通知现场危险区域内的人员，警戒保卫组及时组织疏散和撤离危险区域内的人员。

（3）紧急抢险救出伤员。由抢险救灾组专业抢险人员利用必要的设备设施（汽车起重机、叉车、乙炔切割机、千斤顶等）移开倒塌物体搜救受伤人员。

（4）医疗救护组运送急救伤员。

（5）抢险救人时，现场应有技术专家（人员）进行指导，先切断危险电源、水源、气源，撤离易燃易爆危险品，并由指挥人员统一指挥，在抢救的同时，应有专人负责对现场的危险状况（空中物品电缆、电线、锐器、火源等）进行监控，确保施救人员的安全。

（6）搜救伤员时，如使用大型机械设备，应尽量避免对伤员造成二次伤害。

6.挤压碰撞事故应急处置

（1）立即停机或视情实施反向运行操作。应急救援现场安排专人监护空中物品或吊具，后勤保障组采取防护措施。

（2）抢险救灾组抢险人员穿戴必需防护用品（安全帽、防滑鞋等），进入危险区域救出伤员，若伤员挤压在物件中无法脱身，应采取其他必要的手段（叉车、切割机、千斤顶等）实施救援。

（3）医疗救护组负责救护和运送伤员。

7.吊具吊物伤人事故应急处置

（1）现场警戒和隔离。根据现场情况，警戒保卫组对现场进行警戒和隔离，并保证救援通道畅通，避免坠落物伤害继续扩大，避免无关人员影响现场救援工作。

（2）紧急通知危险区域内的人员撤离和疏散。通信联络组用有效的通信手段（广播、话筒等）立即通知现场危险区域内的人员，警戒保卫组及时组织疏散和撤离危险区域内的人员。

（3）紧急抢险救出伤员。

（4）由抢险救灾组专业抢险人员利用必要的设备设施（汽车起重机、叉车、切割机、千斤顶等）移开倒塌物件搜救受伤人员。

（5）医疗救护组运送急救伤员。

（6）抢险救人时，现场应有技术专家（人员）进行指导，先切断危险电源、水源、气源，撤离易燃易爆危险品，如果已发生燃爆事故，应同时组织消防组进行消防工作，注意着火的油和熔融状态下的钢（铁）水禁止用水来灭火。在抢救的同时，应有专人负责对现场的危险状况（空中物品、电缆、电线、锐器、火源等）进行监控，确保施救人员的安全。

（7）搜救伤员时，一般不宜使用大型机械设备，以免对伤员造成二次伤害。

## 第四节 事故应急处置一般注意事项

（1）一旦事故发生，不论事故现场何种情况，发现事故人员必须第一时间发出警报（大声呼叫），通知作业人员全部停止作业，撤离到安全地带。

（2）应急处置人员应合理分工，一方面排出险情，一方面组织救援人员对伤员实施救护，并根据伤情，实施救治或转送医院。

（3）对事故现场进行现场警戒和隔离，保证应急处置通道畅通，避免坠落物伤害继续扩大，避免无关人员影响现场救援工作。

（4）抢险救人时，现场应有技术专家（人员）进行指导，先切断危险电源、水源、气源，撤离易燃易爆危险品，并由指挥人员统一指挥，在抢救的同时，应有专人负责对现场的危险状况（空中物品、电缆、电线、锐器、火源等）进行监控，确保施救人员的安全。

（5）搜救伤员时，如使用大型机械设备，应尽量避免对伤员造成二次伤害。

（6）应急处置人员必须穿戴绝缘服、绝缘鞋、绝缘手套等防护用品。

（7）在高处发生事故时，地面应急处置人员应统一指挥，协调行动，地面应有防止高处施救人员发生高处坠落事故的保护措施（充气减震垫、防护网等）。

# 第八章
# 客运索道事故应急处置

## 第一节　客运索道简介

根据《特种设备目录》（质检总局 2014 年第 114 号）的定义，客运索道是指动力驱动，利用柔性绳索牵引厢体等运载工具运送人员的机电设备，包括客运架空索道、客运缆车、客运拖牵索道等，非公用客运索道和专用于单位内部通勤的客运索道除外。客运索道按支撑物的不同可分为客运架空索道、客运缆车、客运拖牵索道；按运行方式不同可分为循环式客运索道和往复式客运索道；按运载工具不同可分为吊厢式索道、吊椅式索道、吊篮式索道、拖牵式索道。

（1）客运架空索道是利用架空的绳索支撑运载工具运送乘客的索道（图 8-1）。

（2）客运缆车是利用地面轨道支撑运载工具运送乘客的索道（图 8-2）。

（3）客运拖牵索道是利用雪面、冰面、水面支撑运载工具运送乘客的索道（图 8-3）。

依靠架空的钢丝绳带动拖牵装置，在地面上从低处向高处运输乘客，一般是单线循环形式，不允许反向运行。

图8-1　客运架空索道

图8-2　客运缆车

图8-3　客运拖牵索道

## 第二节　常见事故原因

客运索道事故主要集中在客运架空索道和客运缆车上，主要表现形式有困人、人员坠落、触电、火灾等，究其原因主要有以下几方面：

1. 机械电气故障。客运索道系统组成复杂，各机件长期暴露于空气之中、受各种自然因素综合作用而锈蚀老化、损坏、疲劳磨损等，易致钢索脱轨、螺栓松动、轴承损坏、齿轮断裂、控制器失效、感应器失灵、支架倒塌、吊具摆动异常、索系碰挂等，造成索道挤压、碰撞、失控、坍塌、坠落、人员被困、伤亡等各种事故。电气故障如电动机异常、备用电源失效、电源切换停止、电元器件磨损、熔丝烧断、安全装置失灵、电缆损坏、线路老化、电路跳闸等，将引起电线短路、供电中断、失控坠落、触电火灾、索道停运，造成人员被困、甚至伤亡的事故。

2. 使用管理不当。客运索道建设运营需要管理人员、操作工人、检修人员等的控制，他们是客运索道安全与否的决定因素，人为控制不当是索道突发事件的重要致因。另外，乘客因素也十分重要，如违规乘坐、超载超速、违章操作等。

3. 环境因素。客运索道运营环境开放，其事故因素不定，其他意外因素如狂风暴雨、雷击、冰雪、地震、滚石、山体滑坡、树木倾倒、森林火灾、外来干扰等，易造成人员被困或坠落伤亡事故。

## 第三节　应急处置方法

1. 困人事故应急处置

（1）当困人吊具离地较低（一般不超过 8m）并有人行地面通道时，采用专用爬梯救护方法应急处置，困人吊具离地小于 3m 时，可以采用一般爬梯直接救护。

爬梯应急处置的具体措施：应急处置人员用云梯的挂接装置挂住吊椅并确认挂接牢靠；两名应急人员扶住云梯的下端尽量保证云梯不晃动；一名应急处置人员携安全带和安全绳沿云梯攀上吊椅或吊厢，为被困人员穿戴好安全带，系好安全绳；将安全绳从吊椅或吊厢上方的牢靠固定点绕至地面应急处置人员手中；救援对象沿云梯爬下，地面应急处置人员同时松安全绳防止救援对象失足；救援对象下至地面后，帮其脱下安全带，吊具上应急处置人员通过安全绳将安全带提至吊椅或吊厢，救援下一个被困人员；全部被困人员解救完毕后，应急处置人员沿云梯回至地面，应急任务完成。

（2）对于一条线路很长、地形变化大的索道，可以根据情况同时采用或部分采用爬梯和直接救护。部分采用专业救援设备进行救援，如降低运载索救护，T 型救护器救护，缓降器救护，自行小车营救。特殊情况还可以用直升机营救。

2. 人员坠落事故应急处置

（1）第一时间拨打 120 救护电话，并说明人员受伤情况，派人在附近路口处等待指引救护车，避免延误时间。

（2）立即派人赶到事发现场对坠落人员进行施救，初步检查伤员，判断其神志、呼吸循环是否有问题，必要时进行现场急救和监护，视情况采取有效的止血、防止休克、包扎伤口、固定、保存好断离的器官或组织、预防感染、止疼等措施。

3. 触电事故应急处置

（1）立即切断电源。可以采用关闭电源开关，用干燥木棍挑开电线或拉下电闸。救护人员注意穿上胶底鞋或站在干燥木板上，想方设法使伤员脱离电源。高压线需移开 10m 方能接近伤员。

（2）脱离电源后立即检查伤员，发现心跳呼吸停止，应立即进行心肺复苏并持续不断地做下去，直到医生到达。

（3）对已恢复心跳的伤员，千万不要随意搬动，以防心室颤动再次发生而导致心脏停搏。应该等医生到达或等伤员完全清醒后再搬动。

4. 火灾事故应急处置

索道的火灾主要来自两方面，一是索道电气设施自身的火灾，二是来自林区的火灾（索道所处环境大部分是林区）。

（1）首先要切断设备的电源，因为电气设施起火后若带电，在喷洒灭火剂时可能导致人员触电。

（2）及时扑救，利用消防器材扑灭初起火灾，电气设施的灭火剂类型主要有：干粉灭火剂（包括 BC 干粉灭火剂和 ABC 干粉灭火剂）、水剂灭火剂、二氧化碳灭火剂、四氯化碳灭火剂、砂土。

（3）对液压系统等有油的设施着火，不能用水剂灭火。

（4）因火势向上蔓延，在建筑或隧道里着火时，应急处置人员引导人们朝地势低的地方逃生。

（5）火势蔓延时，应急处置人员应引导现场被困人员用衣服遮掩口鼻，放低身体姿势，浅呼吸，快速、有序地向安全出口撤离，告知其尽量避免大声呼喊，防止有毒烟雾进入呼吸道。

（6）应急处置人员应引导处在森林火场中的人员迅速向安全地带转移，选择火已经烧过或杂草稀疏、地势平坦的地段转移，告知其穿越火线时要用衣服蒙住头部，快速逆风冲越火线，切忌顺风在火线前方逃跑。

## 第四节　事故应急处置一般注意事项

1. 注意事故现场的地形、土质、气候及现场周围有无可能影响救援行动的不利因素等情况。

2. 应根据地形情况配备救护工具和救护设施，沿线不能垂直救护时，应配备水平救护设施。救护设备应有专人管理，存放在固定的地点，并方便存取。

3. 救护设备应完好，在安全使用期内，绳索缠绕整齐。

4. 吊具距地面大于 15m 时，应用缓降器救护工具，绳索长度应适应最大高度救护要求。

5. 采用垂直救护时，沿线路应有人行便道，由索道吊具中救下来的游客可以沿人行道回到站房内。

6. 告知乘客保持镇定，严禁摇摆、晃动吊椅（吊篮、吊厢）。

7. 当发现山上有落石等情况时，应大声呼喊，唤起相关人员的注意；当上山路上有树枝、灌木丛、壕沟等障碍物时，应逐一向后传言，注意闪避；当发现有毒蛇、马蜂、狼等动物时，要小心并尽量避开。

8. 在崖壁、崖缝或有碎石滚落危险等区域，应急处置人员必须用安全绳保护好自己，防止二次灾害的发生；绳子的支点要避开枯木、不稳固的岩石和石头，选择安全的支点固定绳索，并要设置绳索保护器或垫上厚布等材料以防磨损断裂；尽量避免将浮石及生满苔藻的石头、被剥掉树皮的圆木等易滑物体作为立足点。

9. 在救助客运索道事故中的被困人员时，要尽量使用担架、躯体固定气囊。因为在此类事故中，有的遇险人员会存在摔伤而造成颈部、腰部或四肢的骨折、错位，救援人员在实施救助时，若不能正确辨别伤害类型和程度，按常规方法施救，肩扛手抬、生拉硬拽，往往会造成遇险人员的二次伤害，造成不必要的更大的损失。

10. 应急处置人员使用的安全带及安全绳需有足够强度和长度，并能够熟练、正确使用。

11. 要随时保证通信、广播清晰、畅通，应急处置人员应指导帮助被困人员安全平稳抵达地面，返回安全区。每个吊具下都要有人员接应，对有特殊情况的乘客应采取安全措施，还应注意防止救援工具或乘客随身物品坠落伤人。救援全过程必须听从指挥人员的统一指挥，严禁说笑打闹，坚决制止违章、冒险作业。

12. 在夜间救援时会难以发现目标，容易迷路，有必要寻找熟悉地形者带路。在通过山间窄道和独木桥时，护送者的前后必须采取绳索保护措施，防止滚落。

# 第九章 大型游乐设施事故应急处置

## 第一节　大型游乐设施简介



根据《特种设备目录》（质检总局 2014 年第 114 号）的定义，大型游乐设施是指用于经营目的，承载乘客游乐的设施，其范围规定为设计最大运行线速度大于或者等于 2m/s，或者运行高度距地面高于或者等于 2m 的载人大型游乐设施。用于体育运动、文艺演出和非经营活动的大型游乐设施除外。分类如下：

（1）转马类：乘人部分绕垂直轴旋转及运动形式类似的游艺机，实物图见图 9–1。

（2）陀螺类：乘人部分绕可变倾角的轴旋转及运动形式类似的游艺机，实物图见图 9–2。

（3）飞行塔类：乘人部分用挠性件吊挂，边升降边绕垂直轴回转及运动形式类似的游艺机，实物图见图 9–3。

（4）自控飞机类：乘人部分绕中心垂直轴回转并升降及运动形式类似的游艺机，实物图见图 9–4。

（5）观览车类：乘人部分绕水平轴回转及运动形式类似的游艺机，实物图见图 9–5。

图9-1　转马类实物图

图9-2　陀螺类实物图

图9-3　飞行塔类实物图

图9-4　自控飞机类实物图

图9-5　观览车类实物图

## 第二节　常见事故原因

大型游乐设施常见安全事故表现形式主要有挤压、困人、高处坠落、触电、火灾等。造成事故的原因主要有：

1. 设计缺陷。游乐行业追求新奇和惊险刺激，不断创新设计外观、主体结构、运动形式，不断挑战人类生理极限。一些新技术应用于游乐设施中，但缺乏相关技术标准和成熟经验，增加风险识别的难度，保障设备本质安全的难度很大。

2. 生产制造质量差。大部分制造企业起步较晚，资源条件、人员素质、机加工水平等技术条件等还存在一定差距。同时，受产品本身（单台小批量）的制约，企业很难形成规模化生产模式，保障产品质量安全性能稳定性存在一定难度。

3. 使用管理水平低。有相当数量的大型游乐设施由个体经营。个体经营者在租赁的场地上从事大型游乐设施的运营工作，出租场地的单位仅收取租金，但缺少对租赁者实施有效的安全管理。个体经营者完全以短期营利为目的，缺少日常检查和维护保养方面的投入，缺乏安全意识和自我保护意识，安全管理水平低下，而且躲避政府监管。

4. 维护保养不足。特别是多数小型游乐园，作业人员的薪资待遇较低，人员流动性较大，多数单位在人员以及工具配备上投入的资金较少，日常检查和维保质量不高，容易形成设备事故隐患，引发事故。

5. 环境因素。各地区的气候、环境差异较大，部分地区的大型游乐设施，常年运行时间长、设备负荷大、运行环境恶劣。特别是在节假日游客集中时段，设备和作业人员经常处于超负荷状态。

## 第三节　应急处置方法

1. 自控飞机类游乐设施事故应急处置

（1）当座舱的平衡拉杆出现异常，座舱倾斜或座舱某处出现断裂情况时，应立即停机使座舱下降，同时通过广播告诉乘客一定要紧握扶手切勿惊慌等待救援。

（2）游乐设施运行中突然断电时，座舱不能自动下降，应急处置人员应该迅速打开手动阀门泄油，将高空的乘客降到地面。若未停电，换向阀门因故不能换向时，亦采用此办法将乘客降到地面。

（3）游乐设施运行中，出现异常振动、冲击和声响时，要立即按紧急事故按钮，切断电源。经过检查排除故障后，再开机。

2. 观览车类游乐设施事故应急处置

（1）当乘客上机产生恐惧时，要立即停车并反转，将恐惧的乘客疏散下来。不要等转一圈后再停下来，时间长可能出现意外。

（2）当吊厢门未锁好时，要立即停车并反转，及时安抚乘坐人员远离门区直到返回基站将两道门锁均锁好后再开机。

（3）当运转中突然停电时，要及时通过广播或者想办法向乘客说明情况，让乘客放心等待，立即采取备用动力源将乘客疏散下来。

3. 转马类游乐设施事故应急处置

（1）当发现乘客不慎从座位掉下来的时候，应立即停车，并提醒乘客待设备停止后方可离开，否则会发生危险。

（2）当乘坐人员将脚掉进转盘与站台的间隙之中时，要立即停车安抚乘坐人员并分散其注意力，通知专业救援人员携带专业工具赶来救援。

4. 陀螺类游乐设施事故应急处置

（1）当升降大臂不能下降时，先停机，然后打开手动放油阀，使大臂缓慢下降。

（2）当吊椅悬挂轴断裂时，虽有钢丝绳保险装置，椅子不会掉下来，但要安抚乘坐人员告诉乘客抓紧扶手，同时停车，将吊椅放下。

5. 滑行车类游乐设施事故应急处置

（1）正在向上拖动着的滑行车，若运行中发生异常或个别乘客过于惊恐及其他异常情况，按紧急停车按钮，停止运行，然后将乘客从安全走台上疏散下来。

（2）如果滑行车因故停在拖动斜坡的最高点，应将乘客从车头开始，依次向后进行疏散。注意一定不要从车尾开始疏散，否则滑行车重力前倾，有可能自动滑下，造成重大事故。

6. 小赛车类游乐设施事故应急处置

（1）当小赛车冲撞阻挡物翻车时，应急处置人员应立即赶到出事现场，停止其他在用设备，防止二次伤害并采取救护措施。

（2）小赛车进站不能停车时，应急处置人员应立即上前，扳动后制动器的拉杆，协助停车，以免碰撞别的车辆。

（3）车辆出现故障时，应急处置人员在跑道内处理故障时，应停止其他车辆运行，避免冲撞。故障不能马上排除时，要及时将车辆移到跑道外面。

7. 碰碰车类游乐设施事故应急处置

（1）车与车的激烈碰撞，使乘客的胸部或者头部碰到方向盘而受伤时，操作人员要立即停电，采取救护措施。

（2）突然停电时，操作人员要切断电源总开关，并将乘客疏散到场外。

（3）乘客万一触电时，要有急救措施。

8. 水上类游乐设施事故应急处置

常见的船体倾翻或乘客不慎而导致溺水，应立即采取处理措施：

（1）尽快将溺水者从水中救出来，除去其口、鼻内污物，迅速将其俯卧于救护者屈曲的膝上，头倒悬，倒出呼吸道和胃内的水。

（2）水排出后马上仰卧进行口对口的人工呼吸，如心跳停止，应同时进行胸外心脏按压，至少连续 15min 不可间断。

（3）在现场抢救同时，尽快联系医护人员到现场作进一步急救。

9. 小火车类游乐设施事故应急处置

（1）由于安全距离不够，被周围树枝等刮伤，应立即采取现场救护措施，情况严重者还应立即送医疗部门抢救。

（2）突然停电时，操作人员要切断电源总开关，并将乘客疏散到场外。

10. 架空游览车类游乐设施事故应急处置

（1）底轮轮轴断裂或轴架焊缝断裂可能使车厢倾翻，或乘客嬉闹都可能导致人员坠落，应立即采取现场救护措施，情况严重者还应立即就近送医。

（2）由于安全距离不够，被周围树枝等刮伤，应立即采取现场救护措施，情况严重者还应立即就近送医。

11. 飞行塔类游乐设施事故应急处置

（1）当座舱的支承件或牵引件出现异常，座舱倾斜或座舱某处出现断裂情况时，应立即停机使座舱下降，同时通过广播安抚乘坐人员不可惊慌，要紧握扶手安心等待救援。

（2）游乐设施运行中突然断电时，座舱不能自动下降，应急处置人员应该迅速按下急停开关，并手动松闸，将高空的乘客缓慢降到地面。

## 第四节　事故应急处置一般注意事项

1. 发现乘客出现身体不适或难以承受的现象时，应及时停机，帮助不适人员撤离。

2. 设备出现故障停机困人时，安抚乘坐人员，并告知不要轻易乱动和自己解除安全装置。

3. 运行中由设备自身引起的一般机械故障、电气故障以及停电时，原则上可通过设备本身设计的安全设施将座舱上的乘客疏导至安全点，如未能及时疏导，应由应急设备小组进行抢修。

4. 由于管理和操作失误，造成乘客受伤的，应急人员应立即停止设备的运行，疏导乘客，并立即启动事故紧急处理程序。

5. 电气设备及游乐设备发生火灾时，应紧急疏散现场游客及闲杂人员，采取切断电源或火源等方法，将损失降到最低限度，火情较大时，应立即拨打 119。

6. 事故现场已有人员伤亡的情况，应立即拨打 120，说明伤员情况、行车路线，同时安排人员到入场岔口指挥救护车的行车路线。

7. 配备专业救援设备，在日常进行培训演练，在救援时正确使用，防止次生伤害事故出现。

## 第五节 安全操作

大型游乐设施操作员是一个非常重要的岗位，其操作是否得当，或在紧急情况下如何正确处置所出现的问题，将直接关系到人身和设备的安全。一些游乐设施的用户，由于操作不合理或误操作而发生事故。有些使用单位根本没有操作规程，有的单位虽然制订了操作规程，但比较简单，难以保证游乐设施的安全运行。所以，对于游乐设施操作人员来说，不是单纯的操作按钮，而必须与整台游乐设施及乘客联系在一起，随时观察游乐设施及乘客情况，并与服务人员密切合作，按照操作规程规范操作。这就要求操作人员需要熟练的操作技术和丰富的现场经验，而且要有良好的服务意识和敬业精神。这样才能保证游乐设施的安全运行。

国家制定的《特种设备作业人员监督管理办法》《特种设备作业人员考核规则》（TSG Z6001—2013）和《大型游乐设施安全管理人员和作业人员考核大纲》（TSG Y6001—2008）、《游乐园（场）安全和服务质量》（GB/T16767—1997）等都对游乐设施操作人员和安全操作提出了明确的要求。

1. 理论知识要求

大型游乐设施操作人员要按照国家《大型游乐设施安全管理人员和作业人员考核大纲》的要求，必须经过严格培训，经考试合格后获得国家市场监督管理总局颁发的特种设备作业人员资格证书。操作人员经培训后必须掌握如下理论知识：

（1）基础知识操作人员应具备的基础知识：大型游乐设施操作人员职责，大型游乐设施的定义及其术语，大型游乐设施分类、分级、结构特点、主要参数和运动形式，安全电压，站台服务秩序，大型游乐设施安全运行条件，乘客须知等。

（2）专业知识操作人员首先要了解和掌握游乐设施的机械、电气和液压等传动原理，能正确、熟练地操作该设施，遇到问题能正确、及时地处理，并能做好日常的维护和保养。其次还要做到以下几点：

①安全知识：安全保护装置及其设置、安全压杠、安全带、安全把手、锁紧装置止逆装置、限位装置、限速装置、缓冲装置、过电压保护装置、风速计、其他安全保护装置等的结构原理和如何正确使用。

②操作系统知识：控制按钮颜色标识、紧急事故按钮、音响与信号、典型大型游乐设施的操作程序等。

③安全检查知识：安全警示说明和警示标志、运行前检查内容、日检项目及内容、运行记录等。

④大型游乐设施应急措施知识：常见故障和异常情况辨识、常用应急救援措施、典型应急救援方法、大型游乐设施事故处理基本方法等。

⑤法规知识：《特种设备安全监察条例》《特种设备作业人员监督管理办法》《特种设备作业人员考核规则》《大型游乐设施安全监察规定》《游乐设施安全技术监察规程（试行）》《游乐设施监督检验规程（试行）》《特种设备注册登记与使用管理规则》和有关游乐设施国家标准等。

2. 操作技能要求

操作人员经上岗前培训，要掌握以下技能：

（1）掌握安全保护装置及附件的特点、性能、使用方法和维护保养等技能。主要包括安全压杠操作与检查、安全带操作与检查、其他安全保护装置操作与检查等。

（2）安全运行技能。主要包括运行前的检查及其开机流程、运行中的操作、运行结束后的检查及其关机流程、运行记录等。

（3）应急救援技能。主要包括常见故障的应急救援、紧急情况的处理等。

3. 规范操作要求

（1）运行前后对设备的要求

当游艺机正式运营时，操作人员应当做到以下几点：

①游艺机运营前要做好日常安全检查，包括安全带（安全杠）、把手是否牢固可靠，有无损坏情况；座舱门开关是否灵活，能否关牢，保险装置是否起作用；关键位置的销轴、焊缝有无变形、开裂或其他异常情况；螺栓、卡板等紧固件有无松动及脱落现象；限位开关有无失灵情况；各润滑点是否润滑良好；电线有无断头及裸露现象；接地极板连接是否良好；制动装置是否起作用等。

②按实际工况空运转三次后确认运转正常方可正式运营。

③运转前先鸣电铃，确认乘客都已坐好，场内无闲杂人员，再开机运行。

④游乐设施运转时，严禁操作人员离开岗位。要随时注意与观察乘客及设备的运行情况，遇有紧急情况时，要及时停机。

⑤下班时要关掉总电源。

⑥填写好游艺机安全运行日报记录。

（2）设备运行前对游客的要求

为确保游客安全，操作时应做到以下几点：

①某些游乐活动如果对游客有身体健康要求，即对某种疾病患者不适宜参与的，应在该项游乐设施的入口处以醒目的警示标识告知游客，谢绝其参与，以免发生人身安全事故而产生纠纷。

②在游乐活动开始前，应对游客进行安全知识讲解和安全事项说明，具体指导游客正确使用游乐设施，确保游客掌握游乐活动的安全要领。

③在游乐过程中，应密切注视游客安全状态，适时提醒游客注意安全事项，及时纠正游客不符合安全要求的行为举止，排除安全隐患。

④如遇游客发生安全意外事故，应按规定程序采取救援措施，认真、负责地做好善后处理。

在运营过程中，还要加强对设备的巡检，每隔 2h 左右，让游乐设施停止下来，操作人员对设备的安全保护装置以及其他重要的部位进行检查，确认无问题后再次投入运营。

## 第六节　游乐设施事故预防

1. 大型游乐设施日常运营基本要求

（1）每天运营前必须做好安全检查。

（2）营业前试机运行不少于 2 次，确认一切正常后，才能开机营业。

2. 营业中的安全操作要求

（1）向游客详细介绍游乐规则、游乐设施操纵方法及有关注意事项。谢绝不符合游乐设施乘坐条件的游客参与游乐活动。

（2）引导游客正确入座高空旋转游乐设施，严禁超员，不偏载，系好安全带。

（3）维持游乐、游艺秩序，劝阻游客远离安全栅栏，上下游艺机秩序井然。

（4）开机前先鸣铃提示，确认无任何险情时方可再开机。

（5）游艺机在运行中，操作人员严禁擅自离岗。

（6）密切注意游客动态，及时制止个别游客的不安全行为。

3. 营业后的安全检查

（1）整理、清扫、检查各承载物、附属设备及游乐场地，确保其整齐有序，清洁无安全隐患。

（2）做好当天游乐设备运转情况记录。

游艺机和游乐设施要定期维修、保养，做好安全检查。安全检查分为周、月、半年和年以上检查。

## 第七节　游乐设施安全操作要点

由于游乐设施在运行中首要的是安全性，而除游乐设施本身的安全性能外，对操作人员的规范操作尤为重要。现对观览车、自控飞机、疯狂老鼠、旋风、双人飞天和水上世界等游乐设施的操作人员在开机前、开机后应检查的内容，以及运行中的注意事项叙述如下：

1. 观览车（图 9-6）

图9-6　观览车

（1）开机前安全检查Ⅰ

开机前应检查如下事项：

①各润滑点是否润滑良好，销轴、轴承、链条、销齿、钢丝绳等是否要加注润滑剂。

②立柱地脚螺栓、传动装置的地脚螺栓是否松动；固定吊厢轴的螺栓、吊厢轴与吊厢的连接螺栓是否松动；吊厢玻璃是否完好，窗户上的金属栏杆是否完好，有无脱落现象；每个吊厢上的两道锁具是否灵活可靠；观览车接地线及避雷针接地线有无断裂现象；支承吊厢轴的耳板焊缝是否有开裂现象；雨雪天气后，开始营业时要检查绝缘电阻是否符合规定；风速是否大于 15m/s，大于此风速时应停止运转；采用钢丝绳传动的观览车，要检查钢丝绳接头是否松动、拉长，有无破损、断丝情况。

（2）开机前安全检查Ⅱ

开机检查应做好如下事项后，方可载人营业：

①电动机、减速器、油泵、油马达等有无异常声响。

②齿轮、链轮与链条啮合是否正常。

③起动有无异常振动冲击。

④液压系统渗漏情况。

⑤转盘转动是否有异常声响（摩擦声、轴承响声等）。

⑥吊厢有无不正常摆动。

⑦大立柱有无不正常晃动。

⑧轮胎传动中，充气轮胎压紧力是否适当。

（3）运转中的安全注意事项

①大部分观览车均为连续运行，上人下人均不停车。对于这种运动方式的观览车，在上下人处应分别设服务人员，一人负责开门，并照顾下来的乘客；一人照顾上车的乘客，并负责把两道锁锁好。

②开始运行时，要隔 2~3 个吊厢再上人，以免造成过分偏载。

③学龄前儿童要与家长同时乘坐，以免吊厢升高时，孩子恐惧而出现意外。

观览车在运转过程中，操作人员不能离开操作室。同时要注意观察运转状况，当发现异常情况时，要立即停车。

观览车吊厢底面距站台面的尺寸，以 200mm 左右为宜，这样上下方便。若距离太大，吊厢在运动中上下人过程中容易出现事故。

雷雨天气应停止运行。

④营业结束时，应逐个检查吊厢，确认无人后，再切断总电源。

2. 自控飞机（图 9-7）

图9-7　自控飞机

（1）开机前安全检查 I

开机前应检查如下事项：

①各润滑点是否润滑良好，销轴、轴承、齿轮、链条等是否要加润滑剂。

②底座及传动装置的地脚螺栓是否松动。

③各支臂的连接螺栓、销轴卡板是否松动。

④座舱平衡拉杆调整是否适当，拉杆两端销轴上的开口销有无断裂、脱落现象。

⑤各座舱上的安全带是否固定牢固，完好无损。

⑥座舱与支承臂连接的各支承板焊缝有无裂纹。

⑦升降用的液压缸（气缸）两端的销轴是否固定牢固。

⑧自控飞机接地线有无断裂现象。

⑨雨雪天气后，运行前要检查绝缘电阻是否符合规定。

（2）开机前安全检查Ⅱ

开机检查应做好如下事项后，方可载人运转：

①电动机、减速器、油泵、油马达等有无异常声响。

②齿轮、链轮与链条啮合是否正常。

③起动有无异常振动冲击。

④液压系统渗漏油情况。

⑤座舱升降时，有无不正常声响。

⑥底座上方大交叉滚子轴承是否有异常声响。

（3）运转中的安全注意事项

①大型自控飞机游乐设施应设置两名以上的服务人员，维护场内秩序，劝阻乘客不要抢上抢下。

②座舱中有两个以上座位，而只有一人能操纵升降的游乐设施，要告知操纵人员的操作要求，并能正确操纵。

③检查每个乘客是否系好安全带。

④运转中要注意观察，不允许乘客坐在座舱的边缘上，不允许高声喊叫。

⑤遇到飞机不能下降时，先告诉乘客不要着急，等停机后，服务人员将及时打开放油阀，使飞机徐徐下降。

⑥要注意观察，乘客在飞机运行过程中，不准站立或半蹲进行拍照。

⑦若高压油管接头突然脱落或油管破裂，有高压油喷出，应立即停机。服务人员应用物体挡住油液，尽量不要喷在乘客身上。

⑧遇到不正常情况时，要及时停机。

⑨营业结束时，要切断电源总开关，锁好操作室和安全栅栏门。

3. 疯狂老鼠（图 9-8）

图9-8　疯狂老鼠

（1）开机前安全检查

开机前安全检查应注意如下事项：

①车上安全带是否固定牢固，有无损坏情况。

②车前缓冲装置有无损坏。

③车体有无破损。

④车轴有无松动及变形，逆止挡块是否起作用。

⑤车轮磨损情况，与轨道间隙是否正常。

⑥紧固螺栓有无松动。

⑦润滑情况。

⑧轨道有无变形开焊情况，必要时应测量轨距，其数值是否在标准规定的范围内。

⑨刹车片的磨损情况。

⑩行程开关是否起作用，是否固定牢固。

⑪接地线有无开裂现象。

⑫雨雪天气后，运行前要检查绝缘电阻是否符合规定。

（2）开机安全检查

开机检查应做好如下事项后，方可开机运行：

①车辆牵引是否正常。

②车辆运行有无异常振动冲击。

③轨道立柱有无不正常的晃动。

④空压机压力是否正常，刹车片动作是否灵活可靠。

⑤牵引装置的电动机、减速器、链条运转是否正常。

⑥事故停车按钮是否起作用。

⑦电气是否按程序动作。

（3）运转中应注意的安全事项

①要认真检查乘客是否系好安全带。

②学龄前儿童不宜乘坐。

③车辆运行中，不允许乘客离开座位。

④前面的车辆未进入滑行轨道以前，不允许放行后面的车，以免发生碰撞。

⑤当车辆停位不准时，要及时调整刹车装置，待停位准确后，方可继续载人运行。

⑥当空压机发生故障或气压太低刹车无保证时，车辆应停止运行。

⑦当车辆处在牵引状态，突然停电时，服务人员应迅速登上走台，将乘客顺利疏散离开车辆。

⑧营业过程中，若突然遇雨，应停止运行。雨后待轨道稍干后方可运行。

⑨营业结束时，要切断电源总开关，锁好操作室门及安全栅栏门。

4. 旋风（图 9-9）

图9-9　旋风

（1）开机前安全检查

开机前应检查如下安全事项：

①各润滑点（如销轴、轴承、齿轮等）是否润滑良好。

②机座及传动装置地脚螺栓、各处紧固螺栓有无松动现象。

③周边传动摩擦轮与轨道接触是否良好。

④轮子磨损情况。

⑤旋风座舱自转传动系统圆锥齿轮的啮合及磨损情况。

⑥液力耦合器充油情况。

⑦座舱立轴有无变形。

⑧座舱安全带（杆），是否牢固可靠。

⑨座舱有无破损现象。

⑩转盘与周围站台的间隙有无变化，若有变化要找出原因，并停止运行直至解决问题。

⑪周围站台有无破损和严重的凸凹不平现象。

⑫接地线是否断开。

⑬雨雪天气后，要检查绝缘电阻是否符合规定。

（2）开机安全检查

开机检查应做好如下安全事项后，方可载人运转：

①电动机、减速器运转是否正常，有无异常声响。

②起动、停止有无振动冲击。

③座舱自转系统锥齿轮啮合是否正常。

④座舱转动是否灵活。

⑤大盘回转时有无摆动现象，有无不正常声响。

⑥周边传动装置运转情况。

⑦液力耦合器是否渗漏。

（3）运转中应注意的安全事项

①大型旋风游乐设施应设两个以上服务人员，乘机时应劝阻乘客不要抢上抢下。

②学龄前儿童不宜乘坐。

③开机前检查每个乘客是否系好安全带（杆）。

④发现乘客有恐惧或不适现象时应立即停机。

⑤雨雪天气应停止运转。

⑥营业结束时，要切断电源总开关，锁好操作室门及安全栅栏门。

5. 双人飞天（图 9-10）

图9-10　双人飞天

（1）开机前安全检查

开机前应检查如下安全事项：

①升降大臂及升降用油缸的地脚螺栓是否松动。

②吊椅的销轴有无松动现象，保险装置是否可靠。

③吊椅的安全挡杆，是否灵活可靠。

④吊挂销轴有无变形及损坏。

⑤吊椅与吊杆的连接螺栓是否松动。

⑥吊挂上部焊接板焊缝有无开焊现象。

⑦吊椅是否有破损。

⑧润滑情况。

（2）开机安全检查

开机检查应做好如下安全事项，方可载人运行：

①油泵、油马达、液压缸工作是否正常，有无异常声响。

②泵、阀、集成电路模块、管路的渗漏情况。

③压力表指示是否准确，溢流阀压力调整是否适当。

④大臂升降是否到位，有无振动冲击。

⑤大臂升降及转盘回转是否有异常声响。

⑥转盘回转有无摆动现象。

（3）运转中应注意的安全事项

①开机前检查每个乘客是否固定好了安全杆。

②乘客较少时，应引导乘客分散乘坐，以免形成偏载。

③遇到紧急情况时，要及时停车并同时降下大臂。

④升降液压缸出现故障（不能下降）时，要及时进行手动泄油，并将乘客疏导下来。

⑤遇雨时要停止运转。

⑥营业结束时，要切断电源总开关，锁好操作室门及安全栅栏门。

6. 水上世界（图 9-11）

图9-11　水上世界

①应在明显的位置公布各种水上游乐项目的《游乐规则》，广播要反复宣传，提醒游客注意事项，确保安全，防止事故发生。

②对容易发生危险的部位，应有明显的提醒游客注意的警告标志。

③各水上游乐项目均应设立监视台，有专人值勤，监视台的数量要符合规定要求，其位置应能看到游乐设施的全貌。

④按规定配备足够的救生员。救生员须符合有关部门规定，经专门培训，掌握救生知识与技能，持证上岗。

⑤水上世界范围内的地面，应确保无积水、无碎玻璃及其他尖锐物品。

⑥随时向游客报告天气变化情况。为游客设置避风、避雨的安全场所或具备其他保护措施。

⑦全体员工应熟悉场内各区域场所，具备基本的抢险救生知识和技能。

⑧设值班室，配备值班员。

⑨设医务室，配备具有医师职称以上的医生和经过训练的医护人员和急救设施。

⑩安全使用化学药品。

⑪每天营业前对水面和水池底除尘一次。

⑫凡具有一定危险项目的设施，在每日运营之前，要经过试运行。

⑬每天定时检查水质。

# 第十章
# 场（厂）内专用机动车辆事故应急处置

## 第一节　场（厂）内专用机动车辆简介

根据《特种设备目录》（质检总局2014年第114号）的定义，场（厂）内专用机动车辆是指除道路交通、农用车辆以外仅在工厂厂区、旅游景区、游乐场所等特定区域使用的专用机动车辆。场（厂）内专用机动车辆主要分为叉车、游览观光车二类：

（1）叉车（图10-1）：包括内燃平衡重式叉车、蓄电池平衡重式叉车、内燃侧面叉车、插腿式叉车、前移式叉车、三向堆垛叉车、托盘堆垛车、防爆叉车。

图10-1　叉车

（2）游览观光车是指由动力驱动或牵引，装有车轮，可供游客仅在游览场所范围内游览观光时乘用的专用车辆。分内燃观光车、蓄电池观光车（图 10-2、图 10-3）。

图10-2 游览观光车1

图10-3 游览观光车2

## 第二节 常见事故原因

场（厂）内专用机动车事故表现形式主要分为倾翻、火灾、伤人、碰撞等四类。造成场(厂)内专用机动车事故的原因有很多,概括起来主要有人、车、环境三个因素,包括以下几方面：

（1）驾驶员操作技术不熟练或缺乏场（厂）内运输安全技术知识，违反安全操作规定，或者身体患有疾病及心理不适。

（2）运输设备和装载工具技术状况差，安全装置有缺陷、不完善或转向、制动操作失灵。

（3）作业条件不符合安全规定，如通道照明不足、场地狭窄、昏暗等。

（4）车辆装载不符合安全要求，通过桥梁、地下暗管等设施时车辆负重过大。

（5）违反国家《道路交通法》的规定，不按交通标志行驶，超速行驶或强行通过交会路口等。

（6）厂区道路地形复杂，交叉路口很多，车辆通过时，由于厂房、货垛或其他设施影响，会使驾驶员视线受到障碍；交叉路口所形成的冲突点和交织点，更使安全状况复杂化；厂内运输距离短，往返频率高，增多了车辆的起步与倒车次数；作业人员未对周边环境进行充分了解等因素均容易造成机动车事故。

## 第三节　场（厂）内专用机动车辆事故应急处置与救援方法

1. 倾翻事故应急处置

发生机动车倾翻及落物事故时，应及时通知有关部门和维修单位维保人员到达现场，进行施救。由于场（厂）内专用机动车，特别是叉车发生事故的现场大多施救条件有限，因此，当有人员被压埋在倾翻机动车下面或驾驶室内时，现场施救人员应当机立断、灵活处置，充分利用现场的条件进行施救。如：当有人员被压埋在倾翻机动车下面时应立即采取千斤顶、起吊设备（若无起吊设备可利用其他装载机、挖掘机、挖掘装载机作起吊设备）将被压人员救出。若还无法施救则应根据实际情况采取起吊或切割（在无气源、电源时应自备气源、电源）措施，将被困人员救出。在实施处置时，必须指定一名有经验的人员进行现场指挥，并采取警戒措施，防止机动车倾倒、挤压事故再次发生。

2. 火灾事故应急处置

发生火灾时，应采取措施施救被困在车厢内或驾驶室内无法逃生的人员，并应立即使机车熄火，防止电气火灾的蔓延扩大。灭火时，应防止二氧化碳等中毒窒息事故的发生，发生汽油、柴油等易燃易爆品和有毒物质泄漏时，应采取措施堵塞泄漏和稀释爆炸性物质或有毒物质混合浓度，避免发生爆炸或中毒事故。

3. 伤人事故应急处置

发生工作装置夹人时，应根据现场实际情况，采用千斤顶、起吊设备、切割等措施将人员救出。

4. 碰撞应急处置

（1）立即停止设备运行，防止事故进一步严重。

（2）现场警戒和隔离。根据现场情况，警戒保卫组对现场进行警戒和隔离，并保证救援通道畅通，避免坠落物伤害继续扩大，避免无关人员影响现场救援。

（3）紧急通知危险区域内的人员撤离和疏散。通信联络组用有效的通信手段（广播、话筒等）立即通知现场危险区域以内的人员，警戒保卫组及时组织疏散和撤离危险区域内的人员。

（4）抢险救灾组抢险人员迅速调集叉车、起重机或充气垫、千斤顶等设备将碰撞的车辆分开，尽快帮助被困人员脱离危险区域。

（5）如有运输危险物品时，应视情况同时对危险物品进行必要的处理，以防止二次事故的发生。

（6）对于载客的观光车事故，应对附近交通进行交通管制，限制其他观光车的运行，防止事态进一步扩大。

（7）抢险救灾组抢险人员必须穿戴防护用品（安全帽、防滑鞋等），进入危险区域救出伤员，若伤员挤压在物件中无法脱身，应采取其他必要的手段（叉车、切割机、千斤顶等）实施救援。

（8）医疗救护组负责救护和运送伤员。

5. 特殊情况应急处置

（1）遇其他复杂情况时，应立即通知场（厂）内专用机动车制造、维修单位专业维修人员进行处理。

（2）原制造、维修单位无法及时到达现场的，立即通知联动单位，由联动单位专业维修人员进行处置。

6. 事故应急处置一般注意事项

场（厂）内专用机动车使用过程中遇到意外情况时，应及时实施紧急处置措施，严格遵守有关技术规程。现场应急处置应注意以下几方面：

（1）封锁事故现场，严禁一切无关人员、车辆和物品进入事故区域。开辟应急人员、车辆及物资进出的安全通道，维持事故现场的社会治安和交通秩序。

（2）发生汽油柴油等易燃易爆品和有毒物质泄漏时，应采取措施堵塞泄漏和稀释爆炸性物质或有毒物质混合浓度，避免发生爆炸或中毒事故。

（3）应急处置人员应配齐安全设施和防护工具，加强自我保护，确保应急处置过程中的自身安全。

# 第十一章 锅炉故障和事故应急处置

## 第一节 锅炉简介

锅炉是一种能量转换设备，向锅炉输入的能量有燃料中的化学能、电能、高温烟气的热能等形式，经过锅炉转换，向外输出具有一定热能的蒸汽、高温水或者有机热载体。工业锅炉实物图见图 11-1。

图11-1 工业锅炉实物图

《特种设备目录》（质检总局 2014 年第 114 号）中锅炉，指利用各种燃料、电或者其他能源，将所盛装的液体加热到一定的参数，并通过对外输出介质的形式提供热能的设备，其范围规定为设计正常水位容积大于或者等于 30L，且额定蒸汽压力（表压）大于或者等于 0.1MPa 的承压蒸汽锅炉；出口水压（表压）大于或者等于 0.1MPa，且额定功率大于或者等于 0.1MW 的承压热水锅炉；额定功率大于或者等于 0.1MW 的有机热载体锅炉。

燃煤、燃生物质蒸汽锅炉是最为常见的工业用锅炉之一，其整体的结构包括锅炉本体和辅助设备两大部分。锅炉本体由汽水系统（锅）和燃烧系统（炉）组成，汽水系统由省煤器、锅筒（汽包）、下降管、联箱、过热器等组成，其主要任务就是有效地吸收燃料燃烧释放出的热量，将进入锅炉的给水加热，使之形成具有一定温度和压力的蒸汽。锅炉的燃烧系统由炉膛、烟道、炉排、燃烧器、空气预热器等组成，其主要任务就是使燃料在炉内能够良好燃烧，放出热量。此外锅炉本体还包括炉墙和构架，炉墙用于构成封闭的炉膛和烟道，构架用于支撑和悬吊汽包、受热面、炉墙等。

辅助设备较多，主要包括通风设备、燃料运输设备、给水设备、除尘除灰设备、水处理设备、测量及控制设备等。

## 第二节　锅炉应急处置基本注意事项

1. 根据介质特性和现场情况佩戴个体防护装备。

2. 在应急处置过程中，应尽量减少有毒有害介质及应急处置的废水对水源和周围环境的污染危害，避免发生二次灾害。

3. 有毒有害、易燃易爆介质泄漏应保持通风，隔离泄漏区直至散尽。

4. 发生燃气、燃油、有机热载体泄漏时应：

（1）消除事故隔离区内所有点火源。

（2）应急处置人员必须穿防静电护具，不得穿化学纤维或带铁钉鞋，现场需备有石棉布、棉布套及灭火器（干粉、二氧化碳）。

（3）处置漏气必须使用不产生火星的工具，机电仪器设备应防爆或可靠接地，以防止引燃泄漏物。

（4）检查泄漏部位，必须使用可燃气体检测器或皂水涂液法，严禁用明火去查漏。

（5）及时清除周围可燃、易燃、易爆危险物品。

（6）防止燃气、燃油、有机热载体进入排水系统、下水道、地下室等受限空间。

（7）事故向不利方面发展时，应提出请求上级支援，并向当地政府部门报告，同时根据现场情况，积极采取有效措施防止事故扩大。

（8）除公安、消防人员外，其他警戒保卫人员，以及抢险人员、医疗人员等参与应急处置行动人员，须有标明其身份的明显标志。

（9）必要时实施交通管制，疏散周围非抢险人员。

## 第三节　锅炉常见故障和事故原因及应急处置

锅炉常见的事故有锅炉超压、锅炉缺水、锅炉满水、锅炉汽水共腾、锅炉爆管、热水锅炉锅水汽化等。

### 一、锅炉超压

锅炉在运行中，锅内压力超过最高允许工作压力而危及锅炉安全运行的现象，称为锅炉超压，是锅炉爆炸事故的直接原因。

1. 锅炉超压原因

（1）用汽单位忽然停止用汽，使气压急骤升高。

（2）锅炉操作人员没有监视压力表，当负荷降低时没有相应减弱燃烧。

（3）安全阀失灵；阀芯与阀座粘连，不能开启；安全阀进口处连接有盲板；安全阀排汽能力不足。

（4）压力表连通管堵塞、冻结；压力表超过校验期而失效；压力表损坏、指针指示压力不正确，没有指示锅炉真正压力。

（5）超压报警器及超压联锁保护装置失效。

（6）启动锅炉后主汽阀没有打开。

（7）锅炉因有缺陷而降压使用时，安全阀排汽截面积没有重新计算而更换安全阀等。

2. 锅炉超压应急处置

（1）迅速减弱燃烧，手动开启安全阀或放气阀。

（2）加大给水（在锅炉没有缺水的情况下），同时加强排污（此时应留意保持锅炉正常水位），以降低锅水温度，从而降低锅炉炉内压力。

（3）锅炉发生超压时，严禁降压速度过快，甚至很快将锅内压力降至零。

（4）如安全阀失灵或全部压力表损坏及采取的措施不能有效解决超压问题时，应紧急停炉。

### 二、锅炉缺水

缺水事故是锅炉最常见的事故。严重缺水事故所造成的危害往往是很大的。

轻者引起大面积受热面过热变形，胀口渗漏，炉膛顶墙、隔墙塌落损坏，过热蒸汽温度过高损坏汽轮机等；重者引起爆管，胀管脱落，大量汽水、火焰喷出伤人；最严重的是处理不当而可能造成爆炸事故。

1. 锅炉缺水原因

（1）锅炉使用单位管理松懈，锅炉操作人员安全思想麻痹，责任心不强，未认真监视水位，不能识别假水位，造成判断错误。

（2）长期不冲洗水位表，水位表显示模糊不清或虚假水位，水位表有堵塞、漏水现象，蒸汽流量表或给水流量表指示不正确，导致锅炉操作人员误判断、误操作。

（3）用汽量增加后未及时足量给水。

（4）给水设备发生故障；给水自动调节器失灵，或水源突然中断停止给水。

（5）给水管路设计不合理；并列运行的锅炉相互联系不够，未能及时调整给水。

（6）给水管道被污垢堵塞或破裂；给水系统的阀门损坏。

（7）排污方法不当，高负荷时排污，排污时间过长，排污阀关不严或忘记关闭。

（8）省煤器泄漏。

（9）无水位报警及低水位保护装置或失灵。

2. 锅炉缺水应急处置

（1）认真冲洗液位计，对照液位计与水位的实际位置观察其是否一致。

（2）自动控制给水切换成手动控制上水。

（3）检查水箱水位，判断水泵运行是否正常，管道有无堵塞并排除故障。

（4）减小蒸汽输出负荷，及时补充上水，注意缓慢上水，不可猛上。

（5）锅炉严重缺水以及一时无法判断是否缺水时，应紧急停炉，不得补水，否则会造成锅炉爆炸事故。

## 三、锅炉满水

严重满水事故会引起蒸汽管道水冲击，使阀门、法兰和蒸汽管受到损坏甚至振裂，将严重损坏汽轮机的叶轮和轴承，甚至使叶片断裂；锅炉发生满水事故后，蒸汽带水严重，蒸汽品质恶化，过热器易积盐垢过热烧损，对用汽部门的设备和产品质量可能带来严重影响。

1. 锅炉满水原因

（1）操作人员失职，违反操作规程，未能对液位计严密观察，调整操作不及时或操作有误。

（2）仪表、设备缺陷所致，如液位计、汽水连管、阀门位置安装不合理，造成假水位。

（3）给水装置或者监视表计出现故障，如给水自动调节器失灵，水位报警装置失灵，蒸汽、给水流量计或者液位计的表计指示不准确，使运行人员误判断以至误操作。

（4）给水管路的压力突然升高，或者备用给水管路截止阀泄漏。

2. 锅炉满水应急处置

（1）认真冲洗液位计，对照液位与水位的实际位置观察其是否一致。

（2）切换自动给水调节器，改为手动上水。

（3）停止给水，必要时打开排污阀放水。

（4）开启主汽管、集汽器及蒸汽母管上的疏水阀，防止管内发生水冲击。

（5）如果是严重满水，则应立即熄火，紧急停炉。同时，应采取有效措施保护锅炉受热面。

## 四、锅炉汽水共腾

汽水共腾，就是炉水泛起较严重的泡沫，在负荷增加、燃烧强化、汽水分离加剧的情况下，炉水表面泡沫层发生急剧的翻腾和上下波动，液位计内出现很多气泡和泡沫，水位模糊不清的一种现象。出现汽水共腾时，如同满水事故一样，蒸汽带水急剧增加，蒸汽管道可能发生水冲击，过热蒸汽温度下降。蒸汽中带有许多盐浓度很高的炉水将严重影响过热器和汽轮机的安全运行。

1. 锅炉汽水共腾原因

（1）锅水质量不合格，有油污或含盐浓度大。

（2）并炉时开启主汽阀过快，或者升火锅炉的气压高于蒸汽母管内的气压，使锅筒内蒸汽大量涌出。

（3）严重超负荷运行。

（4）表面排污装置损坏，定期排污间隔时间过长，排污量过少。

2. 锅炉汽水共腾应急处置

（1）应减弱燃烧，降低负荷，关小主汽阀。

（2）完全开启连续排污阀，并打开定期排污阀放水，同时上水，保持正常水位，以改善锅水品质。

（3）开启过热器、蒸汽管路和分汽缸上的疏水阀门。

（4）在锅炉水质未改善前，严禁增大锅炉负荷。事故消除后，应及时冲洗液位计。

## 五、锅炉爆管

爆管指锅炉受热面管子爆破，是锅炉运行中性质严重的事故。爆管导致汽、水的大量喷出，使炉膛产生正压，连汽带火从炉门等处突然喷出，常常由此而伤人，处理不及时，易同时引起缺水事故，炉管爆破后，被迫停炉检修，影响生产正常进行。

1. 锅炉爆管原因

（1）水质不符合标准。没有水处理措施或对给水和锅水的水质监督不严，使管子结垢或腐蚀，造成管壁过热，强度降低。

（2）水循环破坏。锅炉设计、制造不良，水循环不好；在检修时，管子内部被脱落的水垢堵塞；由于运行操作不当，使管外结焦，受热不均匀，破坏了正常水循环。

（3）机械损伤。管子在安装中受较严重机械损伤，或在运行中被耐火砖或大块焦砟跌落砸坏。

（4）烟灰磨损。处于烟气转弯、短路或被正面冲刷的管子管壁被烟灰长期磨损减薄。

（5）吹灰不当。吹灰管安装位置不当，使吹灰孔长期正对管子冲刷。

（6）材质不合格。管材未按规定选用和验收，存在夹渣、分层等缺陷，或者焊接质量低劣，引起破裂。

（7）升火速度过快，或者停炉放水过早，冷却过快，管子热胀冷缩不匀，造成焊口破裂。

2. 锅炉爆管应急处置

（1）确定爆管事故发生后，应紧急停炉，尽快停止燃料供应，减小锅炉过热程度，引风机必须继续运行，待排尽炉烟和蒸汽后方可停止，以降低炉膛温度。

（2）如有数台锅炉并列供汽，应将故障锅炉与蒸汽母管隔断。具备条件后，进行检修。

## 六、炉膛爆炸

1. 炉膛爆炸现象和危害

炉膛爆炸时伴有巨大响声，炉膛烟气侧压力突然升高，并将防爆门冲开，向外喷出火焰和烟尘，可造成水冷壁、刚性梁及炉顶、炉墙的破坏，严重时可造成锅炉整体坍塌完全损坏。

事故可能造成水冷壁、刚性梁及炉顶、炉墙破坏，喷出的火焰和烟尘可能会伤及周围人员。对水管锅炉的砌筑炉膛，炉膛爆炸可使炉墙垮塌或开裂，锅炉水冷壁等受压部件变形移位甚至破裂，围绕炉膛设置的构架、楼梯、平台变形或损坏，常造成人员伤亡。

炉膛爆炸原因分析：

（1）在锅炉点火前，因阀门关闭不严或泄漏、操作失误、一次点火失败等情况，使燃料进入炉膛，而又未对炉膛进行吹扫或吹扫时间不够，在炉膛内留存有可燃物与空气的混合物，且浓度达到爆炸范围，点火即发生炉膛爆炸。

（2）由于燃烧设备、控制系统设计制造缺陷或性能不佳，导致锅炉燃烧不良，在炉膛中未燃尽的可燃物聚积在炉膛、烟道的某些死角部位，与空气形成燃爆性混合物，被加热或引燃，造成爆炸。

（3）由于燃烧调整不当，配风不合理，导致可燃物进入烟道；炉膛负压过大，将未燃尽的可燃物抽入烟道；返料装置堵灰使分离器效率下降，致使未燃尽颗粒直接进入烟道，与空气形成燃爆性混合，且浓度达到爆炸范围，造成爆炸。

（4）由于循环流化床锅炉返料器堵塞，当细灰积累到一定时，容易导致大量含有 20% 左右炭的细灰在短时间内进入炉膛，在返料风的作用下，与空气快速混合充满炉膛，在炉内高温环境下极易发生爆燃。

（5）设计上缺乏可靠的点火装置及可靠的熄火保护装置及联锁、报警和跳闸系统，炉膛及刚性梁结构抗爆能力差。

2. 炉膛爆炸预防措施

（1）根据锅炉容量和大小，在锅炉炉膛和烟道的容易爆燃部位装设可靠的炉膛安全保护装置。安全联锁保护装置的电源应当有可靠保证，如：防爆门、炉膛火焰和压力检测装置，连锁、报警、跳闸系统及点火程序、熄火程序控制系统，同时尽量提高炉膛及刚性梁的抗爆能力。

（2）在锅炉点火前对炉膛进行充分吹扫，开动引风机给锅炉通风 5 ~ 10min，没有风机的小型锅炉可自然通风 5 ~ 10min，以清除炉膛及烟道中的可燃物质。点火时，应先送风，之后投入点燃火炬，最后送入燃料，即以火焰等待燃料，而不能先输入燃料再点火。一次点火失败，需要重新点燃时，必须应重新通风吹扫，再按点火步骤进行点燃。

（3）锅炉运行时，控制和联锁保护装置不得任意停用。装设了联锁保护装置的锅炉，运行人员仍须对燃烧状况和仪表附件严加监控。在锅炉运行中发现炉膛熄火，应当立即切断对炉膛的燃料供应。待对炉膛进行通风吹扫后，再行点火。若发现燃烧不良，应当充分重视，分析原因，改进燃烧设备或运行措施，完善燃烧，以防在炉膛及烟道内积存可燃物。

（4）锅炉正常停炉、压火及紧急停炉时，一定要先停止给煤。当炉床温度趋向稳定或稍有下降趋势时，再停送风机。如后床或料斗内煤量太多，产生大量可燃性气体及干燥的煤粉，应关闭供煤闸板，减弱燃烧，依次停止鼓风，当燃烧停止后继续保持引风，待排除可燃性气体及干燥的煤粉后，方可关闭引风。

（5）对于循环流化床锅炉，发现烟温不正常升高时，应加强燃烧调整，使风煤比调整到合适的范围内；若是由于返料装置堵灰造成的应当立即将返料装置内的堵灰放净；若烟道内可燃物再燃烧使排烟温度超过 300℃，应当立即压火处理，严密关闭各人行孔门和挡板，禁止通风，然后在烟道内投入灭火装置或用蒸汽进行灭火，当排烟温度恢复正常时可再稳定一段时间，然后再打开人行孔检查、确认烟道内无火源并经引风机通风约 15min 后方可启动锅炉。

3.炉膛爆炸应急处置

（1）立即切断燃料供应，关闭引风机及送风机和因爆震开启的人孔门、看火孔等，严密关闭烟道、风道挡板。然后，仔细检查各项设备，并修复好防爆门。

（2）如果炉膛爆炸严重，造成炉墙倒塌、横梁变形、管子弯曲、锅筒移位等，必须立即紧急停炉检修。

（3）如果出现完全损坏性的炉膛爆炸，参照锅炉爆炸处理措施。

**七、热水锅炉锅水汽化**

锅水汽化事故的发生，对热水锅炉和循环系统的安全运行威胁很大，通常会在热水锅炉内和循环系统管道内发生水冲击，产生很大的响声和剧烈的振动，甚至引起建筑物振动，局部超温汽化会引起锅炉受热部件过热，产生裂纹甚至爆炸。

1.热水锅炉锅水汽化原因

（1）热水锅炉发生循环中断事故后，处理不当。

（2）突然停电停泵，或循环泵发生故障。

（3）热水锅炉或循环系统严重泄漏，或恒压装置发生故障，造成锅炉内的压力突然下降。

（4）司炉工操作失误，例如强制循环热水系统，在启动时，先将锅炉点火，后开启循环泵；在停炉时，先停止循环泵，后停止锅炉运行或锅炉内的燃料和蓄热量没有全部散发尽，急于停止循环泵运行等错误的操作。

（5）温度表、压力表失灵，造成误判断。

（6）锅炉结构不合理或燃烧工况不良，造成锅炉各并联管路热偏差过大或锅水流量分配不均，产生局部过热汽化。

（7）锅炉部分管子内积存水垢或杂物，使锅炉局部水循环遭到破坏。

2.热水锅炉锅水汽化应急处置

（1）突然停电后接通备用电源，或者启用由内燃机带动的备用循环水泵。

（2）遇突然停电，又无备用电源，应切断热水供应管线。有条件时，可向锅炉内加自来水，并且通过锅炉出水口的泄放阀缓慢排出，使锅水一面流动、一面降温，直至消除炉内余热为止。

（3）当自来水来源无保证，而系统回水能由旁路引入锅炉时，也可将有静压的回水引入，再由泄放阀排出，使锅炉逐渐冷却。

（4）锅炉出现严重汽化时，应紧急停炉。

## 第四节　燃油锅炉燃油泄漏事故应急处置

### 一、燃油介质特性

#### 1. 轻油（柴油）

轻油（柴油）介质特性见表 11-1。

**表11-1　轻油（柴油）介质特性**

| 名称 | 柴油 | 分子式 | — |
|---|---|---|---|
| 危险性类别 | 易燃液体，类别3 | | |
| 理化性质 | ·稍有黏性的棕色液体<br>·熔点：−18℃<br>·沸点：282℃～338℃<br>·闪点：38℃<br>·相对密度（水=1）：0.87～0.9<br>·禁配物：强氧化剂、卤素<br>·柴油由不同的碳氢化合物混合组成，主要成分是含9~18个碳原子的链烷、环烷或芳烃，化学和物理特性位于汽油和重油之间 | | |
| 火灾爆炸危险性 | ·遇明火、高温或与氧化剂接触，有引起燃烧爆炸的危险<br>·遇高温，容器内压增大，有开裂和爆炸的危险 | | |
| 对人体健康危害 | ·柴油可引起接触性皮炎、油性痤疮<br>·皮肤接触为主要吸收途径，可致急性肾脏损害<br>·吸入其雾滴或液体呛人可引起吸入性肺炎<br>·能经胎盘进入胎儿血中<br>·柴油废气可引起眼、鼻刺激症状，头晕及头痛 | | |
| 个体防护 | 佩戴正压自给式呼吸器 | | |
| 隔离与公共安全 | 泄漏<br>·考虑最初下风向撤离至少300m<br>·进行气体浓度检测，根据有害气体的实际浓度调整隔离、疏散距离<br>火灾<br>·火场内如有储罐、槽车或罐车，隔离800m<br>·考虑撤离隔离区内的人员、物资 | | |
| 急救措施 | ·皮肤接触：立即脱去污染的衣着，用肥皂水和清水彻底冲洗皮肤<br>·眼睛接触：提起眼睑，用流动清水或生理盐水冲洗<br>·吸入：迅速脱离现场至空气新鲜处，保持呼吸道通畅；如呼吸困难，给输氧；如呼吸心跳停止，立即进行人工呼吸和胸外心脏按压术<br>·食入：尽快彻底洗胃 | | |
| 灭火 | 灭火剂：雾状水、泡沫、干粉、二氧化碳、砂土 | | |

#### 2. 重油

重油介质特性见表 11-2。

**表11-2　重油介质特性**

| 名称 | 重油 | 分子式 | — |
|---|---|---|---|
| 危险性类别 | — | | |
| 理化性质 | 主要以原油加工过程中的常压油、减压渣油、裂化渣油、裂化柴油和催化柴油等为原料调和而成，含多芳烃和高级链烃，属于混合物，无统一理化性质 | | |
| 火灾爆炸危险性 | ·爆炸范围为1.2%～6%（油蒸气在空气中的体积分数）<br>·遇明火、高热或与氧化剂接触，有引起火灾的危险 | | |
| 灭火 | 灭火剂：雾状水、泡沫、干粉、二氧化碳、砂土 | | |

## 二、燃油锅炉简介

燃油锅炉指以轻油或重油为燃料，在炉内燃烧放出热量，加热锅内介质的热能转换设备。相比常见燃煤工业锅炉，燃油锅炉采用专用燃烧器，一般减少了下降管、联箱、过热器、引风机、除尘除灰设备等部件。燃油锅炉实物图见图 11-2。

图11-2　燃油锅炉实物图

1.燃油锅炉燃油泄漏事故的危害性

（1）储油罐及燃油管线发生泄漏时，泄漏的燃油与空气混合能形成爆炸性混合物，遇热源和明火有发生火灾和燃烧爆炸的危险。

（2）燃油泄漏至炉膛内，使炉膛在点火前已存在一定量的可燃油雾，当点火时引起爆燃，具体表现为：

①发生轻微爆炸时，炉膛呈正压，防爆门有可能被冲开。

②发生严重爆炸时，防爆门全开或防爆膜冲破，有强烈的爆炸声，其后果可能是震坏烟道、风道，造成炉墙开裂、倒塌，甚至出现钢架变形、位移等重大事故。

③锅炉停炉后，由于阀门关闭不严或吹扫时间不够，燃油漏入并残存在炉膛中，当检修引入明火时引起局部爆燃，导致人身伤亡。

2.燃油锅炉燃油泄漏事故的原因

（1）燃油管道由于质量问题造成泄漏。

（2）燃油管线中控制、调节、测量等零部件及其连接部件泄漏：由于这些部件经常动作可能会造成开关不灵活、关闭不严，或由于锅炉运行过程中振动大造成连接部位松动致燃油泄漏；由于控制、调节、测量等零部件质量差，关闭不严漏油；由于法兰、密封垫片、密封胶等老化造成泄漏。

（3）油罐自动油位控制系统失灵造成满油溢出。

（4）锅炉无点火控制程序或程序失灵。点火前，由于阀门关闭不严密、操作失误、先开油门、上次点火不成功等原因，燃油进入炉膛。

（5）无熄火保护装置或装置失灵。锅炉熄火后，运行人员不能及时发现或者发现后未能及时切断燃料供应，使燃油继续进入炉膛。

3. 燃油锅炉燃油泄漏事故应急处置

（1）关闭锅炉区域燃油阀门，关掉锅炉房或区域电源总开关。

（2）立即隔开与油罐的连通管及阀门，关闭出口阀门，有加热系统须断开电源或关闭蒸汽。

（3）对发生燃油泄漏的炉膛应进行彻底的吹扫。

（4）点火控制程序及熄火保护装置失灵，不得强行点火，待修复后再进行点火。

4. 燃油锅炉应急处置的注意事项

参见本章第二节锅炉应急处置基本注意事项。

## 第五节　燃气锅炉事故应急处置

燃气锅炉的燃料为气体燃料，气体燃料分天然气体燃料和人工气体燃料。天燃气体燃料有气田煤气和油田伴生煤气两种，其主要成分皆为甲烷（$CH_4$）；人工气体燃料主要有高炉煤气和焦炉煤气两种，二者的主要成分分别为一氧化碳（CO）和氢气（$H_2$）。

### 一、燃气介质特性

1. 天然气

天然气主要成分为甲烷，甲烷介质特性见表11-3。

表11-3　甲烷介质特性

| 名称 | 甲烷 | 分子式 | $CH_4$ |
|---|---|---|---|
| 危险性类别 | 易燃气体，类别1；加压气体 | | |
| 理化性质 | ・易燃气体，无色无味的无毒气体<br>・熔点：−182.5℃<br>・沸点：−161.5℃<br>・闪点：−218℃<br>・爆炸极限（体积分数）：5.3%～15%<br>・相对密度（水=1）：0.42<br>・相对蒸气密度（空气=1）：0.55<br>・微溶于水，溶于乙醇、乙醚<br>・与五氧化溴、氯气、次氯酸、三氟化氮、液氧、二氟化氧及其他强氧化剂接触发生剧烈化学反应<br>・禁配物：强氧化剂、氟、氯 | | |
| 火灾爆炸危险性 | ・易燃，与空气混合能形成爆炸性混合物，遇热源和明火有燃烧爆炸的危险<br>・与五氧化溴、氯气、次氯酸、三氟化氮、液氧、二氟化氧及其他强氧化剂接触会发生剧烈反应 | | |
| 对人体健康危害 | ・甲烷对人基本无毒，但浓度过高时，使空气中氧含量明显降低，使人窒息<br>・当空气中甲烷达25%～30%（体积分数）时，可引起头痛、头晕、乏力、注意力不集中、呼吸和心跳加速<br>・若不及时脱离，可致窒息死亡<br>・皮肤接触液化本品，可致冻伤 | | |

续表

| 名称 | 甲烷 | 分子式 | $CH_4$ |
|---|---|---|---|
| 个体防护 | ·泄漏状态下佩戴正压式空气呼吸器，火灾时可佩戴简易滤毒罐<br>·穿简易防化服 | | |
| 隔离与公共安全 | 泄漏<br>·初始隔离圆周半径100m，下风向防护距离800m<br>·进行气体浓度检测，根据有害气体的实际浓度调整隔离、疏散距离<br>火灾<br>·火场内如有储罐、槽车或罐车，隔离1600m<br>·考虑撤离隔离区内的人员、物资 | | |
| 急救措施 | ·皮肤接触：若有冻伤，就医治疗<br>·吸入：迅速脱离现场至空气新鲜处，保持呼吸道通畅；如呼吸困难，给输氧；如呼吸心跳停止，立即进行人工呼吸和胸外心脏按压术 | | |
| 灭火 | 灭火剂：雾状水、泡沫、二氧化碳、干粉 | | |

## 2. 高炉煤气

高炉煤气主要成分为一氧化碳，一氧化碳介质特性见表 11-4。

**表11-4　一氧化碳介质特性**

| 名称 | 一氧化碳 | 分子式 | CO |
|---|---|---|---|
| 危险性类别 | 易燃气体，类别1；加压气体；急性毒性—吸入，类别3*；生殖毒性，类别1A；特异性靶器官毒性—反复接触，类别1 | | |
| 理化性质 | ·外观与性状：无色、无味、无臭气体<br>·熔点：−199.1℃<br>·沸点：−191.4℃<br>·闪点：<−50℃<br>·爆炸极限（体积分数）：12.5%~74.2%<br>·相对密度（水=1）：0.79<br>·相对蒸气密度（空气=1）：0.97<br>·禁配物：强氧化剂、碱类<br>·溶解性：微溶于水，溶于乙醇、苯等多数有机溶剂 | | |
| 火灾爆炸危险性 | ·易燃易爆气体，在空气中燃烧时火焰为蓝色<br>·与空气混合能形成爆炸性混合物，遇明火、高温能引起燃烧爆炸 | | |
| 对人体健康危害 | ·一氧化碳在血中与血红蛋白结合而造成组织缺氧<br>·急性中毒：轻度中毒者出现头痛、头晕、耳鸣等，血液碳氧血红蛋白含量可大于10%<br>·中度中毒：除上述症状外，还有皮肤黏膜呈樱红色、步态不稳、浅度至中度昏迷，血液碳氧血红蛋白含量可高于30%<br>·重度患者：深度昏迷、频繁抽搐、大小便失禁、严重心肌损害等，血液碳氧血红蛋白含量可高于50%；部分患者昏迷苏醒后，约经2~60天的症状缓解期后，还可能出现迟发性脑病，以意识精神障碍、锥体系或锥体外系损害为主 | | |
| 个体防护 | ·佩戴正压式空气呼吸器<br>·穿简易防化服 | | |
| 隔离与公共安全 | 泄漏<br>·小泄漏：初始隔离圆周半径30m，下风向防护距离白天100m、晚上100m<br>·大泄漏：初始隔离圆周半径150m，下风向防护距离白天700m、晚上2700m<br>·进行气体浓度检测，根据有害气体的实际浓度调整隔离、疏散距离<br>火灾<br>·火场内如有储罐、槽车或罐车，隔离1600m<br>·考虑撤离隔离区内的人员、物资 | | |
| 急救措施 | 吸入：迅速脱离现场至空气新鲜处，保持呼吸道通畅；如呼吸困难，给输氧；如呼吸心跳停止，立即进行人工呼吸和胸外心脏按压术 | | |
| 灭火 | 灭火剂：雾状水、泡沫、二氧化碳、干粉 | | |

注：标记“*”的类别，是指在有充分依据的条件下，该化学品可以采用更严格的类别。

3. 焦炉煤气

焦炉煤气主要成分为氢气，氢气介质特性见表 11-5。

表11-5　氢气介质特性

| 名称 | 氢气 | 分子式 | $H_2$ |
|---|---|---|---|
| 危险性类别 | 易燃气体，类别1；加压气体 | | |
| 理化性质 | ·无色无味气体，很难液化，液态氢无色透明，极易扩散和渗透<br>·熔点：−259.2℃<br>·沸点：−252.8℃<br>·爆炸极限（体积分数）：4.1%～74.1%<br>·相对蒸气密度（空气=1）：0.09<br>·相对密度（水=1，−252℃）：0.07<br>·微溶于水，不溶于乙醇、乙醚<br>·禁配物：强氧化剂，卤素偶联剂 | | |
| 火灾爆炸危险性 | ·极易燃，与空气混合能形成爆炸性混合物，遇热或明火即爆炸<br>·气体比空气轻，在室内使用和储存时，漏气上升滞留屋顶不易排出，遇火星会引起爆炸<br>·氢气与氟、氯、溴等卤素会剧烈反应 | | |
| 对人体健康危害 | ·单纯性窒息性气体<br>·在生理学上是惰性气体，仅在高浓度时，由于空气中氧分压降低才引起窒息<br>·在很高的分压下，氢气可呈现出麻醉作用 | | |
| 个体防护 | ·泄漏状态下佩戴正压式空气呼吸器，火灾时可佩戴简易滤毒罐<br>·穿简易防化服 | | |
| 隔离与公共安全 | 泄漏<br>·初始范围不明的情况下，初始隔离至少100m，下风向疏散至少800m<br>·进行气体浓度检测，根据有害气体的实际浓度，调整隔离、疏散距离<br>火灾<br>·火场内如有储罐、槽车或罐车，隔离1600m<br>·考虑撤离隔离区内的人员、物资 | | |
| 急救措施 | 吸入：迅速脱离现场至空气新鲜处，保持呼吸道通畅；如呼吸困难，给输氧；如呼吸心跳停止，立即进行人工呼吸和胸外心脏按压术 | | |
| 灭火 | 灭火剂：雾状水、泡沫、二氧化碳、干粉 | | |

## 二、燃气锅炉简介

燃气锅炉是用天然气体或人工气体作燃料，在炉内燃烧放出来的热量，加热锅内介质的热能转换设备。相比常见燃煤工业锅炉，燃气锅炉采用专用燃烧器，一般减少了下降管、联箱、过热器、引风机、除尘除灰设备等部件。燃气锅炉实物图见图 11-3。

图11-3　燃气锅炉实物图

### 三、燃气锅炉燃气泄漏事故的危害性

1. 燃气发生泄漏会造成人员中毒的危险。

2. 燃气管线发生泄漏时，泄漏的燃气与空气混合能形成爆炸性混合物，遇热源和明火有发生火灾和燃烧爆炸的危险。

3. 燃气泄漏至炉膛内，使炉膛在点火前已存在一定量的可燃气体，当点火时引起爆燃，具体表现为：

（1）发生轻微爆炸时，炉膛呈正压，防爆门有可能被冲开。

（2）发生严重爆炸时，防爆门全开或防爆膜冲破，有强烈的爆炸声，其后果可能是震坏烟道、风道，造成炉墙开裂、倒塌，甚至出现钢架变形、位移等重大事故。

（3）锅炉停炉后，由于阀门关闭不严或吹扫时间不够，燃气漏入并残存在炉膛中，当检修引入明火时引起爆燃，导致人身伤亡。

### 四、燃气锅炉燃气泄漏事故的原因

1. 燃气管道由于质量问题造成泄漏。

2. 燃气管线中控制、调节、测量等零部件及其连接部件泄漏：由于这些部件经常动作可能会造成开关不灵活、关闭不严，或由于锅炉运行过程中振动大造成连接部位松动致燃气泄漏；由于控制、调节、测量等零部件质量差，关闭不严漏气；由于法兰、密封垫片、密封胶等老化造成泄漏。

3. 锅炉无点火控制程序或程序失灵。点火前，由于阀门关闭不严密、操作失误、先开气门、上次点火不成功等原因，燃气进入炉膛。

4. 无熄火保护装置或装置失灵。锅炉熄火后，运行人员不能及时发现或者发现后未能及时切断燃料供应，使燃气继续进入炉膛。

### 五、燃气锅炉燃气泄漏事故应急处置

1. 切断锅炉房总气阀，关掉锅炉房或区域电源总开关。

2. 对发生燃气泄漏的炉膛应进行彻底的吹扫。

3. 点火控制程序及熄火保护装置失灵，不得强行点火，待修复后再进行点火。

### 六、烟道二次燃烧（燃油燃气锅炉）事故的应急处置

1. 烟道二次燃烧（燃油燃气锅炉）事故的现象

（1）烟温度急剧上升，烟囱冒浓烟，甚至出现烟火。

（2）炉膛压力升高。

（3）严重时烟道外壳呈暗红色。

（4）有空气预热器时，热风温度急剧上升，风压不稳定。

（5）严重时尾部防爆门动作。

2. 烟道二次燃烧（燃油燃气锅炉）事故的原因分析

炉膛或烟道内积存有没有完全燃烧的可燃物。当温度逐渐升高并有足够氧量的条件下，这些可燃物发生燃烧，导致烟道二次燃烧。

3. 烟道二次燃烧（燃油燃气锅炉）事故的预防措施

（1）提高油喷嘴的雾化质量，加强燃气或油雾与空气混合。

（2）合理配风，调整好燃烧工况，尽量减少不完全燃烧产物进入烟道并防止在受热面上的沉积。

（3）若发现对流受热面上的积灰加剧时，要及时进行吹灰，特别是停炉前要彻底除灰。

（4）锅炉运行时空气过量系数不宜过高，停炉后应严密关闭各门孔的烟、风道挡板，防止空气漏入。

（5）停炉后要加强尾部检查，发现异常情况，及时采取处理措施。

在尾部安装的灭火装置应当有足够的消防能力。

4. 烟道二次燃烧（燃油燃气锅炉）事故的应急处置

（1）发生烟道二次燃烧后，应当立即切断燃料和空气的供应，严禁启动引风机通风。

（2）必须严密关闭烟风系统各处的挡板和炉膛、烟道各孔、门，防止空气漏入。

（3）省煤器须通水冷却，或开启省煤器再循环门，以保护省煤器。

（4）同时投入蒸汽灭火装置，燃油锅炉也可利用喷油嘴的冲洗蒸汽进行灭火。

（5）当排烟温度接近喷入的蒸汽温度，并已稳定 1h 以上，才可打开检查门检查。

（6）确认二次燃烧已完全扑灭后，启动引风机抽出烟道中的烟气和蒸汽，通风后方可重新点火。

（7）如果锅炉运行中发现有烟道二次燃烧现象，经调整后仍无效，当排烟温度超过 250℃时，应当立即停炉，以防止引风机损坏，造成更大损失。

## 七、燃气锅炉的回火、脱火

1. 燃气锅炉的回火、脱火现象和危害

（1）炉膛负压不稳定、忽大忽小。

（2）烟气中 $CO_2$ 和 $O_2$ 的表计指示值有显著变化。

（3）焰长度及颜色均有变化。

2. 燃气锅炉的回火、脱火原因分析

（1）可燃气体在燃烧器出口的流速低于燃烧速度时，火焰就会向燃料来源的方向传播而产生回火。回火将烧损燃烧器，严重时还会在燃气管道内发生燃气爆炸。

（2）若燃气体在燃烧器出口的流速高于燃烧速度时，会使着火点远离燃烧器而产生脱火。脱火将使燃烧不稳定，严重时可能导致单只燃烧器或炉膛熄火。

（3）气管道压力突然变化，或调压站的调压阀、锅炉的燃气调节阀性能不佳，入炉燃气压力忽高忽低，以及风量调节不当等因素，都可能造成燃烧器出口气流的不稳定，引起回火或脱火。

3.燃气锅炉的回火、脱火预防措施

（1）控制燃气的压力保持在规定的数值内。

（2）为了防止回火可能产生的事故，在燃气管道上应装有回火器。

4.燃气锅炉的回火、脱火的应急处置

（1）首先应检查燃气压力是否正常。若压力过低，应对整个燃气管道进行检查。若锅炉房总供气管道压力降低，先检查调压站的进气压力，进气压力降低时应联系供气站提高供气压力；若进气压力正常，则应检查调压阀是否有故障并且及时排除，同时可切换投入备用调压阀并开启旁通阀。

（2）若采取上述（1）中措施仍无效，则应检查整个燃气管道中是否有泄漏，应关闭的阀门（如排空阀）是否未关等情况，并设法消除和纠正。若仅炉前燃气管道压力降低，则应检查该段管道上的各阀门是否正常，开度是否合适，是否出现泄漏现象。

（3）当燃气压力无法恢复到正常值时，应减少投运的燃烧器数目，降负荷运行，直至停止锅炉运行。

（4）若燃气压力过高，应分段检查整个燃气管道上的各调节阀门是否正常，其次检查各燃烧器的风门开度是否合适，检查风道上的总风压和各燃烧器前风压是否偏高等，并作出相应的调整。

5.燃气锅炉应急处置的注意事项

燃气锅炉应急处置的注意事项，参见本章第二节锅炉应急处置基本注意事项。

## 第六节　有机热载体锅炉事故应急处置

### 一、有机热载体介质特性

有机热载体介质特性见表 11-6。

**表11-6　有机热载体介质特性**

| 名称 | 有机热载体 | 分子式 | — |
|---|---|---|---|
| 危险性类别 | — | | |
| 理化性质 | • 燃点：较高（详见有机热载体安全技术说明书）<br>• 自燃点：较高（详见有机热载体安全技术说明书）<br>• 闪点：较高（详见有机热载体安全技术说明书） | | |
| 火灾爆炸危险性 | 遇明火、高热或与氧化剂接触，有引起燃烧的危险，具体见有机热载体安全技术说明书 | | |

续表

| 名称 | 有机热载体 | 分子式 | — |
|---|---|---|---|
| 对人体健康危害 | 见有机热载体安全技术说明书 | | |
| 个体防护 | 见有机热载体安全技术说明书 | | |
| 隔离与公共安全 | 见有机热载体安全技术说明书 | | |
| 急救措施 | 见有机热载体安全技术说明书 | | |
| 灭火 | 灭火剂：雾状水、泡沫、干粉、二氧化碳、砂土，切勿喷水 | | |

## 二、有机热载体锅炉简介

有机热载体锅炉指载热体为高温导热油（也称热媒体、热载体）的热能转换设备，所以有机热载体锅炉也称导热油锅炉。

有机热载体锅炉具有低压（常压下或较低压力）、高温（约 300℃）、安全、高效、节能、运行平稳的特点，可以精确地控制工作温度，无需水处理设备，有较好的热稳定性，系统中热的利用率高，运行和维修方便，便于锅炉房布置。有机热载体锅炉系统主要由锅炉、循环泵、膨胀槽、储油槽、注油泵和油汽分离器等组成。有机热载体锅炉实物图见图 11-4。

图11-4　有机热载体锅炉实物图

## 三、有机热载体锅炉泄漏事故的危害性

1. 管路系统泄漏时，高温有机热载体极易烫伤周围人员，遇明火发生火灾。

2. 炉膛受热面管束爆管泄漏时，可能会损坏邻近的管壁，冲塌炉墙。炉膛由负压变为正压，燃烧不稳定。严重时烟气从炉墙的门孔及漏风处大量喷出。

## 四、有机热载体锅炉泄漏事故的原因

1. 管路系统非焊接连接处松动，阀门、法兰密封填料材料选择不当，密封垫片选型不当，密封失效。

2. 管路系统新装法兰未按规定进行热紧固。

3. 焊接质量差，有机热载体输送管道焊缝存在缺陷。

4. 有机热载体超温或有机热载体管道存在大量气体或水蒸气，引起管道振动甚至损坏。

5. 设计布置不当，制造安装质量低，使用管理不当，导致有机热载体劣化，流量不均，受热面管束胀粗甚至爆管，引起泄漏。

### 五、有机热载体锅炉泄漏事故应急处置

1. 发现有泄漏的现象时，应立即停炉。

2. 停循环泵，关闭有机热载体锅炉的进出口阀，打开放油阀，将炉内的介质放入低位储油罐。

3. 管路系统发生泄漏的现场，不准敲打金属、使用通信或能产生火花的工具，禁绝一切烟火。

4. 发生火灾事故时，按照消防安全的要求进行紧急处理，疏散有机热载体锅炉附近人员，并对事故有机热载体锅炉区域进行现场隔离。

## 第七节　电站及大型锅炉故障和事故应急处置

### 一、锅炉故障停炉

1. 故障停炉

发现下列情况，应及时汇报，下达命令停炉：

（1）水冷壁、省煤器、过热器及其他承压部件泄漏但尚能维持汽包水位时。

（2）锅炉严重结焦，难以维持运行时。

（3）过热蒸汽温度超过 550℃或过热器壁温达到 560℃，经调整和降低负荷，20min 仍未恢复正常时。

（4）锅炉给水、炉水或蒸汽品质严重低于标准，经处理仍未恢复正常时。

（5）烟道严重堵灰，难以维持炉膛负压时。

（6）安全阀全部失效时。

2. 紧急停炉

（1）紧急停炉的条件

为了防止锅炉设备的严重损坏，保证人身安全，遇有下列情况之一必须紧急停炉：

①锅炉严重缺水，记录水位计、自动水位计同时下降至 -200mm 及以下，就地水位计水位低于可见边缘时。

②严重缺水时，在停炉的同时，应立即逐渐关小主汽门，关闭所有排污门、疏水门，用对空排式主汽门开度维持正常工作压力，以防压力突降，水量蒸发剧烈，加重缺水程度。

③锅炉严重满水，记录水位计、自动水位计同时上升至 +200mm 及以上，就地水位计水位高于可见边缘时。

④开紧急放水闸，无效时，才紧急停炉。

⑤全部水位计失效无法监视水位时。

⑥不断加大给水及采取其他措施，但水位仍继续下降时。

⑦锅炉超压，安全阀全部失效，同时对空排汽无法打开时。

⑧仪表电源中断无法监视和调整主要参数，不能立即恢复时。

⑨燃料在尾部烟道内再燃烧，烟温急剧增加使排烟温度升到 220℃以上时。

⑩炉管爆破，不能维持正常水位时。

⑪锅炉元件损坏危及设备及人身安全时。

⑫流化床结焦严重无法继续运行时。

⑬锅炉燃烧室发生爆炸，不能维持炉膛负压或炉墙倒塌向外喷烟火时。

⑭给煤机同时发生故障无法及时修复时。

⑮炉墙裂缝且有倒塌危险或炉架横梁烧红时。

⑯其他异常情况危及锅炉安全运行时。

（2）紧急停炉程序

①立即拉脱给粉组合开关、关闭燃油快关阀（FSSS 投入时可手动 MFT 动作），停止制粉系统，停止送引风机（炉管爆破时，留一台吸风机运行）。

②关闭锅炉并炉门，单元机组时不关。

③司炉报告值长，后逐级上报。

④根据情况，按正常停炉程序有关部分继续处理。

## 二、锅炉承压部件损坏及安全附件故障

1. 汽包水位计损坏

（1）发现水位计损坏时，应报告班长、值长。

（2）如汽包上水位计全面损坏，而给水调节和水位报警器动作可靠，至少有两只下水位计在 4h 内曾与上水位计对照过并指示正确，可以保持稳定负荷，依据下水位计继续运行 2h。在这期间应采取紧急措施，尽快恢复一台汽包上水位计。

（3）如给水自动调节器或水位报警器动作不够可靠，在汽包上水位计全面损坏时，允许根据可靠的下水位计维持锅炉运行 20min。

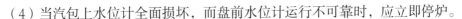

（4）当汽包上水位计全面损坏，而盘前水位计运行不可靠时，应立即停炉。

2. 水冷壁管损坏

（1）如水冷壁管泄漏不大，经加强上水后，能够维持正常水位，且不会很快扩大事故，可允许降低负荷，维持短时间运行。此时汇报值长，请示总工程师，决定停炉时间。并应注意邻炉的给水情况，必要时联系汽机增开给水泵。

（2）如水冷壁管爆破严重，经增强进水，仍不能维持汽包最低允许水位时，应紧急停炉。停炉后，在不影响运行炉上水原则下，尽量保持水位。如损坏严重，给水消耗过多，仍看不到汽包水位计中的水位或影响邻炉运行时，应停止给水。

（3）紧急停炉后，应保持一台吸风机运行，以排除炉内蒸汽和烟气。待炉内烟气基本消除后，停止吸风机运行。

3. 省煤器管损坏

（1）损坏不严重时，稳定锅炉负荷，必要时减去部分负荷，及时汇报值长。

（2）增加锅炉给水，维持汽包水位，必要时通知汽机值班员提高水压。

（3）密切监视泄漏情况，如情况恶化，不能维持汽包水位或影响邻炉给水时，应报告值长，紧急停炉。

（4）停炉后，禁止开启省煤器与汽包再循环门，停止给水。

（5）保留一台吸风机运行，以排除蒸汽及烟气。

4. 过热器管损坏

（1）过热器管轻微泄漏，应根据情况，降低负荷，维持短时间运行，此时应加大吸风量，维护炉膛负压，监视泄漏处的发展变化，汇报值长，请示停炉。

（2）如过热器管损坏严重，不能维持运行，应报告值长，立即停炉。

（3）如已造成炉膛灭火，则按紧急停炉处理。

（4）停炉后，保留一台吸风机继续运行，排除炉膛内烟气和蒸汽。

5. 安全阀故障

（1）脉冲安全阀拒动处理

①立即用手动强制起跳，调整燃烧，使汽压恢复正常。

②必要时，立即拉脱部分或全部火嘴（先投油以维持燃烧）。

③汇报值长，通知检修人员检查试验安全阀。

（2）脉冲安全阀起跳后不回座处理

①手动强制回座，不成功则关闭脉冲安全阀进汽门使其回座。

②汇报值长，通知检修人员检查试验安全阀。

（3）全量式安全阀拒动处理

①立即手动强启脉冲型安全阀，调整燃烧，恢复汽压至正常。

②必要时停用部分火嘴，如需停用全部火嘴，应先投油稳定燃烧。

③汇报值长，联系检修人员检查处理。

（4）全量式安全阀起跳后不回座处理

①立即汇报值长，要求降低电负荷，同时立即增加锅炉负荷至额定出力。

②立即汇报班长，联系邻炉增加锅炉出力，维持主汽压力正常。

③联系检修检查处理，检查处理后仍不回座时，请示值长，要求按故障停炉处理。

6. 蒸汽及给水管道损坏

（1）蒸汽管道泄漏不严重，不至于很快扩大事故时，应汇报值长，维持短时间运行。若泄漏严重直接威胁人身、设备安全时，应紧急停炉。蒸汽管道爆破应尽快将故障段与系统解列。

（2）如给水管泄漏不严重时，能够保持锅炉给水，不至于很快扩大故障时，应汇报值长，维持短时间运行。给水管道爆破，应设法尽快将故障段与系统解列。若无法解列或难以保持汽包水位时，应报告值长停炉。

7. 水冲击

（1）当给水管道发生水冲击时，可适当关小、变换各给水门流量。如关闭给水门（同时应开启省煤器与汽包再循环门），再开启时应缓慢平稳。

（2）蒸汽管道发生水冲击时，关闭减温水，开启过热器及蒸汽管道疏水门，必要时，通知汽机值班员开启有关疏水门。

（3）锅炉并列发生水冲击时，停止并列。

（4）升火过程中，省煤器发生水冲击，应适当延长升火时间，增加上水量及放水次数，保持省煤器出口水温符合规定。

（5）锅炉点火时，使用蒸汽加热不当而引起水冲击时，应适当关小或关闭加热汽门；汽水管道水冲击消除后，应检查支吊架，并汇报值长，及时消除所发现的缺陷。

## 三、锅炉燃烧系统故障

1. 锅炉灭火

（1）立即停止送粉、供油，停止制粉系统运行。关闭吸风机入口导向门，维持吸风机、送风机运行。并列运行时，关闭并炉门（单炉运行时不关），关闭减温水总门，报告值长。

（2）解列各自动调整装置，注意调整水位及汽温。根据情况开启过热器疏水门。

（3）增大燃烧室负压，通风 3 ~ 5min，排除燃烧室内和烟道内可燃物。

（4）查明灭火原因并消除之，重新点火。如短时间不能消除故障，按正常停炉处理。点火前解除炉膛灭火保护。

(5)禁止采用继续给粉、给油,用燃爆的方法点火,禁止不通风而盲目投油点火。

(6)锅炉灭火时处理不当,燃烧室发生爆炸,立即停止向燃烧室供应燃料和空气,停止吸风机、送风机，关闭其挡板。检查燃烧室及烟道的状况，恢复被炸开的防爆门及其他孔门。在确认设备完整、正常及烟道内无火源后，方可启动吸风机、送风机，逐渐开启其入口导向门。通风 5 ~ 10min 后，重新点火。

2. 烟道内二次燃烧

（1）发现排烟温度不正常升高时，立即报告值长，并及时调整火焰。

（2）如烟道内发生二次燃烧，排烟温度急剧升高超过正常运行值 40℃时应紧急停炉。停引风机、送风机，关闭烟道、风道挡板和燃烧室及烟道各孔门，严禁通风。

（3）用烟道蒸汽吹灰装置使烟道内充满蒸汽。

（4）待烟道内火源熄灭后，启动吸风机、送风机，缓慢开启挡板，通风 5 ~ 10min 后，方可重新点火。

3. 锅炉结焦

（1）发现锅炉结焦时，应及时调整火焰中心位置，适当增加过剩空气量。如果燃煤挥发分过高，应及时调整一次风粉混合温度。

（2）加强吹灰，及时清除焦渣，防止结成大块。

（3）在燃烧室不易清除的位置结焦时，可请示值长，适当降低锅炉蒸发量。

（4）当燃烧室结有大块焦砟，有坠落损坏水冷壁的可能时，应请示值长停炉。

4. 冷灰斗堵焦

（1）冲灰值班员应按时检查冷灰斗检查孔及炉膛底部 6m 处的检查孔，发现冷灰斗内有焦块时应及时处理。在结焦严重时应增加检查次数。如发现出渣槽水温较低时可能是炉膛开始结焦，无焦块进入出渣机。如其他炉有结焦现象时，应加强对出渣机冷灰斗的检查。出现结焦时，应及时添加除焦剂并及时汇报班长、司炉。

（2）在通过检查孔对冷灰斗进行检查时，应站在检查孔侧面，并看好退路，防止灰渣掉出伤人。

（3）打开冷灰斗打焦孔或进行其他可能造成冷灰斗大量漏风的操作时，应得到司炉的同意后方可进行。冷灰斗漏风时司炉应及时调整燃烧，确保燃烧稳定，漏风严重时应投油助燃。

（4）司炉应加强监视有关参数，如减温水流量、高温省煤器进口烟温、排烟温度等，如有结焦现象时，应及时通知冲灰岗位，注意加强监视出渣机运行情况，并及时调整燃烧，适当增加烟气氧量。

（5）由于煤质问题造成结焦时，应及时汇报值长，要求加强配煤或换煤种。有必要时可要求化学值班员对炉前原煤取样化验。

（6）结焦严重时，可降低负荷运行。在降低负荷时，应做好大面积掉焦的准备，发现冷灰斗堵焦时，应及时进行清理，防止冷灰斗搭桥堵塞。

（7）炉膛结焦严重，有大块焦砟坠落损坏水冷壁时，应请示值长停炉。

（8）加强出渣系统设备的检查，确保出渣系统正常运行。

（9）严重结焦时应及时汇报装置值长，并及时组织人员进行清理。

（10）在检查、打焦等操作中，不得违反《电业安全工作规程》的有关规定。

## 四、锅炉水位故障

1. 锅炉满水处理

（1）各水位计，必要时进行水位计冲洗。

（2）水自动调整切换为手动，减少给水量。

（3）经过上述处理，汽包内水位仍上升超过 +80mm 时应采取如下措施：

①打开事故放水门，注意汽包水位。

②减小给水量，停止向省煤器上水时，应开启省煤器再循环门。

③根据汽温下降情况，关小或关闭减温水，当过热蒸汽温度下降到 500℃时，开启过热器和集汽联箱疏水门，联系汽机开启有关疏水门。

（4）汽包水位计上部不见水位时的处理：

①立即停炉，按紧急停炉程序操作。

②停止向锅炉上水，开启省煤器再循环门。

③打开事故放水门，注意监视水位，当水位降至 +50mm 时，停止放水。

④查明原因，消除故障后，请示值长，重新点火，尽快恢复锅炉机组运行。

⑤在停炉过程中，如水位重新在汽包水位计中出现，蒸汽温度又未明显降低时，可维持锅炉继续运行，尽快使水位恢复正常。

（5）因给水压力异常升高而引起汽包水位升高时，应立即联系给水泵值班员，尽快将水压恢复正常，并注意水位及时调整。

2. 锅炉缺水处理

（1）当锅炉汽压及给水压力正常，汽包水位低于正常水位至 −50mm 时，采取下列措施：

①校对各水位计，必要时进行水位计冲洗。

②将给水自动调整切换为手动，加强进水。

（2）经过上述处理，水位仍下降，且降至 −100mm 时，除应继续增加给水，尚须关闭所有的排污门及放水门，必要时降低锅炉蒸发量。

（3）如汽包水位继续下降，且在汽包水位计中消失时，须立即停炉并继续向锅炉上水。

（4）由于运行人员疏忽大意，使水位在汽包水位计中消失且未能及时发现，依盘前水位计指示能确认为缺水时，须立即停炉，并按下列规定处理：

①进行汽包上水位计的叫水。

②经叫水，水位出现，可增加给水，注意恢复水位；水位未出现，则严禁向锅炉继续上水，锅炉严重缺水后的重新上水时间由总工程师确定。

（5）给水压力下降时，应联系给水泵值班员提高给水压力。如给水压力迟迟不能恢复，且使汽包水位降低时，应降低锅炉蒸发量，维持水位。

3. 水位不明的叫水程序

（1）稍关汽水侧二次门，使钢球能处于顶开位置。

（2）缓慢开启放水门。

（3）若有水位下降，则是轻微满水。

（4）若无水位下降，关闭汽侧二次门，冲洗水路。

（5）缓慢关闭放水门，注意观察水位。

（6）有水位上升，则为轻微缺水。

（7）若无水位上升，则关闭水侧二次门，缓慢开启放水门，注意观察水位。

（8）若有水位下降，表示严重满水，若无水位下降，表示严重缺水。

（9）查明原因后重新投入水位计运行。

4. 汽水共腾

（1）报告班长、值长，降低锅炉负荷，保持稳定蒸发量。

（2）停止加药，全开连续排污门，开启事故放水门，同时加强进水，防止水位过低。

（3）将给水自动调节切换为手动调节，保持水位（-50mm）运行。

（4）开启过热器和集汽联箱疏水门，通知汽机值班员开启有关疏水门，注意汽温。

（5）联系化学值班员化验炉水，尽快改善炉水质量，在炉水品质未改善前，不允许增加锅炉负荷。

（6）故障消除后，应冲洗汽包水位计。

**五、外部系统故障**

1. 负荷骤减

（1）现象

①锅炉汽压急剧上升，蒸汽流量骤减，过热蒸汽温度升高。

②汽包水位瞬时下降后升高，给水投入自动时，流量降低。

③严重时过热器及汽包安全阀动作。

（2）原因

①外网用汽设备故障。

②汽轮机减负荷时调整不当。

③汽轮机或减温减压器故障。

（3）处理

①根据汽压变化情况开启排汽门。

②根据负荷下降情况，相应降低给煤量、风量，维持汽压。

③将给水自动改为手动，加强对汽包水位的控制。

④根据汽温情况，减少减温水量或关闭减温水，必要时开启过热器疏水门。

⑤安全阀到规定值不动作或不回座，手动操作启座或回座。

⑥负荷骤减时禁止排污等操作。

⑦如负荷降到零，汽压难以维持，请示值长压火。

2.6kV 厂用电中断

（1）现象

①给水泵、引风机、一二次风机掉闸，联锁给煤机掉闸，电流回零并报警。

②锅炉处于压火状态，汽温、汽压、水位均下降。

③锅炉汽温、汽压、水位均急剧下降。

（2）处理

①立即复归掉闸设备开关到停止位置，并按锅炉灭火处理。

②将给水自动改为手动，尽量保持水位，停炉压火，关闭主汽门、给水门、减温水门、连排门，开启省煤器再循环门。

③电源恢复后由值长统一指挥启动设备。

④如电源失电时间较长，汽包水位计看不见水位时，必须先叫水，叫出水则可上水，叫不出水时严禁上水，放出全部床料待锅炉完全冷却后，方可向锅炉进水。

⑤锅炉启动时，开启引风机加强通风 3 ~ 5min 后，再依次启动其他设备。

3.380V 厂用电中断

（1）现象

①给煤机掉闸，电流回零。

②汽温、汽压、水位、床温下降。

③电动门、冷渣机等380V电气设备失去电源，控制室失去操作能力。

④仪表电源不会中断（自动投入UPS电源）。

（2）处理

①复归掉闸设备开关，停止二次风机、一次风机、引风机，锅炉按压火处理。

②保持正常水位，关闭主汽门，注意保持锅炉压力。

③电源恢复后按热态启动方法将锅炉恢复正常。

④就地监视和调整水位。

⑤关闭减温水。

⑥手动关小一次风机、引风机挡板，维持炉膛负压。

⑦在电源未恢复前禁止做大调整，尽量不做调整，但应特别注意汽包水位、燃烧工况等。

⑧待电源恢复后重新点火，电源短时间（5 ~ 10min）不能恢复，应请示值长按压火处理。

4.机组甩负荷

（1）开启向空排汽门。

（2）降低给粉机转速，紧急时可停止部分给粉机。必要时可停止制粉系统运行。如负荷减到零，投入油枪，停止所有给粉机，维持汽压。

（3）根据汽温情况，关小减温水门或解列减温器。必要时开启过热器疏水门。

（4）如锅炉汽压已超过安全阀动作压力而其拒动时，应手动启跳安全阀；如安全阀动作后压力恢复正常尚不回座，应手动使其回座。并将故障安全阀的情况记入运行日志。

（5）监视水位、汽压、汽温，调整燃烧，随时准备带负荷。

5.厂用电故障

（1）立即拉脱各电动机操作开关。联锁正常投入时，应先拉吸风机开关。

（2）手动关闭给水总门。打开省煤器与汽包再循环门。

（3）关闭减温水总门。

（4）电源未恢复前，按钢炉灭火处理。如果电源短时间不能恢复，应手动关闭并炉门。

（5）适当开启风机入口导向门，利用自然通风保持燃烧室负压，做好启动前的准备工作，待电源恢复后，接值长命令重新点火。

（6）如系一台炉电源中断，则应先联系值长，要求迅速恢复电源，其他炉增加负荷。

## 六、制粉系统故障

1.故障停机

（1）遇有下列情况，应紧急停止制粉系统运行：

①制粉系统爆炸时。

②危及人身安全时。

③制粉系统部件着火，危及安全时。

④磨煤机大瓦温度超过 50℃时。

⑤排粉机轴承温度超过 80℃时。

⑥润滑油中断（油压低、油管爆破、堵塞等），对轴承有损坏危害时。

⑦发生剧烈振动，危及设备安全时。

⑧磨煤机电流突然增大或减小，减速箱故障。

⑨排粉机电流突然增大，超过红线时。

⑩电气设备发生故障，需停止制粉系统时。

⑪紧急停炉时。

（2）遇有下列情况，应停止磨煤机运行：

①细粉分离器严重堵塞时。

②磨煤机严重堵寒时。

③磨煤机出口温度表失灵，又无其他办法监视磨煤机出口风粉混合物温度时。

④磨煤机大瓦脱落，内部产生异常的金属撞击声。

（3）紧急停止制粉系统的操作步骤：

①依次拉开给煤机、磨煤机、排粉机控制开关，关闭磨煤机热风门，开启冷风门，关闭磨煤机混合风门。制粉系统联锁投入时，可拉开排粉机控制开关，利用联锁停止磨煤机、给煤机，然后将磨煤机、给煤机控制开关拉到停止位置。如使用事故按钮停止排粉机，通过联锁使磨煤机、给煤机跳闸后，应将各控制开关拉到停止位置。

②注意保持炉膛负压。

③根据情况启用备用制粉系统。

2.磨煤机断煤

（1）断煤时的现象

①磨煤机出口温度升高。

②磨煤机进出口压差减小，排粉机出口风压增大，磨煤机内噪声增大。

③排粉机电流先上升后下降。

（2）断煤的处理

①关小热风门，开大再循环风门。必要时，开启冷风门，控制磨煤机出口温度。

②迅速消除断煤因素。若给煤机被煤块杂物卡住，可停止给煤机，电动机断电后再清理，下煤管堵煤可进行敲打或打开该处的检查孔，进行疏通，如原煤斗无煤，应启动添料装置迅速上煤。

③磨煤机出口温度恢复正常后，关闭冷风门，恢复正常运行。

④在短时间内不能恢复供煤时，应停止磨煤机的运行。

3. 磨煤机满煤

（1）满煤时的现象

①磨煤机进出口压差增大，进口负压减小或变正，而且剧烈波动。

②磨煤机进出口温度下降。

③磨煤机进出口颈圈向外冒粉。

④磨煤机响声低沉。

⑤磨煤机电流和排粉机电流下降。

⑥排粉机出口风压降低。

（2）满煤的处理

①停止给煤，待磨煤机进出口压差恢复正常后，重新给煤。

②适当加大磨煤机通风量。

③检查木块分离器并清除杂物。

④加强对磨煤机出口温度及三次风压的监视。

⑤经处理无效，应停止该制粉系统运行，进行掏粉。

4. 粗粉分离器堵塞

（1）适当减少给煤，必要时增加系统通风，注意磨煤机出口温度。

（2）不断活动锁气器，用工具从检查孔疏通回粉管。

（3）如堵塞严重，经处理无效时，应停止制粉系统运行；打开人孔门，检查内部，清理杂物。

5. 细粉分离器堵塞

（1）停止制粉系统运行（排粉机不停）。

（2）检查细粉分离器下筛子，清除筛子上的杂物积粉。

（3）检查锁气器，疏通下粉管。

（4）检查细粉分离器下粉挡板及绞龙下粉插板位置是否正确。

（5）故障消除后，即可恢复制粉系统运行。

6. 一次风管堵塞

（1）停止相应的给粉机，投入备用给粉机。

（2）清除火嘴结焦。

（3）用压缩空气逐段吹扫一次风管。

7. 煤粉自燃爆炸

（1）自燃与爆炸的预防措施

①经常检查和处理设备缺陷，消除系统内的积煤与积粉，特别应注意磨煤机进口、细粉分离器出口、排粉机再循环门等处。定期启用停用的给粉机，避免局部积粉过久。

②锅炉停用时间在 72h 以上时，应将煤粉仓内煤粉烧净或抽净。

③严格控制磨煤机出口温度。

④经常检查来煤的煤质情况，消除煤中的易燃易爆物。

⑤保持煤粉细度和水分在规定范围内。

⑥消除煤粉仓漏风，严格执行定期降粉制度，发现煤粉仓内煤粉有结块、搭桥现象要增加降粉次数。

⑦防止外来火源。

⑧大修时检查煤粉仓内壁面，应光滑无死角，无积粉处；外壁保温层良好，如有缺陷应予以消除。

⑨定期校验磨煤机出口和粉仓温度计，保证仪表指示正确。

⑩再循环风门停用 4h 以上，应进行吹扫一次。

（2）磨煤机进口着火自燃时处理

①发现磨煤机进口着火时应立即压住回粉管锁气器，解列制粉系统联锁，停止磨煤机，再停给煤机。

②关闭磨煤机热风门，开启冷风门，关闭排粉机入口导向门，停止排粉机。

③打开磨煤机进口人孔门，用水将着火煤块浇熄，清除积煤（水应沿管壁流下，不可直接浇在煤粉上）。

④启动磨煤机空转 1min，若无火星，即可恢复正常运行。

（3）制粉系统爆炸后的处理

①紧急停止制粉系统的运行，注意防止炉膛灭火。

②对制粉系统进行全面检查，找出爆炸原因，查明爆炸设备和防爆门有无损坏，熄灭设备附近的燃烧物。

③根据情况采取灭火措施。如系磨煤机进口着火爆炸，则向磨煤机内浇水灭火，水应沿管壁流下，不可直接浇在煤粉上。若用蒸汽灭火时，应压住细粉分离器下锁气器，防止蒸汽进入粉仓，关闭磨煤机热风门、混合风门和冷风门、排粉机入口导向门，

应对蒸汽灭火管道进行疏水，使系统内充满蒸汽。

④经灭火处理后，打开磨煤机进口人孔门，开启磨煤机进口热风门和混合风门，吹扫磨煤机进口热风管，确认无火星后，关闭风门。

⑤启动磨煤机，空转 1min 后停止，如无异常情况，关闭磨煤机进口人孔门。

⑥对系统全面检查一次，确认磨煤机、粗粉分离器、细粉分离器等内部无火星，各设备、防爆门完好，关闭各检查孔，人孔门，恢复锁气器，风门挡板置启动位置。

⑦若用蒸汽灭火时，应对系统进行较长时间的通风干燥，这时应注意监视磨煤机大瓦温度和磨煤机出口温度。

⑧一切正常后，即可恢复制粉系统运行。

（4）粉仓自燃及爆炸的处理

①关闭煤粉仓吸潮门及绞龙各下粉挡板，隔绝煤粉仓。

②轻微自燃，煤粉仓温度升高较慢（不大于 0.2℃/min），可以加强向煤粉仓送粉，送粉的温度应低一些；根据情况，增加锅炉负荷，也可适当降粉。

③煤粉仓温度上升较快或从不严密处冒烟或火星时，应停止向粉仓送粉，进行彻底降粉（粉位降至 0.5m）；同时向粉仓通入二氧化碳或氮气，并及时报告值长、总工程师，采取其他措施。

④发现粉仓自燃时，粉仓附近不得有人停留，以免爆炸时伤人。

8. 风机与转机故障

风机跳闸前，若无电流超红线和机械部分无缺陷时，视必要允许立即重合闸一次。合闸不成功，拉回跳闸开关。

（1）单风机运行跳闸，引起联锁动作，锅炉灭火时

①立即拉开给粉组合开关及制粉系统电机开关，将跳闸风机开关扳回停止位置，按锅炉熄火处理。

②报告班长、值长，联系电气人员检查故障风机。

（2）两台风机运行，其中一台跳闸时

①风机跳闸引起灭火，按锅炉熄火处理。

②如风机跳闸未引起锅炉熄火，立即抢送一次，抢送成功，可维持正常运行。如抢送无效，则应保住单侧风机运行，使其提高出力（注意电流不能超红线），保持炉膛负压。报告值长，降低本炉负荷。燃烧不稳时，可投入油枪，并将跳闸风机开关扳回停止位置。

③联系电气人员，对故障风机进行检查。

## 七、事故处理与应急处置

电站锅炉和大型锅炉在承受更高的压力和温度的工况下运行。在压力的作用下具有爆炸的危险性，而且爆炸威力相当大，可能造成严重危害。

锅炉的工作条件复杂且恶劣，容易发生损坏。锅炉直接受火焰辐射、高温烟气冲刷，烟气中尘粒对受热面磨损，烟气灰垢、水中杂质等对锅炉都有较大的腐蚀性，锅内形成的水垢严重堆积等情况都会造成承压部件的损坏。

电站锅炉和大型锅炉的运行不止依靠锅炉承压部件本身，还需要其他的多个系统共同配合与协调工作。如燃烧系统、风系统、水处理系统、燃料供给系统、承载系统、膨胀系统、管道系统、水电系统等，还有一些大型建筑物与构建物，其他类型的特种设备如压力容器、压力管道、起重机械、场（厂）内专用机动车辆、电梯等。任何一个系统或者相关设备设施的故障和事故都可能造成锅炉的事故发生。

根据《特种设备安全监察条例》中对特种设备事故的规定，关于锅炉事故，有下列情形之一的，为特别重大事故：

（1）特种设备事故造成 30 人以上死亡，或者 100 人以上重伤（包括急性工业中毒，下同），或者 1 亿元以上直接经济损失的。

（2）600 兆瓦以上锅炉爆炸的。

有下列情形之一的，为重大事故：

（1）特种设备事故造成 10 人以上 30 人以下死亡，或者 50 人以上 100 人以下重伤，或者 5000 万元以上 1 亿元以下直接经济损失的。

（2）600 兆瓦以上锅炉因安全故障中断运行 240 小时以上的。

有下列情形之一的，为较大事故：

（1）特种设备事故造成 3 人以上 10 人以下死亡，或者 10 人以上 50 人以下重伤，或者 1000 万元以上 5000 万元以下直接经济损失的。

（2）锅炉、压力容器、压力管道爆炸的。

有下列情形之一的，为一般事故：

特种设备事故造成 3 人以下死亡，或者 10 人以下重伤，或者 1 万元以上 1000 万元以下直接经济损失的。

锅炉本身和一些相关系统的故障应急处置方法在本章中已经进行说明，但如果故障没有得到有效的处理和消除而不幸发生了锅炉事故，应按照相关规定和使用单位的应急预案进行处置。

锅炉事故的处理办法：

一旦发生锅炉事故，事故发生单位应立即采取如下紧急措施：

（1）组织抢救。包括两方面工作，一是立即抢救受伤人员；二是采取各种措施，防止事故蔓延扩大。如扑灭火源，防止火灾，切断必要的电源，如邻近还有锅炉正在使用，应防止引起连续爆炸事故等。

（2）保护现场。现场情况是查清事故的主要依据。除非现场可能使事故蔓延扩大、有伤员需要紧急抢救、严重堵塞交通或严重影响其他正常活动而必须及时清理时，经单位主要负责人批准后，方可变动现场，并应当尽量缩小范围，以尽可能多地保持现场原样，为调查事故创造条件。保护现场应包括飞散出去的零部件碎片。

（3）报告上级。事故发生后应当以最快的方式按规定报告上级主管部门和当地特种设备安全监管部门。

（4）组织调查。在上级主管部门、特种设备安全监督管理部门到现场初步勘察后，事故单位应由本单位负责人、设备管理部门、安全部门、设备使用部门有关人员参加。同时按要求对事故进行调查分析。

锅炉事故的主要原因已经查清，并对事故的责任者已进行处理后，为了吸取教训，改进锅炉安全管理工作，必须制定今后的防范措施。防范措施要具体，要在规定的时间内完成，并作出记录，存入锅炉档案内。

锅炉应急处置的其他注意事项参见本章基本注意事项和其他章节的相关内容。

# 第十二章 固定式压力容器事故应急处置

## 第一节 固定式压力容器事故应急处置通用部分

1. 固定式压力容器简介

《特种设备目录》（质检总局 2014 年第 114 号）中定义的压力容器，指盛装气体或者液体，承载一定压力的密闭设备，其范围规定为最高工作压力（表压）大于或者等于 0.1MPa 的气体、液化气体和最高工作温度高于或者等于标准沸点的液体、容积大于或者等于 30L 且内直径（非圆形截面指截面内边界最大几何尺寸）大于或者等于 150mm 的固定式容器和移动式容器；盛装公称工作压力（表压）大于或者等于 0.2MPa，且压力与容积的乘积大于或者等于 1.0MPa·L 的气体、液化气体和标准沸点等于或者低于 60℃液体的气瓶、氧舱。其中固定式压力容器指安装在固定位置使用的压力容器，对于为了某一特定用途、仅在装置或者场区内部搬动、使用的压力容器，以及移动式空气压缩机的储气罐按照固定式压力容器进行监督管理。

2. 固定式压力容器的分类主要有以下两种：

（1）按危险程度分为：第一类压力容器、第二类压力容器、第三类压力容器。

（2）按照在生产工艺过程中的作用原理不同分为：

①反应容器（代号 R）：用于完成介质的物理、化学反应的容器。

②换热容器（代号 E）：用于完成介质的热量交换的容器。

③分离容器(代号S)：用于完成介质的流体压力平衡缓冲和气体净化分离的容器。

④储存容器（代号 C，其中球罐代号为 B）：用于盛装液体或气体物料、储存介质或对压力起平衡缓冲作用的容器。

在一种压力容器中，如同时具备两个以上的工艺作用原理时，应当按工艺过程中的主要作用来划分品种。

3. 固定式压力容器常见事故原因

（1）压力容器设计不当造成容器在设计寿命内无法满足运行工况要求，使得容器及附属设备损坏。

（2）压力容器材料劣化，内外部腐蚀等。

（3）压力容器制造、安装缺陷在运行中扩展造成容器失效。

（4）压力容器及附件的密封元件选型不当、老化等造成容器失效。

（5）安全附件等附属设备失效。

（6）违章作业、误操作、第三方破坏等造成的容器破坏。

（7）停电等意外情况造成容器超温超压。

（8）自然灾害（包括地震、滑坡、雷击）造成的容器破坏。

4. 固定式压力容器泄漏常规处置方法

（1）进行现场可能泄漏气体的浓度实时监测。

（2）进行关阀断源操作。

（3）在工艺操作允许下，可打开排空管，将介质排至安全地点。

（4）如果是超温引起的超压泄漏，除采取上述措施外，还要通过水喷淋冷却以降温。

（5）在实施必要的安全防护措施后，根据介质、压力和泄漏部位情况采取专业的堵漏技术和堵漏工具进行堵漏。

（6）容器发生泄漏，在无法实施堵漏时，能进行倒罐的，进行倒罐操作。

5. 固定式压力容器燃烧常规处置方法

（1）根据燃烧介质的特性选择灭火剂。

（2）用水冷却容器直至火灾扑灭。

（3）气体介质燃烧，若无法切断泄漏气源，则不允许熄灭泄漏处火焰。

（4）容器突然发出异响或发生异常现象，应立即撤离。

6. 固定式压力容器应急处置基本注意事项

（1）防止泄漏物进入排水系统、下水道、地下室等受限空间，可用沙袋等封堵。

（2）根据介质特性和现场情况佩戴个体防护装备。

（3）在应急处置过程中，应尽量减小有毒有害介质及应急处置的废水对水源和周围环境的污染危害，避免发生二次灾害。

（4）有毒有害、易燃易爆介质泄漏应保持通风，隔离泄漏区直至介质散尽。

（5）发生可燃介质泄漏时应：

①应急处置时应消除事故隔离区内所有点火源。

②应急处置人员必须穿防静电护具，不得穿化学纤维或带铁钉鞋，现场需备有石棉布、棉布套及灭火器（干粉、二氧化碳）。

③处置漏气必须使用不产生火星的工具，机电仪器设备应防爆或可靠接地，以防止引燃泄漏物。

④检查泄漏部位，必须使用可燃气体检测器或皂水涂液法，严禁用明火去查漏。

⑤及时清除周围可燃、易燃、易爆危险物品。

（6）事故向不利方面发展时，应提出请求上级支援，并向当地政府部门报告，同时根据现场情况，积极采取有效措施防止事故扩大。

（7）除公安、消防人员外，其他警戒保卫人员，以及抢险人员、医疗人员等参与应急处置行动人员，须有标明其身份的明显标志。

（8）必要时实施交通管制，疏散周围非抢险人员。

（9）应急处置人员到达事故现场开展处置行动的同时应搜索事故现场，查明有无中毒、受伤或受困人员；应当由两名应急处置人员同时搜救被困人员，携带一套防护面具供伤员使用，视人员伤情采取肩背、手抬或担架方式；以最快速度帮助其脱离现场，转移到上风向或侧风向的无污染地区，不要做剧烈运动，尽快送医院治疗；对呼吸困难的中毒人员应立即吸氧并送医院治疗。

## 第二节　氨合成塔泄漏、爆炸事故应急处置

1. 氨介质特性

氨介质特性见表12-1。

**表12-1　氨介质特性**

| 名称 | 氨 | 分子式 | $NH_3$ |
|---|---|---|---|
| 危险性类别 | 易燃气体，类别2；加压气体；急性毒性—吸入，类别3*；皮肤腐蚀/刺激，类别1B；严重眼损伤/眼刺激，类别1；危害水生环境—急性危害，类别1 | | |
| 理化性质 | ·氨气是一种无色透明而具有刺激性气味的气体，极易溶于水，水溶液呈碱性<br>·液氨，又称无水氨，是一种无色液体，有强烈刺激性气味<br>·熔点：−77.7℃<br>·沸点：−33.4℃<br>·爆炸极限（体积分数）：15.7%～27.4%<br>·气氨相对密度（空气=1）：0.6<br>·液氨相对密度（水=1，0℃）：0.7710 | | |

续表

| 名称 | 氨 | 分子式 | $NH_3$ |
|---|---|---|---|
| 理化性质 | ·氨的水溶液呈碱性，氧化性较强，还具有静电性和扩散性<br>·禁配物：卤素、酰基氯、酸类、氯仿、强氧化剂<br>·气氨加压到0.7～0.8MPa时就变成液氨，同时放出大量的热，当压力减小时，则气化而逸出，同时吸收周围大量的热<br>·液氨在温度变化时，体积变化的系数很大<br>·具有膨胀性和可缩性 | | |
| 火灾爆炸危险性 | ·与空气混合能形成爆炸性混合物，遇明火、高热能引起燃烧爆炸<br>·与氟、氯等接触会发生剧烈的化学反应<br>·若遇高热，管道或容器内压增大，有开裂和爆炸的危险 | | |
| 对人体健康危害 | ·吸入可引起中毒性肺水肿。可致眼、皮肤和呼吸道灼伤<br>·轻度中毒：眼、口有辛辣感，流涕、咳嗽，声音嘶哑、吐咽困难，头昏、头痛，眼结膜充血、水肿，口唇和口腔、眼部充血，胸闷和胸骨区疼痛等<br>·重度中毒：吸入高浓度的氨时，可引起喉头水肿、喉痉挛，发生窒息。外露皮肤可出现Ⅱ度化学灼伤，眼睑、口唇、鼻腔、咽部及喉头水肿，黏膜糜烂、可能出现溃疡 | | |
| 个体防护 | ·佩戴正压式空气呼吸器<br>·穿内置式重型防化服<br>·处理液氨时应穿防寒服 | | |
| 隔离与公共安全 | 泄漏<br>·小泄漏：初始隔离圆周半径30m，下风向防护距离白天100m、晚上200m<br>·大泄漏：初始隔离圆周半径150m，下风向防护距离白天800m、晚上2300m<br>·进行气体浓度检测，根据有害气体的实际浓度，调整隔离、疏散距离<br>火灾<br>·火场内如有储罐、槽车或罐车，隔离1600m<br>·考虑撤离隔离区内的人员、物资 | | |
| 急救措施 | ·皮肤接触：立即脱去被污染的衣着，应用2%（质量分数）的硼酸液或大量流动清水彻底冲洗。要特别注意清洗腋窝、会阴等潮湿部位<br>·眼睛接触：立即提起眼睑，用大量流动清水或生理盐水彻底冲洗至少15min<br>·吸入：迅速脱离现场至空气新鲜处，保持呼吸道通畅；如呼吸困难，给输氧；如呼吸心跳停止，立即进行人工呼吸和胸外心脏按压术 | | |
| 灭火 | 灭火剂：干粉、雾状水、抗溶性泡沫、二氧化碳、砂土 | | |

注：标记“*”的类别，是指在有充分依据的条件下，该化学品可以采用更严格的类别。

## 2. 氢气介质特性

氢气介质特性见表12–2。

**表12–2　氢气介质特性**

| 名称 | 氢气 | 分子式 | $H_2$ |
|---|---|---|---|
| 危险性类别 | ·易燃气体，类别1；加压气体 | | |
| 理化性质 | ·无色无味气体，很难液化，液态氢无色透明，极易扩散和渗透<br>·熔点：–259.2℃<br>·沸点：–252.8℃<br>·爆炸极限（体积分数）：4.1%～74.1%<br>·相对蒸气密度（空气=1）：0.09<br>·相对密度（水=1，–252℃）：0.07<br>·微溶于水，不溶于乙醇、乙醚<br>·禁配物：强氧化剂，卤素 | | |
| 火灾爆炸危险性 | ·极易燃，与空气混合能形成爆炸性混合物，遇热或明火即爆炸<br>·气体比空气轻，在室内使用和储存时，漏气上升滞留屋顶不易排出，遇火星会引起爆炸<br>·氢气与氟、氯、溴等卤素会剧烈反应 | | |
| 对人体健康危害 | ·单纯性窒息性气体<br>·在生理学上是惰性气体，仅在高浓度时，由于空气中氧分压降低才引起窒息<br>·在很高的分压下，氢气可呈现出麻醉作用 | | |

续表

| 名称 | 氢气 | 分子式 | $H_2$ |
|---|---|---|---|
| 个体防护 | ·泄漏状态下佩戴正压式空气呼吸器，火灾时可佩戴简易滤毒罐<br>·穿简易防化服 | | |
| 隔离与公共安全 | 泄漏<br>·初始范围不明的情况下，初始隔离至少100m，下风向疏散至少800m<br>·进行气体浓度检测，根据有害气体的实际浓度，调整隔离、疏散距离<br>火灾<br>·火场内如有储罐、槽车或罐车，隔离1600m<br>·考虑撤离隔离区内的人员、物资 | | |
| 急救措施 | 吸入：迅速脱离现场至空气新鲜处，保持呼吸道通畅；如呼吸困难，给输氧；如呼吸心跳停止，立即进行人工呼吸和胸外心脏按压术 | | |
| 灭火 | 灭火剂：雾状水、泡沫、二氧化碳、干粉 | | |

3. 氨合成塔简介

（1）结构。氨合成塔由耐高压的封头、外筒和装在筒体耐高温的内件组成。其中封头为单层结构，筒体多为多层包扎或绕带式，也有单层结构。多层包扎筒体有泄漏孔，当内筒发生泄漏时起到提示作用。

（2）用途。氨合成塔是在高压、高温下使氮气和氢气发生催化反应进行氨合成的设备。

（3）参数。氨合成塔设计压力一般为15.2～30.4MPa，设计温度一般为400℃～520℃。氨合成塔实物图见图12-1。

图12-1　氨合成塔实物图

4. 氨合成塔泄漏主要原因

参见本章固定式压力容器常见事故原因。

5. 氨合成塔泄漏应急处置

（1）参见本章固定式压力容器泄漏常规处置方法。

（2）迅速撤离泄漏污染区人员至上风处，并进行隔离，严格限制出入；隔离防护距离见表 12-1、表 12-2。

（3）根据泄漏点位置进行关阀操作。

（4）对于无法阻漏的情况，有紧急停车工艺操作方案的按方案实施停车。

（5）视情况，由各专业人员按工艺要求进行先降压、再降温操作。

6. 氨合成塔燃烧应急处置

（1）有紧急停车工艺操作方案的按方案实施停车。

（2）停止进氢气。

（3）参见本章固定式压力容器燃烧常规处置方法。

（4）对反应器的阀门、仪表等易泄漏部位宜采用水喷雾或水喷淋保护。

7. 氨合成塔应急处置注意事项

参见本章固定式压力容器应急处置基本注意事项。

## 第三节　氨制冷系统设备泄漏、燃烧事故应急处置

1. 氨介质特性

氨介质特性见表 12-1。

2. 氨制冷系统介绍

（1）结构。氨制冷系统主要包括储氨器、中间冷却器、低压循环桶、氨压缩机、氨液分离器、冷凝器、蒸发器、氨油分离器、集油器、连接管道、阀门等设备。

（2）用途。氨制冷系统具有制冷剂来源广泛，价格便宜，传统技术比较成熟等特点，是当前主要的工业制冷系统。

（3）参数。氨制冷系统：高压段设计压力为 1.8MPa，设计温度为 -38℃，低压段设计压力为 1.2MPa，设计温度为 -10℃。氨制冷系统实物图见图 12-2。

3. 氨制冷系统事故主要原因

（1）参见本章固定式压力容器常见事故原因。

（2）液氨设备受到热源影响（如发生保温层破损、火灾等），罐体温度升高而引起压力升高，造成设备破裂或安全阀开启，导致液氨介质泄漏。

4. 氨制冷系统泄漏应急处置

图12-2　氨制冷系统实物图

现场应急常规处置如下：

（1）在确保安全的情况下，关闭阀门，并进行堵漏作业。

（2）漏氨严重不能贴近管道时，要采取关闭与该管道相连接串通的其他阀门。

（3）开启排风扇进行通风换气。

（4）喷雾状水溶解、稀释蒸发的氨气。

（5）高浓度泄漏区，喷稀盐酸吸收。

5. 各设备氨泄漏的应急处置

（1）压力容器漏氨

1）油氨分离器漏氨。应立即切断压缩机电源，迅速关闭该油分离器的出气阀、进气阀、供液阀、放油阀及关闭冷凝器进气阀、压缩机至油氨分离器的排气阀。

2）冷凝器漏氨（立式、卧式、蒸发式冷凝器）。应立即切断压缩机电源，迅速关闭所有高压桶均压阀和其他所有冷凝器均压阀、放空气阀，然后关闭冷凝器的进气阀、出液阀。工艺允许时可以对事故冷凝器进行减压。

3）高压储液桶漏氨。立即关闭高压储液桶的进液阀、均液阀、出液阀、放油阀及其他关联阀门。如果氨压缩机处于运行状态，应迅速切断压缩机电源，在条件及环境允许时，立即开启与低压容器相连的阀门进行减压、排液，尽量减少氨液外泄损失。当高压储液桶压力与低压压力一致时，应及时关闭减压排液阀门。

4）中间冷却器漏氨。应立即切断该机电源，关闭压缩机的一级排气阀、二级吸气阀及与其他设备相通的阀门，同时开启放油阀进行排液放油减压。

5）低压储液桶漏氨。应立即切断压缩机电源，关闭压缩机吸气阀，同时关闭低压储液桶的进气阀、出气阀、均液阀、放油阀及其他关联阀门，开启氨泵进液、出液阀及氨泵，将低压储液桶内氨液送至库房蒸发器内，待低压储液桶内无液后关闭氨泵进液阀。

6）排液桶漏氨。当排液桶漏氨（在冲霜、加压、排液、放油工作中）时，应立即关闭排液桶的所有与其他设备相连的阀门，根据排液桶的液位多少进行处理。如液量较少，开启减压阀进行减压；如液量较多，应尽快将桶内液体排空，减少氨的外泄量。

7）集油器漏氨。集油器漏氨时，或在放油过程中，都应立即关闭集油器的进油阀和减压阀。

8）放空气器漏氨。放空气器漏氨，应立即关闭混合气体进气阀、供液阀、回流阀、蒸发回气阀。

9）设备玻璃管破裂、油位指示器漏氨。当上、下侧弹子失灵，应立即关闭批示器上、下侧的弹子角阀，尽早控制住氨液大量外泄。

10）氨瓶漏氨。应立即关闭氨瓶出液阀，加氨站的加氨阀，用水淋浇漏氨部位，迅速将氨瓶推离加氨现场。

（2）管道漏氨

应迅速关闭泄漏管道两边最近的控制阀门，切断氨液的来源。并采取堵漏措施。

（3）蒸发器漏氨

1）蒸发器漏氨包括冷风机、墙排管、顶排管等处漏氨。处理原则：应立即关闭蒸发器供液阀、回气阀、热氨阀、排液阀，并及时将蒸发器内氨液排空。

2）如在冲霜过程中，应立即关闭冲霜热氨阀，关闭排液阀，开启回气阀进行减压。如在库房降温过程中，应立即关闭蒸发器供液阀，氨泵系统停止运行。

3）清除蒸发器内氨，在条件、环境允许情况下，可采取适当的压力，用热氨冲霜的方法，将蒸发器内氨液排回排液桶，减小氨液损失和库房空气污染。

（4）阀门漏氨

1）发现阀门漏氨后，应迅速关闭事故阀门两边最近的控制阀，并用堵阀门泄漏专用器具进行堵漏。

2）如容器上的阀门漏氨，应关闭泄漏阀前最近的阀门，关闭容器的进液、进气等阀门。在条件、环境允许时，应迅速开启有关阀门，向低压系统进行减压排液。

6.隔离防护距离

隔离防护距离见表 12-1。

7.氨制冷系统燃烧应急处置

（1）应在保证安全的情况下关闭阀门。

（2）用水幕、雾状水或常规泡沫灭火。

（3）尽可能远距离灭火或使用遥控水枪或水炮扑救。

8. 氨制冷系统应急处置注意事项

（1）参见本章固定式压力容器应急处置基本注意事项。

（2）灭火时禁止向泄漏处和安全装置喷水，防止结冰。

（3）容器、安全阀突然发出异常声音或容器变色，立即撤离。

## 第四节　丙烯球罐泄漏、燃烧事故应急处置

1. 丙烯介质特性

丙烯介质特性见表 12-3。

表12-3　丙烯介质特性

| 名称 | 丙烯 | 分子式 | $C_3H_6$ |
|---|---|---|---|
| 危险性类别 | 易燃气体，类别1；加压气体 | | |
| 理化性质 | ·常温下为无色、有烃类气味的气体<br>·熔点：−185.2℃<br>·沸点：−47.7℃<br>·闪点：−108℃<br>·爆炸极限（体积分数）：1%～15%<br>·相对密度（水=1）：0.5<br>·相对蒸气密度（空气=1）：1.48<br>·溶于水、乙醇<br>·禁配物：强氧化剂、强酸 | | |
| 火灾爆炸危险性 | ·极易燃，与空气混合能形成爆炸性混合物，遇热源和明火有燃烧爆炸的危险<br>·与二氧化氮、四氧化二氮、一氧化二氮等激烈化合，与其他氧化剂接触剧烈反应<br>·受热能发生聚合反应，甚至导致燃烧爆炸<br>·蒸气比空气重，能在较低处扩散到相当远的地方，遇火源会着火回燃 | | |
| 对人体健康危害 | ·单纯窒息剂及轻度麻醉剂<br>·吸入高浓度丙烯后可产生头昏、乏力，甚至意识丧失，严重中毒时出现血压下降和心律失常<br>·急性中毒：人吸入丙烯可引起意识丧失，当含量为15%时，需30min；24%（体积分数）时，需3min；35%～40%（体积分数）时，需20s；40%（体积分数）以上时，仅需6s，并引起呕吐<br>·慢性影响：长期接触可引起头昏、乏力、全身不适、思维不集中。个别人胃肠道功能发生紊乱 | | |
| 个体防护 | ·泄漏状态下，佩戴正压式空气呼吸器，火灾时可佩戴简易滤毒罐<br>·穿简易防化服<br>·戴防化手套<br>·穿防化安全鞋<br>·处理液化气体时，应穿防寒服 | | |
| 隔离与公共安全 | 泄漏<br>·初始隔离圆周半径100m，下风向防护距离白天800m<br>·进行气体浓度检测，根据有害气体的实际浓度，调整隔离、疏散距离<br>火灾<br>·火场内如有储罐、槽车或罐车，隔离1600m<br>·考虑撤离隔离区内的人员、物资 | | |
| 急救措施 | ·皮肤接触：如果发生冻伤，将患部浸泡于保持在38℃～42℃的温水中复温。不要涂擦。不要使用热水或辐射热。使用清洁、干燥的敷料包扎<br>·眼睛接触：提起眼睑，用流动清水或生理盐水冲洗<br>·吸入：迅速脱离现场至空气新鲜处，保持呼吸道通畅；如呼吸困难，给输氧；如呼吸心跳停止，立即进行人工呼吸和胸外心脏按压术 | | |
| 灭火 | 灭火剂：雾状水、泡沫、二氧化碳、干粉 | | |

2. 丙烯球罐简介

（1）结构

1）球罐主要由球罐壳体、支柱及附属设备等组成。

2）球罐的安全附件主要有：安全阀、压力表、液位计、紧急切断阀。

3）球罐其他附属设备有：冷却喷淋系统、消防喷淋系统、静电接地系统、液面柱系统、气相平衡系统、放空系统、进出物料系统。

（2）用途

丙烯球罐主要用于石化装置中储存原料或产品丙烯。

（3）参数

丙烯球罐设计压力一般为 2.16MPa，设计温度为 -45℃ ~50℃。丙烯球罐实物图见图 12-3。

图12-3　丙烯球罐实物图

3. 丙烯球罐事故主要原因

参见本章固定式压力容器常见事故原因。

4. 丙烯球罐泄漏应急处置

（1）参见本章固定式压力容器泄漏常规处置方法。

（2）迅速撤离泄漏污染区人员至上风处，并进行隔离，严格限制出入；隔离防护距离见表 12-3。

（3）启动喷淋系统，喷雾状水，改变蒸气云流向。

（4）可堵漏的应优先进行堵漏，如堵漏无效应在保证无火灾爆炸危险情况下进行倒罐，倒空后，用氮气置换，并隔离。

5. 丙烯球罐燃烧应急处置

（1）参见本章固定式压力容器燃烧常规处置方法。

（2）对球罐的阀门、压力表、液位计、安全阀等易泄漏部位宜采用水喷雾或水喷淋保护。

6. 丙烯球罐应急处置注意事项

参见本章固定式压力容器应急处置基本注意事项。

## 第五节　柴油加氢反应器泄漏、燃烧事故应急处置

1. 柴油加氢反应器的危险介质

（1）氢气。氢气介质特性见表12-2。

（2）柴油。柴油介质特性见表12-4。

**表12-4　柴油介质特性**

| 名称 | 柴油 | 分子式 | — |
| --- | --- | --- | --- |
| 危险性类别 | 易燃液体，类别3 | | |
| 理化性质 | ·稍有黏性的棕色液体<br>·熔点：–18℃<br>·沸点：282℃～338℃<br>·闪点：38℃<br>·相对密度（水=1）：0.87～0.9<br>·禁配物：强氧化剂、卤素<br>·柴油由不同的碳氢化合物混合组成，主要成分是含9～18个碳原子的链烷、环烷或芳烃，化学和物理特性位于汽油和重油之间 | | |
| 火灾爆炸危险性 | ·遇明火、高温或与氧化剂接触，有引起燃烧爆炸的危险<br>·遇高温，容器内压增大，有开裂和爆炸的危险 | | |
| 对人体健康危害 | ·柴油可引起接触性皮炎、油性痤疮<br>·皮肤接触为主要吸收途径，可致急性肾脏损害<br>·吸入其雾滴或液体呛人可引起吸入性肺炎<br>·能经胎盘进入胎儿血中<br>·柴油废气可引起眼、鼻刺激症状，头晕及头痛 | | |
| 个体防护 | 佩戴正压自给式呼吸器 | | |
| 隔离与公共安全 | 泄漏<br>·考虑最初下风向撤离至少300m<br>·进行气体浓度检测，根据有害气体的实际浓度调整隔离、疏散距离<br>火灾<br>·火场内如有储罐、槽车或罐车，隔离800m<br>·考虑撤离隔离区内的人员、物资 | | |
| 急救措施 | ·皮肤接触：立即脱去污染的衣着，用肥皂水和清水彻底冲洗皮肤<br>·眼睛接触：提起眼睑，用流动清水或生理盐水冲洗<br>·吸入：迅速脱离现场至空气新鲜处，保持呼吸道通畅；如呼吸困难，给输氧；如呼吸心跳停止，立即进行人工呼吸和胸外心脏按压术<br>·食入：尽快彻底洗胃 | | |
| 灭火 | 灭火剂：雾状水、泡沫、干粉、二氧化碳、砂土 | | |

2. 柴油加氢反应器简介

（1）结构。柴油加氢反应器主体包括筒体、封头和支座，封头一般为圆形，材质一般为 Cr-Mo 钢堆焊不锈钢，壁厚很大，一般大于 90mm。

（2）用途。加氢反应器是加氢装置最重要设备，可以脱除油品中存在的氧、硫、氮等杂质，并使烯烃全部饱和、芳烃部分饱和，以提高油品的质量。

（3）参数。柴油加氢反应器在高温高压（设计温度一般高于 400℃，设计压力一般高于 8MPa）下运行，介质主要为氢气、柴油、硫化氢。加氢反应器实物图见图 12-4。

图12-4　加氢反应器实物图

3. 柴油加氢反应器事故主要原因

参见本章固定式压力容器常见事故原因。

4. 柴油加氢反应器泄漏应急处置

柴油加氢反应器泄漏容易直接发生燃烧，如未燃烧，可按下列措施进行应急处置：

（1）参见本章固定式压力容器泄漏常规处置方法。

（2）迅速撤离泄漏污染区人员至上风处，并进行隔离，严格限制出入；隔离防护距离见表 12-2、表 12-4。

（3）事故处理中，情况允许时，要尽量维持循氢机正常运转，防止循环氢中断造成催化剂床层飞温。

（4）当循氢机停运后，必须紧急放空泄压，保证催化剂床层不超温。

（5）当系统没有氢气持续降温，应经新氢机尽快引氮气建立循环，反应器床层继续降温。

（6）视情况，由各专业人员按工艺要求进行先降压、再降温，打开旁路，加热炉降温，熄灭火嘴，停止进料，废气排放至火炬等操作。

（7）反应系统未置换合格，催化剂未再生过时，严防反应系统出现负压造成空气渗入。反应器禁止气体急速倒流。

（8）对于无法阻漏的情况，有紧急停车工艺操作方案的按方案实施停车。

5. 柴油加氢反应器燃烧应急处置

（1）有紧急停车工艺操作方案的按方案实施停车，进行先降压、再降温，打开旁路，加热炉降温，停止进料，废气排放至火炬等操作。

（2）参见本章固定式压力容器燃烧常规处置方法。

（3）对反应器的阀门、仪表等易泄漏部位宜采用水喷雾或水喷淋保护。

6. 柴油加氢反应器应急处置注意事项

（1）参见本章固定式压力容器应急处置基本注意事项。

（2）反应器及附近发生大量泄漏时两炉必须熄火。

（3）当两炉的燃料气突然中断时，必须立即关闭已熄灭火嘴的手阀，防止燃料气再来时，被未熄灭的火嘴引爆。

## 第六节　氮气储罐大量泄漏事故应急处置

1. 氮气介质特性

氮气介质特性见表 12-5。

**表12-5　氮气介质特性**

| 名称 | 氮气 | 分子式 | $N_2$ |
|---|---|---|---|
| 危险性类别 | 加压气体 | | |
| 理化性质 | ·气体为无色，液化后为无色液体<br>·熔点：-209.8℃<br>·沸点：-195.8℃<br>·相对密度（水=1）：0.808<br>·相对蒸气密度（空气=1）：0.967<br>·非易燃无毒气体，氮气的化学性质很稳定，常温下很难跟其他物质发生反应，在工业上常用氮气作为安全防火防爆置换或气密性试验气体<br>·溶解性：微溶于水、乙醇 | | |
| 火灾爆炸危险性 | 氮气本身不可燃烧，非常稳定，不会发生爆燃危险，但若遇高热，容器内压增大，有开裂和爆炸的危险 | | |
| 对人体健康危害 | ·空气中氮气含量过高，使吸入气氧分压下降，引起缺氧窒息<br>·吸入氮气浓度不太高时，患者最初感到胸闷、气短、疲软无力；继而有烦躁不安、极度兴奋、乱跑、叫喊、神情恍惚、步态不稳，称之为"氮酩酊"，可进入香睡或昏迷状态<br>·吸入高浓度氮气时，患者可迅速昏迷、因呼吸和心跳停止而死亡 | | |
| 个体防护 | ·佩戴正压自给式呼吸器<br>·一般消防防护服仅能提供有限的保护<br>·处理冷冻或低温液体或固体时，应穿防寒服 | | |
| 隔离与公共安全 | 大量泄漏<br>·考虑最初下风向撤离至少100m<br>·进行气体浓度检测，根据气体的实际浓度，调整隔离、疏散距离 | | |
| 急救措施 | 吸入：迅速脱离现场至空气新鲜处，保持呼吸道通畅；如呼吸困难，给输氧；如呼吸心跳停止，立即进行人工呼吸和胸外心脏按压术 | | |
| 灭火 | 本品不燃。根据着火原因选择适当灭火剂灭火，喷水保持火场容器冷却，直至灭火结束 | | |

2. 氮气储罐简介

（1）结构。氮气储罐主要由壳体、支座、安全附件等组成，主要附件包括安全阀、压力表等。

（2）用途。氮气储罐是储存压缩氮气的压力容器。

（3）参数。设计压力一般为 0.8MPa，设计温度一般为常温。液氮储罐实物图见图 12-5。

图12-5　液氮储罐实物图

3. 氮气储罐泄漏事故主要原因

参见本章固定式压力容器常见事故原因。

4. 氮气储罐大量泄漏应急处置

（1）参见本章固定式压力容器泄漏常规处置方法。

（2）使用风扇等工具主动加速空气流动，加速扩散，适时采取隔离保护措施。

（3）进行适当操作，降低罐内压力。

5. 氮气储罐应急处置注意事项

（1）参见本章固定式压力容器应急处置基本注意事项。

（2）必须采取防窒息措施。

## 第七节　合成气气化炉泄漏、燃烧事故应急处置

1. 合成气介质特性

合成气是用作化工原料的一种原料气，主要组分有：一氧化碳、氢气、二氧化碳。

（1）一氧化碳介质特性

一氧化碳介质特性见表 12-6。

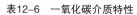

表12-6　一氧化碳介质特性

| 名称 | 一氧化碳 | 分子式 | CO |
|---|---|---|---|
| 危险性类别 | 易燃气体，类别1；加压气体；急性毒性—吸入，类别3*；生殖毒性，类别1A；特异性靶器官毒性—反复接触，类别1 | | |
| 理化性质 | ·外观与性状：无色、无味、无臭气体<br>·熔点：−199.1℃<br>·沸点：−191.4℃<br>·闪点：<−50℃<br>·爆炸极限（体积分数）：12.5%～74.2%<br>·相对密度（水=1）：0.79<br>·相对蒸气密度（空气=1）：0.97<br>·禁配物：强氧化剂、碱类<br>·溶解性：微溶于水，溶于乙醇、苯等多数有机溶剂 | | |
| 火灾爆炸危险性 | ·易燃易爆气体，在空气中燃烧时火焰为蓝色<br>·与空气混合能形成爆炸性混合物，遇明火、高温能引起燃烧爆炸 | | |
| 对人体健康危害 | ·一氧化碳在血中与血红蛋白结合而造成组织缺氧<br>·急性中毒：轻度中毒者出现头痛、头晕、耳鸣等，血液碳氧血红蛋白含量可高于10%<br>·中度中毒：除上述症状外，还有皮肤黏膜呈樱红色、步态不稳、浅度至中度昏迷，血液碳氧血红蛋白含量可高于30%<br>·重度患者：深度昏迷、频繁抽搐、大小便失禁、严重心肌损害等，血液碳氧血红蛋白含量可高于50%。部分患者昏迷苏醒后，经2～60天的症状缓解期后，又可能出现迟发性脑病，以意识精神障碍、锥体系或锥体外系损害为主 | | |
| 个体防护 | ·佩戴正压式空气呼吸器<br>·穿简易防化服 | | |
| 隔离与公共安全 | 泄漏<br>·小泄漏：初始隔离圆周半径30m，下风向防护距离白天100m、晚上100m<br>·大泄漏：初始隔离圆周半径150m，下风向防护距离白天700m、晚上2700m<br>·进行气体浓度检测，根据有害气体的实际浓度调整隔离、疏散距离<br>火灾<br>·火场内如有储罐、槽车或罐车，隔离1600m<br>·考虑撤离隔离区内的人员、物资 | | |
| 急救措施 | 吸入：迅速脱离现场至空气新鲜处，保持呼吸道通畅；如呼吸困难，给输氧；如呼吸心跳停止，立即进行人工呼吸和胸外心脏按压术 | | |
| 灭火 | 灭火剂：雾状水、泡沫、二氧化碳、干粉 | | |

注：标记“*”的类别，是指在有充分依据的条件下，该化学品可以采用更严格的类别。

（2）氢气介质特性

氢气介质特性见表12-2。

（3）二氧化碳介质特性

二氧化碳介质特性见表12-7。

表12-7　二氧化碳介质特性

| 名称 | 二氧化碳 | 分子式 | $CO_2$ |
|---|---|---|---|
| 危险性类别 | 加压气体；特异性靶器官毒性——次接触，类别3（麻醉效应） | | |
| 理化性质 | ·无色有臭味的气体<br>·熔点（527kPa）：−56.6℃<br>·沸点（升华）：−78.5℃<br>·相对蒸气密度（空气=1）：1.53<br>·相对密度（水=1，−79℃）：1.56<br>·溶于水、烃类等多数有机溶剂 | | |

续表

| 名称 | 二氧化碳 | 分子式 | $CO_2$ |
|---|---|---|---|
| 火灾爆炸危险性 | ·若遇高热，容器内压增大，有开裂和爆炸的危险 | | |
| 对人体健康危害 | ·在低浓度时，对呼吸中枢呈兴奋作用，高浓度时则产生抑制甚至麻痹作用<br>·急性中毒：人进入高浓度二氧化碳环境，在几秒钟内迅速昏迷倒下，反射消失、瞳孔扩大或缩小、大小便失禁、呕吐等，更严重者出现呼吸停止及休克，甚至死亡<br>·慢性影响：经常接触较高浓度的二氧化碳者，可有头晕、头痛、失眠、易兴奋、无力、神经功能紊乱等<br>·固态（干冰）和液态二氧化碳在常压下迅速汽化，能造成-80℃～-43℃低温，引起皮肤和眼睛严重的冻伤 | | |
| 个体防护 | ·泄漏状态下佩戴正压式空气呼吸器，火灾时可佩戴简易滤毒罐<br>·穿简易防化服 | | |
| 隔离与公共安全 | 泄漏<br>·考虑最初下风向撤离至少100m<br>·进行气体浓度检测，根据有害气体的实际浓度调整隔离、疏散距离<br>火灾<br>·火场内如有储罐、槽车或罐车，隔离800m。考虑撤离隔离区内的人员、物资 | | |
| 急救措施 | ·皮肤接触：若有冻伤，就医治疗<br>·眼睛接触：若有冻伤，就医治疗<br>·吸入：迅速脱离现场至空气新鲜处，保持呼吸道通畅；如呼吸困难，给输氧 | | |
| 灭火 | 本品不燃。根据着火原因选择适当灭火剂灭火，喷水保持火场容器冷却，直至灭火结束 | | |

2. 合成气气化炉简介

（1）结构。合成气气化炉多为德士古气化炉，它是由上、下两部分组成的。气化炉上部是部分氧化室，内壁衬有多层耐火砖，下部是激冷段，外壁为圆筒形高压容器。

（2）用途。原料气配入水蒸气后进入合成气气化炉转化炉的对流段，进一步预热到500℃~520℃，然后自上而下进入各支装有镍催化剂的转化管，在管内继续被加热，进行转化反应，生成合成气。

（3）参数。设计压力一般大于5MPa，设计温度大于550℃，其中燃烧室设计温度大于1400℃。内、外壁分别承担耐高温和耐高压的功能，炉壁内衬长期在高温下工作，经受高速煤浆的冲刷，所以必须具备耐高温和耐磨损的性能。合成气气化炉实物图如图12-6所示。

图12-6　合成气气化炉实物图

3. 合成气气化炉泄漏主要原因

参见本章固定式压力容器常见事故原因。

4. 合成气气化炉泄漏应急处置

（1）参见本章固定式压力容器泄漏常规处置方法。

（2）迅速将泄漏污染区人员撤离至上风处，并进行隔离，严格限制出入；隔离防护距离见表 12-2、表 12-6、表 12-7。

（3）根据泄漏点位置进行关阀操作。

（4）对于无法阻漏的情况，有紧急停车工艺操作方案的按方案实施停车操作。

5. 合成气气化炉燃烧应急处置

（1）有紧急停车工艺操作方案的按方案实施停车操作。

（2）参见本章固定式压力容器燃烧常规处置方法。

（3）对反应器的阀门、仪表等易泄漏部位宜采用水喷雾或水喷淋保护。

6. 合成气气化炉应急处置注意事项

参见本章固定式压力容器应急处置基本注意事项。

## 第八节　环氧乙烷储罐泄漏、燃烧事故应急处置

1. 环氧乙烷介质特性

环氧乙烷介质特性见表 12-8。

**表12-8　环氧乙烷介质特性**

| 名称 | 环氧乙烷 | 分子式 | $C_2H_4O$ |
|---|---|---|---|
| 危险性类别 | 易燃气体，类别1；化学不稳定性气体，类别A；加压气体；急性毒性—吸入，类别3*；皮肤腐蚀/刺激，类别2；严重眼损伤/眼刺激，类别2；生殖细胞致突变性，类别1B；致癌性，类别1A；特异性靶器官毒性——次接触，类别3（呼吸道刺激） | | |
| 理化性质 | ·常温下为无色、有乙醚刺激性气味的气体<br>·熔点：–112.2℃<br>·沸点：10.7℃<br>·闪点：<–17.8℃<br>·爆炸极限（体积分数）：3.0%～100%<br>·相对密度（水=1）：0.8711<br>·相对蒸气密度（空气=1）：1.52<br>·当温度低于10.8℃时，气体液化，低温下为无色透明液体<br>·能与水以任意比例混溶，并能溶于常用有机溶剂和油脂<br>·禁配物：酸类、碱、醇类、氨、铜 | | |
| 火灾爆炸危险性 | ·气体能与空气形成范围广阔的爆炸性混合物，遇热源和明火有燃烧爆炸的危险<br>·若遇高热可发生剧烈分解，引起容器破裂或爆炸事故<br>·接触碱金属、氢氧化物或高活性催化剂，如铁、锡和铝的无水氯化物及铁和铝的氧化物可大量放热，并可能引起爆炸<br>·与空气的混合物快速压缩时，易发生爆炸<br>·蒸气比空气重，能在较低处扩散到相当远的地方，遇火源会着火回燃 | | |

续表

| 名称 | 环氧乙烷 | 分子式 | $C_2H_4O$ |
| --- | --- | --- | --- |
| 对人体健康危害 | ·是一种中枢神经抑制剂、刺激剂和原浆毒物<br>·急性中毒：患者有剧烈的搏动性头痛、头晕、恶心和呕吐、流泪、呛咳、胸闷、呼吸困难；重者全身肌肉颤动、言语障碍、共济失调、出汗、神志不清，以致昏迷，还可见心肌损害和肝功能异常。抢救恢复后可有短暂精神失常，迟发性功能性失音或中枢性偏瘫。皮肤接触迅速发生红肿，数小时后起泡，反复接触可致敏。液体飞入眼内，可致角膜灼伤<br>·慢性影响：长期少量接触，可见神经衰弱综合征和植物神经功能紊乱 | | |
| 个体防护 | ·佩戴正压式空气呼吸器<br>·穿内置式重型防化服 | | |
| 隔离与公共安全 | 泄漏<br>·小泄漏：初始隔离圆周半径30m，下风向防护距离白天100m、晚上200m<br>·大泄漏：初始隔离圆周半径150m，下风向防护距离白天800m、晚上2500m<br>·进行气体浓度检测，根据有害气体的实际浓度调整隔离、疏散距离<br>火灾<br>·火场内如有储罐、槽车或罐车，隔离1600m<br>·考虑撤离隔离区内的人员、物资 | | |
| 急救措施 | ·皮肤接触：立即脱去污染的衣着，用大量流动清水冲洗至少15min<br>·眼睛接触：立即提起眼睑，用大量流动清水或生理盐水彻底冲洗至少15min<br>·吸入：迅速脱离现场至空气新鲜处，保持呼吸道通畅；如呼吸困难，给输氧；如呼吸心跳停止，立即进行人工呼吸和胸外心脏按压术 | | |
| 灭火 | 灭火剂：雾状水、抗溶性泡沫、干粉、二氧化碳 | | |

注：标记“*”的类别，是指在有充分依据的条件下，该化学品可以采用更严格的类别。

2. 环氧乙烷储罐简介

（1）结构。环氧乙烷储罐多为卧罐或球罐，材质为不锈钢或不锈钢复合板，采用发泡玻璃保冷，主要由壳体、支座（支腿）及安全阀、压力表、温度计等附属设备组成，设有水喷淋系统。

（2）用途。环氧乙烷储罐是储存环氧乙烷的压力容器。

（3）参数。设计压力一般为 0.8MPa，设计温度一般为 -10℃ ~20℃，卧罐实物图见图 12-7。

图12-7　卧罐实物图

3. 环氧乙烷储罐事故主要原因

（1）参见本章固定式压力容器常见事故原因。

（2）达到一定温度时环氧乙烷快速自聚，堵塞管道、过滤器、泄放装置，产生大量热量，引起超压爆炸；环氧乙烷储罐未保冷或保冷效果不好，导致环氧乙烷气化，罐体压力升高，安全阀容易起跳，物料易发生泄漏。

4. 环氧乙烷储罐泄漏应急处置

（1）参见本章固定式压力容器泄漏常规处置方法。

（2）迅速撤离泄漏污染区人员至上风处，并进行隔离，严格限制出入；隔离防护距离见表 12-8。

（3）可堵漏的应优先进行堵漏，如堵漏无效应在保证无火灾爆炸危险情况下进行倒罐，倒空后，用氮气置换，并隔离。

（4）用工业覆盖层或吸附 / 吸收剂盖住泄漏点附近的下水道等地方，防止气体进入。

（5）合理通风，加速扩散。

（6）喷雾状水稀释、溶解，使溶解后的含量在 4%（体积分数）以下。

（7）如有可能，将漏出气用排风机送至空旷地方或装设适当喷头烧掉。

5. 环氧乙烷储罐燃烧应急处置

（1）参见本章固定式压力容器燃烧常规处置方法。

（2）对容器的阀门、压力表、液位计、安全阀等易泄漏部位宜采用水喷雾或水喷淋保护。

6. 环氧乙烷储罐应急处置注意事项

（1）参见本章固定式压力容器应急处置基本注意事项。

（2）构筑围堤或挖坑收容产生的大量废水。

## 第九节　甲醇换热器泄漏、燃烧事故应急处置

1. 甲醇介质特性

甲醇介质特性见表 12-9。

表12-9　甲醇介质特性

| 名称 | 甲醇 | 分子式 | $CH_3HO$ |
|---|---|---|---|
| 危险性类别 | 易燃液体，类别2；急性毒性—经口，类别3*；急性毒性—经皮，类别3*；急性毒性—吸入，类别3*；特异性靶器官毒性—一次接触，类别1 | | |
| 理化性质 | • 无色透明、易燃、易挥发的极性液体，纯品略带乙醇气味，粗品刺鼻难闻<br>• 熔点：−97.8℃<br>• 沸点：64.8℃<br>• 闪点：11℃<br>• 爆炸极限（体积分数）：5.5%～44%<br>• 相对密度（水=1）：0.79<br>• 能与水、乙醇、乙醚、苯、酮类和大多数其他有机溶剂混溶<br>• 禁配物：酸类、酸酐、强氧化剂、碱金属 | | |

续表

| 名称 | 甲醇 | 分子式 | $CH_3HO$ |
|---|---|---|---|
| 火灾爆炸危险性 | • 易燃，其蒸气与空气可形成爆炸性混合物，遇明火、高热能引起燃烧爆炸<br>• 与氧化剂接触发生化学反应或引起燃烧<br>• 在火场中，受热的容器有爆炸危险<br>• 其蒸气比空气重，能在较低处扩散到相当远的地方，遇火源会引起燃烧 | | |
| 对人体健康危害 | • 易经胃肠道、呼吸道和皮肤吸收<br>• 甲醇对人体有强烈毒性，甲醇在人体新陈代谢中会氧化成比甲醇毒性更强的甲醛和甲酸（蚁酸），饮用含有甲醇的酒可导致失明、肝病、甚至死亡<br>• 误饮4mL以上就会出现中毒症状<br>• 超过10mL即可因对视神经的永久破坏而导致失明<br>• 30mL已能导致死亡 | | |
| 个体防护 | • 佩戴全防型滤毒罐<br>• 穿简易防化服<br>• 戴防化手套<br>• 穿防滑安全靴 | | |
| 隔离与公共安全 | 泄漏<br>• 污染范围不明的情况下，初始隔离至少100m，下风向疏散至少500m<br>• 进行气体浓度检测，根据有害气体的实际浓度调整隔离、疏散距离<br>火灾<br>• 火场内如有储罐、槽车或罐车，隔离1600m<br>• 考虑撤离隔离区内的人员、物资 | | |
| 急救措施 | • 皮肤接触：脱去污染的衣着，用肥皂水和清水彻底冲洗皮肤<br>• 眼睛接触：提起眼睑，用流动清水或生理盐水冲洗<br>• 吸入：迅速脱离现场至空气新鲜处，保持呼吸道通畅；如呼吸困难，给输氧；如呼吸心跳停止，立即进行人工呼吸和胸外心脏按压术 | | |
| 灭火 | 灭火剂：抗溶性泡沫、干粉、二氧化碳、砂土 | | |

注：标记“*”的类别，是指在有充分依据的条件下，该化学品可以采用更严格的类别。

2. 甲醇换热器简介

（1）结构。甲醇换热器多为管壳式换热器，又称列管式换热器，是以封闭在壳体中管束的壁面作为传热面的间壁式换热器。

（2）用途。甲醇换热器一般是将甲醇原料进行预热的设备。

（3）参数。甲醇换热器设计参数根据工艺要求有所不同，壳程介质一般为甲醇，设计压力一般为 1MPa，设计温度一般为 40℃ ~ 69℃，管程介质一般为循环水，设计压力一般为 1.4MPa，设计温度一般为 100℃，甲醇换热器实物图见图 12-8。

3. 甲醇换热器泄漏主要原因

（1）参见本章固定式压力容器常见事故原因。

（2）常见为局部腐蚀泄漏和法兰密封失效泄漏。

4. 甲醇换热器甲醇泄漏应急处置

（1）参见本章固定式压力容器泄漏常规处置方法。

（2）迅速撤离泄漏污染区人员至上风处，并进行隔离，严格限制出入；隔离防护距离见表 12-9。

（3）用抗溶性泡沫覆盖泄漏物，减少挥发。

（4）用雾状水稀释泄漏物挥发的蒸气。

（5）用砂土或其他不燃材料吸收泄漏物。

5. 甲醇换热器甲醇燃烧应急处置

（1）参见本章固定式压力容器燃烧常规处置方法。

（2）对换热器的阀门、压力表、安全阀等易泄漏部位宜采用水喷雾或水喷淋保护。

6. 甲醇换热器应急处置注意事项

（1）参见本章固定式压力容器应急处置基本注意事项。

（2）灭火时，不得使用直流水扑救。

（3）筑堤收容消防污水以备处理，不得随意排放。

图12-8　甲醇换热器实物图

## 第十节　甲烷储罐泄漏、燃烧事故应急处置

1. 甲烷介质特性

甲烷介质特性见表12-10。

表12-10　甲烷介质特性

| 名称 | 甲烷 | 分子式 | $CH_4$ |
|---|---|---|---|
| 危险性类别 | 易燃气体，类别1；加压气体 | | |
| 理化性质 | ・无色无味的无毒气体<br>・熔点：−182.5℃<br>・沸点：−161.5℃<br>・闪点为：−218℃<br>・爆炸极限（体积分数）：5.3%～15%<br>・相对密度（水=1）：0.42<br>・相对蒸气密度（空气=1）：0.55<br>・微溶于水，溶于乙醇、乙醚<br>・与五氧化溴、氯气、次氯酸、三氟化氮、液氧、二氟化氧及其他强氧化剂接触发生剧烈化学反应<br>・禁配物：强氧化剂、氟、氯 | | |

续表

| | |
|---|---|
| 火灾爆炸危险性 | ·易燃，与空气混合能形成爆炸性混合物，遇热源和明火有燃烧爆炸的危险<br>·与五氧化溴、氯气、次氯酸、三氟化氮、液氧、二氟化氧及其他强氧化剂接触会发生剧烈反应 |
| 对人体健康危害 | ·甲烷对人基本无毒，但浓度过高时，使空气中氧含量明显降低，使人窒息<br>·当空气中甲烷达25%～30%（体积分数）时，可引起头痛、头晕、乏力、注意力不集中、呼吸和心跳加速、共济失调<br>·若不及时脱离，可致窒息死亡<br>·皮肤接触液化本品，可致冻伤 |
| 个体防护 | ·泄漏状态下佩戴正压式空气呼吸器，火灾时可佩戴简易滤毒罐<br>·穿简易防化服 |
| 隔离与公共安全 | 泄漏<br>·初始隔离圆周半径100m，下风向防护距离800m<br>·进行气体浓度检测，根据有害气体的实际浓度调整隔离、疏散距离<br>火灾<br>·火场内如有储罐、槽车或罐车，隔离1600m<br>·考虑撤离隔离区内的人员、物资 |
| 急救措施 | ·皮肤接触：若有冻伤，就医治疗<br>·吸入：迅速脱离现场至空气新鲜处，保持呼吸道通畅；如呼吸困难，给输氧；如呼吸心跳停止，立即进行人工呼吸和胸外心脏按压术 |
| 灭火 | 灭火剂：雾状水、泡沫、二氧化碳、干粉 |

2. 甲烷储罐简介

（1）结构。甲烷储罐主要由钢板卷焊形成，常见结构为卧式圆筒形，罐体上一般装有安全阀、压力表、温度计、导静电装置等。

（2）用途。甲烷储罐是储存甲烷的压力容器。

（3）参数。甲烷储罐设计压力一般大于4MPa，设计温度一般为常温。甲烷储罐实物图见图12-9。

图12-9　甲烷储罐实物图

3. 甲烷储罐事故主要原因

参见本章固定式压力容器常见事故原因。

4. 甲烷储罐泄漏应急处置

（1）参见本章固定式压力容器泄漏常规处置方法。

（2）迅速撤离泄漏污染区人员至上风处，并进行隔离，严格限制出入；隔离防护距离见表 12-10。

（3）喷洒雾状水稀释，强力通风使甲烷尽快散去。

5. 甲烷储罐燃烧应急处置

（1）参见本章固定式压力容器燃烧常规处置方法。

（2）对罐体的阀门、压力表、液位计、安全阀等易泄漏部位宜采用水喷雾或水喷淋保护。

6. 甲烷储罐应急处置注意事项

参见本章固定式压力容器应急处置基本注意事项。

## 第十一节　硫化氢浓缩塔泄漏、燃烧事故应急处置

1. 硫化氢介质特性

硫化氢介质特性见表 12-11。

表12-11　硫化氢介质特性

| 名称 | 硫化氢 | 分子式 | $H_2S$ |
|---|---|---|---|
| 危险性类别 | 易燃气体，类别1；加压气体；急性毒性—吸入，类别2*；危害水生环境—急性危害，类别1 | | |
| 理化性质 | ・具有刺激性，常温下无色气体，有臭鸡蛋气味<br>・熔点：−85.5℃<br>・沸点：−60.4℃<br>・爆炸极限（体积分数）：4%～46%<br>・相对蒸气密度（空气=1）：1.19<br>・与碱发生放热中和反应<br>・禁配物：强氧化剂、碱类<br>・易溶于醇类、石油溶剂和原油，对大部分金属有腐蚀性 | | |
| 火灾爆炸危险性 | ・易燃，与空气混合能形成爆炸性混合物，遇明火、高热能引起燃烧爆炸<br>・与浓硝酸、发烟硫酸或其他强氧化剂剧烈反应，发生爆炸<br>・气体比空气重，能在较低处扩散到相当远的地方，遇明火会着火回燃 | | |
| 对人体健康危害 | ・窒息性气体，是一种强烈的神经毒物，对眼和呼吸道有强烈刺激作用<br>・急性中毒出现眼和呼吸道刺激症状，导致急性气管、支气管炎或支气管周围炎、支气管肺炎、意识障碍等。重者意识障碍程度达深昏迷或呈植物状态，出现肺水肿、心肌损害、多脏器衰竭。眼部刺激引起结膜炎和角膜损坏<br>・高浓度（质量浓度超过1000mg/m$^3$）吸入可发生毒死 | | |
| 个体防护 | ・佩戴正压式空气呼吸器<br>・穿内置式重型防化服 | | |

续表

| 名称 | 硫化氢 | 分子式 | $H_2S$ |
|---|---|---|---|
| 公共安全 | 泄漏<br>·小泄漏：初始隔离圆周半径30m，下风向防护距离白天100m、晚上400m<br>·大泄漏：初始隔离圆周半径300m，下风向防护距离白天2000m、晚上6200m隔离<br>·进行气体浓度检测，根据有害气体的实际浓度，调整隔离、疏散距离<br>火灾<br>·火场内如有储罐、槽车或罐车，隔离1600m<br>·考虑撤离隔离区内的人员、物资 | | |
| 急救措施 | ·眼睛接触：立即提起眼脸，用大量流动清水或生理盐水彻底冲洗10~15min<br>·吸入：迅速脱离现场至空气新鲜处，保持呼吸道通畅；如呼吸困难，给输氧；如呼吸心跳停止，立即进行人工呼吸和胸外心脏按压术 | | |
| 灭火 | 灭火剂：雾状水、二氧化碳、抗溶性泡沫、干粉 | | |

注：标记“*”的类别，是指在有充分依据的条件下，该化学品可以采用更严格的类别。

2. 硫化氢浓缩塔简介

（1）结构

1）硫化氢浓缩塔主要由塔体、裙座、安全附件等组成。

2）塔体安全附件主要有：紧急切断阀、安全阀、压力表、温度计、液位计、导静电装置等。

（2）用途

硫化氢浓缩塔主要用于将富甲醇中溶解的大部分 $CO_2$ 气体除去，而溶解度比较高的硫化氢留在甲醇中起到浓缩的作用。

（3）参数

设计压力一般为 0.6MPa，设计温度一般为 -70℃ ~ 100℃。硫化氢浓缩塔实物图见图 12-10。

图12-10　硫化氢浓缩塔实物图

3. 硫化氢浓缩塔发生泄漏事故主要原因

参见本章固定式压力容器常见事故原因。

4. 硫化氢浓缩塔泄漏应急处置

（1）参见本章固定式压力容器泄漏常规处置方法。

（2）迅速撤离泄漏污染区人员至上风处，并进行隔离，严格限制出入；隔离防护距离见表 12-11。

（3）在泄漏点上风位置，用带架水枪以开花形式和固定式喷雾水枪对准泄漏点喷射，用苏打粉或其他碱性物质如 10% ~ 15%（质量分数）氢氧化钠溶液的消防水幕进行硫化氢气体隔断，吸收有毒气体，防止和减少有毒气体向空中排放。

（4）实施主动点燃，必须具备可靠的点燃条件，在经专家论证和工程技术人员参与配合下，严格安全防范措施，谨慎、果断实施排放。

5. 硫化氢浓缩塔燃烧应急处置

（1）参见本章固定式压力容器燃烧常规处置方法。

（2）对阀门、压力表、液位计、安全阀等易泄漏部位宜采用水喷雾或水喷淋保护。

6. 硫化氢浓缩塔应急处置注意事项

（1）参见本章固定式压力容器应急处置基本注意事项。

（2）构筑围堤或挖坑，收容产生的大量废水。

## 第十二节　硫氰化氢（硫氰酸）汽提塔泄漏事故应急处置

1. 硫氰化氢（硫氰酸）介质特性

硫氰化氢（硫氰酸）介质特性见表 12-12。

表12-12　硫氰化氢（硫氰酸）介质特性

| 名称 | 硫氰化氢（硫氰酸） | 分子式 | HSCN |
| --- | --- | --- | --- |
| 危险性类别 | — | | |
| 理化性质 | ·无色易挥发的液体，带有醋味<br>·熔点：−110℃<br>·易溶于水，溶于乙醇、乙醚<br>·易燃，具有刺激性：在室温下能迅速分解<br>·禁配物：酸类，碱类<br>·稳定性：稀水溶液稳定，在常温下迅速分解，如加热或与氢硫酸及无机酸作用，则分解成为各种氰化物，能聚合 | | |
| 火灾爆炸危险性 | 在室温下能迅速分解产生氮、硫的毒性气体 | | |
| 对人体健康危害 | ·硫氰化氢对黏膜有刺激作用<br>·其不纯的制剂中可能含有HCN或（CN）$_2$，而且在常温下可迅速分解产生HCN，必须防止氯化氢和氰中毒 | | |
| 急救措施 | ·皮肤接触：脱去污染的衣着，用大量流动清水冲洗<br>·眼睛接触：提起眼睑，用流动清水或生理盐水冲洗<br>·吸入：迅速脱离现场至空气新鲜处，保持呼吸道通畅；如呼吸困难，给输氧；如呼吸心跳停止，立即进行人工呼吸和胸外心脏按压术<br>·食入：饮足量温水，催吐。用1：5000高锰酸钾或5%（质量分数）硫代硫酸钠溶液洗胃 | | |

2. 硫氰化氢（硫氰酸）汽提塔简介

（1）结构。硫氰化氢（硫氰酸）汽提塔是一台立式固定管板降膜式列管换热器。汽提塔高压部分由管箱短节球形封头、人孔盖、液体分布器、汽提管、升气管、管板等部分组成，低压部分由低压壳体、膨胀节、防爆板等组成。

（2）用途。硫氰化氢（硫氰酸）汽提塔主要用于石化装置中硫氰化氢（硫氰酸）介质的气化。

（3）参数。硫氰化氢（硫氰酸）汽提塔设计压力一般为 1 ~ 4MPa，设计温度为 150℃ ~ 300℃。硫氰化氢（硫氰酸）汽提塔实物图见图 12-11。

图12-11　硫氰化氢（硫氰酸）汽提塔实物图

3. 硫氯化氢（硫氰酸）汽提塔泄漏主要原因

参见本章固定式压力容器常见事故原因。

4. 硫氰化氢（硫氰酸）汽提塔泄漏应急处置

（1）参见本章固定式压力容器泄漏常规处置方法。

（2）迅速撤离泄漏污染区人员至上风处，并进行隔离，严格限制出入。

（3）喷水稀释。

5. 硫氰化氢（硫氰酸）汽提塔应急处置注意事项

（1）参见本章固定式压力容器应急处置基本注意事项。

（2）构筑围堤或挖坑收容产生的废水。

# 第十三节　氯冷凝器泄漏事故应急处置

1. 氯介质特性

氯介质特性见表 12-13。

表12-13　氯介质特性

| 名称 | 氯 | 分子式 | $Cl_2$ |
|---|---|---|---|
| 危险性类别 | 加压气体；急性毒性—吸入，类别2；皮肤腐蚀/刺激，类别2；严重眼损伤/眼刺激，类别2；特异性靶器官毒性——次接触，类别3（呼吸道刺激）；危害水生环境—急性危害，类别1 | | |
| 理化性质 | ·具有刺激性，气体为黄绿色，液化后为淡黄色油状液体<br>·熔点：−101℃<br>·沸点：−34.5℃<br>·相对密度（水=1）：1.4685（0℃），1.557（−34.6℃）<br>·相对蒸气密度（空气=1）：2.48<br>·液氯，强氧化性，具有助燃性<br>·禁配物：易燃或可燃物，醇类，乙醚，氢<br>·对大部分金属和非金属都有腐蚀性<br>·氯气的体积膨胀系数较大，满量充装液氯的钢瓶，在0℃~60℃范围内，液氯温度每升高1℃，其压力升高约0.87～1.42MPa，因而液氯气瓶超装极易发生爆炸 | | |
| 火灾爆炸危险性 | ·不燃烧，可助燃，一般可燃物大都能在氯气中燃烧，一般易燃物质或蒸气也能与氯气形成爆炸性混合物<br>·气体比空气重，可沿地面扩散，聚集在低洼处<br>危险性<br>·包装容器受热有爆炸的危险<br>·能与许多化学品如乙炔、松节油、乙醚、氨、燃料气、烃类、氢气、金属粉末等发生猛烈反应而引起爆炸或生成爆炸性物质，与油脂或有机物等接触也可以发生爆炸 | | |
| 对人体健康危害 | ·剧毒，吸入高浓度可致死<br>·液氯对眼、呼吸道黏膜有刺激作用，重者发生肺水肿、昏迷和休克，可出现气胸、纵隔气肿等并发症<br>·吸入极高浓度的氯气，可引起迷走神经反射性心脏骤停或喉头痉挛而发生“电击样”死亡<br>·液氯或高浓度氯气可引起皮肤暴露部位急性皮炎或灼伤 | | |
| 个体防护 | ·佩戴正压式空气呼吸器<br>·穿内置式重型防化服<br>·处理液化气体时应穿防寒服 | | |
| 隔离与公共安全 | 泄漏<br>·小泄漏：初始隔离圆周半径60m，下风向防护距离白天400m、晚上1600m<br>·大泄漏：初始隔离圆周半径600m，下风向防护距离白天3500m、晚上8000m<br>·进行气体浓度检测，根据有害气体的实际浓度，调整隔离、疏散距离<br>火灾<br>·火场内如有储罐、槽车或罐车，隔离800m<br>·考虑撤离隔离区内的人员、物资 | | |
| 急救措施 | ·皮肤接触：立即脱去污染的衣着，用大量流动清水冲洗至少15min<br>·眼睛接触：提起眼睑，用流动清水或生理盐水冲洗至少15min<br>·吸入：迅速脱离现场至空气新鲜处，保持呼吸道通畅；如呼吸困难，给输氧；如呼吸心跳停止，立即进行人工呼吸和胸外心脏按压术 | | |
| 灭火 | 本品不燃。根据着火原因选择适当灭火剂灭火，喷水保持火场容器冷却，直至灭火结束 | | |

2. 氯冷凝器简介

（1）结构。氯冷凝器主要由壳体、管箱、换热管、安全附件等部分组成，安全附件包括安全阀、压力表、温度计、导静电装置等。

（2）用途。氯冷凝器主要作用是将氯气经冷冻盐水冷却，再经压缩机压缩后生成液氯。

（3）参数。氯冷凝器设计压力一般为 0.5MPa，设计温度一般为 -30℃，氯冷凝器实物图见图 12-12。

图12-12　氯冷凝器实物图

3. 氯冷凝器泄漏事故主要原因

参见本章固定式压力容器常见事故原因。

4. 氯冷凝器泄漏应急处置

（1）参见本章固定式压力容器泄漏常规处置方法。

（2）迅速撤离泄漏污染区人员至上风处，并进行隔离，严格限制出入；隔离防护距离见表 12-13。

（3）如泄漏量不大，迅速喷雾状水吸收逸出的气体，注意收集产生的废水。

（4）如果堵漏无效，且泄漏量较大，将氯气导入质量分数为 10% ~ 15% 的氢氧化钠溶液中进行中和处理，处置 1t 的液氯，需用质量分数为 100% 的氢氧化钠 1.5t，需用质量分数为 30% 的氢氧化钠 5t。

（5）在泄漏点上风位置，用带架水枪以开花形式和固定式喷雾水枪对准泄漏点喷射，用苏打粉或其他碱性物质如 10% ~ 15%（质量分数）氢氧化钠溶液的消防水幕进行氯气隔断，吸收有毒气体，防止和减少有毒气体向空中排放。

（6）当罐体开裂尺寸较大时，对泄漏的液氯可用沙袋或泥土筑堤拦截，或开挖沟坑导流、蓄积；并且应迅速将罐内液氯导入其他储罐。

5. 氯冷凝器应急处置注意事项

（1）参见本章固定式压力容器应急处置基本注意事项。

（2）远离可燃物（氯气助燃）。

（3）当系统中含有三氯化氮，应避免其接触到空气和振动（如开启系统机泵引发振动），引发三氯化氮爆炸。

## 第十四节　煤气发生炉泄漏、燃烧事故应急处置

1. 煤气介质特性

煤气介质特性见表 12-14。

表12-14　煤气介质特性

| 名称 | 煤气 | 分子式 | — |
|---|---|---|---|
| 危险性类别 | 易燃气体，类别1；加压气体 | | |
| 理化性质 | ・无色有臭味的气体<br>・爆炸极限（体积分数）：4.5%～40%<br>・相对蒸气密度（空气=1）：0.5<br>・主要成分有：烷烃、烯烃、芳烃、氢、一氧化碳等 | | |
| 火灾爆炸危险性 | 易爆、易中毒，煤气与空气或氧气混合达到爆炸极限，遇火星、高温有燃烧爆炸危险 | | |
| 对人体健康危害 | 有毒，有关煤气中毒的相关信息较多，长时间处于本品中或短时间处于高浓度本品中均有生命危险 | | |
| 个体防护 | ・佩戴正压自给式呼吸器<br>・穿简易防化服 | | |
| 隔离与公共安全 | 泄漏<br>・小泄漏：初始隔离圆周半径30m，下风向防护距离白天100m、晚上100m<br>・大泄漏：初始隔离圆周半径60m，下风向防护距离白天300m、晚上400m<br>・进行气体浓度检测，根据有害气体的实际浓度，调整隔离、疏散距离<br>火灾<br>・火场内如果有储罐、槽车或罐车，隔离800m<br>・考虑撤离隔离区内的人员、物资 | | |
| 急救措施 | 吸入：迅速脱离现场至空气新鲜处，保持呼吸道畅通；如呼吸困难，给输氧；如呼吸心跳停止，立即进行人工呼吸和胸外心脏按压术 | | |
| 灭火 | 灭火剂：雾水状、泡沫、二氧化碳 | | |

2. 煤气发生炉简介

（1）结构。煤气发生炉主体由炉体、炉盖、炉算、灰盘和夹套等组成。

（2）用途。煤气发生炉是将煤炭转化为可燃性气体——煤气（主要成分为 CO、$H_2$、$CH_4$ 等）的生产设备。工作原理为：将符合气化工艺指标的煤炭筛选后，由加煤机加入到煤气炉内，从炉底鼓入自产蒸汽与空气混合气体作为气化剂。煤炭在炉内经物理、化学反应，生成可燃性气体，上段煤气经过旋风除油器、电捕器过滤焦油，下段煤气经过旋风除尘器清除灰尘，经过混合后输送到用户使用。

（3）参数。煤气发生炉设计压力一般为 0.5MPa，设计温度大于 550℃，煤气发生炉实物图见图 12-13。

图12-13 煤气发生炉实物图

3.煤气发生炉泄漏主要原因

（1）参见本章固定式压力容器常见事故原因。

（2）超压导致内筒鼓胀破裂泄漏。

（3）碎渣圈转动造成水夹套底部磨蚀穿孔泄漏。

（4）煤气倒流到水管、蒸气管中。

4.煤气发生炉泄漏应急处置

（1）参见本章固定式压力容器泄漏常规处置方法。

（2）操作人员立即关停煤气加压机，降低煤气压力，在煤气泄漏点最近处两端切断泄漏气源。

（3）迅速撤离泄漏污染区人员至上风处，并进行隔离，严格限制出入；隔离防护距离见表12-14。

（4）喷雾状水改变蒸气云流向。

5.煤气发生炉燃烧应急处置

（1）参见本章固定式压力容器燃烧常规处置方法。

（2）降低煤气压力，然后用湿泥、湿麻袋堵住着火处，再用蒸汽、氮气灭火。

（3）因蒸汽温度过高引发的燃烧，应先降低煤气压力和温度，然后再用蒸汽、氮气灭火。

（4）燃烧处附近的阀门、压力表、液位计、安全阀等易泄漏部位宜采用水喷雾或水喷淋保护。

（5）使用灭火器材灭火不见效时，可将煤气压力降至 0.2 ~ 2kPa，沿裂缝处吹高压蒸汽。灭火过程中，煤气压力不低于 0.2kPa，以防止引起回火爆炸；但也不宜过高，因为压力高时火不易熄灭。

（6）设法将煤气发生炉停止运行。

6. 煤气发生炉应急处置注意事项

参见本章固定式压力容器应急处置基本注意事项。

## 第十五节　硝基苯再沸器泄漏事故应急处置

1. 硝基苯介质特性

硝基苯介质特性见表 12-15。

**表12-15　硝基苯介质特性**

| 名称 | 硝基苯 | 分子式 | $C_6H_5NO_2$ |
|---|---|---|---|
| 危险性类别 | 急性毒性—经口，类别3；急性毒性—经皮，类别3；急性毒性—吸入，类别3；致癌性，类别2；生殖毒性，类别1B；特异性靶器官毒性—反复接触，类别1；危害水生环境—急性危害，类别2；危害水生环境—长期危害，类别2 | | |
| 理化性质 | ·有机化合物，又名密斑油、人造苦杏仁油，黄绿色晶体或黄色油状液体，苦杏仁味<br>·凝固点：5.7℃<br>·沸点：210.8℃<br>·闪点：87.8℃<br>·爆炸极限（体积分数）：1.8%（93℃）~40%<br>·相对密度（水=1）：1.20<br>·相对蒸气密度（空气=1）：4.25<br>·不溶于水，密度比水大，易溶于乙醇、乙醚、苯和油<br>·禁配物：强氧化剂、强还原剂、强碱 | | |
| 火灾爆炸危险性 | ·遇明火、高热可燃。与硝酸反应强烈<br>·在火焰中释放出刺激性或有毒烟雾（或气体） | | |
| 对人体健康危害 | ·经呼吸道和皮肤吸收<br>·主要引起高铁血红蛋白血症，可引起溶血及肝损害<br>·急性中毒：有头痛、头晕、乏力、皮肤黏膜紫绀、手指麻木等症状；严重时可出现胸闷、呼吸困难、心悸，甚至心律失常、昏迷、抽搐、呼吸麻痹<br>·慢性中毒：可有神经衰弱综合征<br>·有时中毒后出现溶血性贫血、黄疸、中毒性肝炎 | | |
| 个体防护 | ·佩戴全防型滤毒罐<br>·穿封闭式防化服 | | |
| 隔离与公共安全 | 泄漏<br>·污染范围不明的情况下，初始隔离至少100m，下风向疏散至少500m<br>·进行气体浓度检测，根据有害气体的实际浓度，调整隔离、疏散距离<br>火灾<br>·火场内如有储罐、槽车或罐车，隔离800m<br>·考虑撤离隔离区内的人员、物资 | | |

续表

| 名称 | 硝基苯 | 分子式 | $C_6H_5NO_2$ |
|---|---|---|---|
| 急救措施 | ·皮肤接触：立即脱去污染的衣着，用肥皂水和清水彻底冲洗皮肤<br>·眼睛接触：提起眼睑，用流动清水或生理盐水冲洗<br>·吸入：迅速脱离现场至空气新鲜处，保持呼吸道通畅；如呼吸困难，给输氧；如呼吸心跳停止，立即进行人工呼吸和胸外心脏按压术<br>·食入：饮足量温开水，催吐<br>·解毒剂：静脉注射亚甲蓝 | | |
| 灭火 | 灭火剂：雾状水、抗溶性泡沫、二氧化碳、砂土 | | |

2. 硝基苯再沸器简介

（1）结构。再沸器主要由筒体、封头、换热管、管板、管箱及法兰、接管及接管法兰等部分组成。

（2）用途。再沸器多与分馏塔合用。再沸器是一个能够交换热量，同时有汽化空间的一种特殊换热器，能够使液态的硝基苯再次汽化，主要用于硝基苯制取装置中。

（3）参数。硝基苯再沸器工作压力一般为真空度不小于 0.094MPa，工作温度不大于 126℃。硝基苯再沸器实物图见图 12-14。

图12-14　硝基苯再沸器实物图

3. 硝基苯再沸器发生泄漏事故主要原因

参见本章固定式压力容器常见事故原因。

4. 硝基苯再沸器泄漏应急处置

（1）参见本章固定式压力容器泄漏常规处置方法。

（2）迅速撤离泄漏污染区人员至上风处，并进行隔离，严格限制出入；隔离防护距离见表 12-15。

（3）用砂土或其他不燃材料吸收泄漏物。

（4）沿地面加强通风，以驱赶硝基苯蒸气。

5. 硝基苯再沸器应急处置注意事项

参见本章固定式压力容器应急处置基本注意事项。

## 第十六节　液氨球罐泄漏、燃烧事故应急处置

1. 液氨介质特性

液氨介质特性见表 12-1。

2. 液氨球罐简介

（1）球罐结构

①球罐主要由球罐壳体、支柱及附属设备等组成。

②球罐的附属设备主要有：安全阀、压力表、液位计、紧急切断阀。

③球罐其他附属设备有：冷却喷淋系统、消防喷淋系统、静电接地系统、液面柱系统、气相平衡系统、放空系统、进出物料系统。

（2）用途

液氨球罐主要用于石化装置中储存原料或产品液氨。

（3）参数

液氨球罐设计压力一般为 2.6MPa，设计温度一般为 50℃。液氨球罐实物图见图 12-15。

图12-15　液氨球罐实物图

3. 液氨球罐发生泄漏事故主要原因

参见本章固定式压力容器常见事故原因。

4. 液氨球罐泄漏应急处置

（1）参见本章固定式压力容器泄漏常规处置方法。

（2）迅速撤离泄漏污染区人员至上风处，并进行隔离，严格限制出入；隔离防护距离见表 12-1。

（3）可用砂土等不活泼吸收材料收集和吸附泄漏物。

（4）用喷雾水流对泄漏区域进行稀释。

（5）高浓度泄漏区，喷稀盐酸吸收。

5. 液氨球罐燃烧应急处置

参见本章固定式压力容器燃烧常规处置方法。

6. 液氨球罐应急处置注意事项

（1）参见本章固定式压力容器应急处置基本注意事项。

（2）灭火时禁止将水注入容器。

（3）禁止向泄漏处和安全装置喷水，防止结冰。

## 第十七节　液化石油气球罐泄漏、燃烧事故应急处置

1. 液化石油气介质特性

液化石油气介质特性见表12-16。

表12-16　液化石油气介质特性

| 名称 | 液化石油气/LPG | 分子式 | — |
|---|---|---|---|
| 危险性类别 | 易燃气体，类别1；加压气体；生殖细胞致突变性，类别1B | | |
| 理化性质 | ・无色气体或黄棕色油状液体，有特殊臭味，稍加压或冷却即可液化<br>・闪点：−74℃<br>・爆炸极限（体积分数）：5%～33%<br>・相对密度（水=1）：0.5<br>・相对蒸气密度（空气=1）：1.5～2<br>・禁配物：强氧化剂、卤素<br>・在空气中易挥发、不稳定，易溶于水，而且随温度升高其溶解度增大<br>・有毒，易燃易爆、低温、腐蚀<br>・烃类混合物，主要成分丙烷、丙烯、丁烷、丁烯等，丙烷与丁烷的体积分数之和大于60%，小于这个数值就不能称为液化石油气 | | |
| 火灾爆炸危险性 | ・极易燃，具麻醉性<br>・与空气混合能形成爆炸性混合物，遇热源和明火有燃烧爆炸的危险<br>・与氟、氯等接触会发生剧烈的化学反应<br>・其蒸气比空气重，能在较低处扩散到相当远的地方，遇火源会着火回燃<br>・火场中容器受热有爆炸危险 | | |
| 对人体健康危害 | ・空气中液化石油气体积分数低于1%时，对人体健康无害，但是，如果长期接触浓度较高的液化石油气或在燃烧不完全时，对人的神经系统是有影响的，尤其是当空气中含有体积分数大于10%的高碳烃类气体或不完全燃烧产生的CO时，还会使人窒息或中毒<br>・急性中毒：有头晕、头痛、兴奋或嗜睡、恶心、呕吐、脉缓等<br>・重症者可突然倒下，尿失禁，意识丧失，甚至呼吸停止 | | |
| 个体防护 | ・泄漏状态下佩戴正压式空气呼吸器，火灾时可佩戴简易滤毒罐<br>・穿简易防化服<br>・戴防化手套处理液化气体时，应穿防寒服 | | |
| 隔离与公共安全 | 泄漏<br>・小泄漏：初始隔离圆周半径30m，下风向防护距离白天100m、晚上100m<br>・大泄漏：初始隔离圆周半径60m，下风向防护距离白天300m、晚上400m<br>・进行气体浓度检测，根据有害气体的实际浓度，调整隔离、疏散距离<br>火灾<br>・火场内如有储罐、槽车或罐车，隔离1600m<br>・考虑撤离隔离区内的人员、物资 | | |

续表

| 名称 | 液化石油气/LPG | 分子式 | — |
| --- | --- | --- | --- |
| 急救措施 | ·皮肤接触：若有冻伤，就医治疗<br>·吸入：迅速脱离现场至空气新鲜处，保持呼吸道通畅；如呼吸困难，给输氧；如呼吸心跳停止，立即进行人工呼吸和胸外心脏按压术 | | |
| 灭火 | 灭火剂：雾状水、泡沫、二氧化碳 | | |

2. 液化石油气球罐简介

（1）结构

1）液化石油气球罐主要由球壳体、支柱及附属设备等组成。

2）液化石油气球罐的安全附件主要有：安全阀、压力表、液位计、紧急切断阀等。

3）液化石油气球罐其他附属设施有：冷却喷淋系统、消防喷淋系统、静电接地系统等。

（2）用途

液化石油气球罐是储存大量液化石油气的球形压力容器。

（3）参数

液化石油气球罐设计压力一般为 1.77MPa 或 2.16MPa，设计温度一般为 50℃。液化石油气球罐实物图见图 12-16。

图12-16　液化石油气球罐实物图

3. 液化石油气球罐事故主要原因

参见本章固定式压力容器常见事故原因。

4. 液化石油气球罐泄漏应急处置

（1）参见本章固定式压力容器泄漏常规处置方法。

（2）迅速撤离泄漏污染区人员至上风处，并进行隔离，严格限制出入；隔离防护距离见表 12-16。

（3）启动喷淋系统；喷雾状水稀释改变蒸气云流向。

（4）使用高倍数泡沫覆盖液化石油气表面，使之与空气隔离，减缓液化石油气挥发速度，降低空气中液化石油气的浓度。

（5）可堵漏的应优先进行堵漏，如堵漏无效应在保证无火灾爆炸危险情况下进行倒罐，倒空后，用氮气置换，并隔离。

（6）实施主动点燃，必须具备可靠的点燃条件，在经专家论证和工程技术人员参与配合下，严格安全防范措施，谨慎、果断实施。

5. 液化石油气球罐燃烧应急处置

（1）参见本章固定式压力容器燃烧常规处置方法。

（2）对球罐的阀门、压力表、液位计、安全阀等易泄漏部位宜采用水喷雾或水喷淋保护。

6. 液化石油气球罐应急处置注意事项

参见本章固定式压力容器应急处置基本注意事项。

## 第十八节　乙炔发生器泄漏、燃烧事故应急处置

1. 乙炔介质特性

乙炔介质特性见表12-17。

表12-17　乙炔介质特性

| 名称 | 乙炔（电石气） | 分子式 | $C_2H_2$ |
|---|---|---|---|
| 危险性类别 | 易燃气体，类别1；化学不稳定性气体，类别A；加压气体 | | |
| 理化性质 | •纯乙炔是无色无臭的，但工业用乙炔由于含有硫化氢、磷化氢等杂质，而有大蒜的气味<br>•沸点：–83.8℃<br>•熔点（119kPa）：–81.8℃<br>•爆炸极限（体积分数）：2.1%~80.0%<br>•相对密度（水=1）：0.62<br>•相对蒸气密度（空气=1）：0.91<br>•易燃、具窒息性<br>•溶解性：微溶于水、乙醇，溶于丙酮、氯仿、苯<br>•禁配物：强氧化剂、强酸、卤素 | | |
| 火灾爆炸危险性 | •极易燃烧爆炸<br>•与空气可形成爆炸性混合物，遇明火、高热能引起燃烧爆炸<br>•对撞击和压力敏感<br>•与氧化剂接触猛烈反应<br>•与氟、氯等接触会发生剧烈的化学反应<br>•能与铜、银、汞等的化合物生成爆炸性物质 | | |
| 对人体健康危害 | •纯乙炔属微毒类，具有弱麻醉和阻止细胞氧化的作用，麻醉恢复快，无后遗症<br>•高浓度时排挤空气中的氧，引起单纯性窒息作用<br>•乙炔中常混有磷化氢、硫化氢等气体，故常伴有此类毒物的毒作用<br>•人接触100mg/m$^3$能耐受30~60min<br>•在10%（体积分数）乙炔的空气中5h，有轻度中毒反应；20%（体积分数）引起明显缺氧；30%（体积分数）时共济失调；35%（体积分数）时5min引起意识丧失 | | |

续表

| 名称 | 乙炔（电石气） | 分子式 | $C_2H_2$ |
|---|---|---|---|
| 个体防护 | ·泄漏状态下佩戴正压式呼吸器，火灾时可佩戴简易滤毒罐<br>·穿简易防化服<br>·戴防化手套 | | |
| 隔离与公共安全 | 泄漏<br>·污染范围不明的情况下，初始隔离至少100m，下风向疏散至少800m<br>·进行气体浓度检测，根据有害气体的实际浓度，调整隔离、疏散距离<br>火灾<br>·火场内如有储罐、槽车或罐车，隔离1600m<br>·考虑撤离隔离区内的人员、物资 | | |
| 急救措施 | 吸入：迅速脱离现场至空气新鲜处，保持呼吸道通畅；如呼吸困难，给输氧；如呼吸心跳停止，立即进行人工呼吸和胸外心脏按压术 | | |
| 灭火 | 灭火剂：雾状水、泡沫、二氧化碳、干粉 | | |

2. 乙炔发生器简介

（1）结构。乙炔发生器主体包括筒体、封头和支座等，安全保护装置有回火防止器、安全阀、泄压膜、压力表、液位计和温度计等。

（2）用途。能使电石和水进行化学反应产生具有一定压力的乙炔气体。按电石与水接触的方式不同分：沉浮式、排水式、水入电石式和联合式等。

（3）参数。乙炔发生器按压力分类：低压式——压力小于0.007MPa，中压式——压力为0.007 ~ 0.13MPa，设计温度一般为90℃。乙炔发生器实物图见图12-17。

图12-17　乙炔发生器实物图

3. 乙炔发生器泄漏主要原因

（1）参见本章固定式压力容器常见事故原因。

（2）电石过装是常见事故原因。

4. 乙炔发生器泄漏应急处置

（1）参见本章固定式压力容器泄漏常规处置方法。

（2）迅速撤离泄漏污染区人员至上风处，并进行隔离，严格限制出入；隔离防护距离见表 12-17。

（3）喷雾状水改变蒸气云流向。

5. 乙炔发生器燃烧应急处置

（1）参见本章固定式压力容器燃烧常规处置方法。

（2）对阀门、压力表、液位计、安全阀等易泄漏部位宜采用水喷雾或水喷淋保护。

6. 乙炔发生器应急处置注意事项

（1）参见本章固定式压力容器应急处置基本注意事项。

（2）采取废水控制措施，防止水接触到其他存放的电石。

## 第十九节　一氧化碳储罐泄漏、燃烧事故应急处置

1. 一氧化碳介质特性

一氧化碳介质特性见表 11-4。

2. 一氧化碳储罐简介

（1）结构。一氧化碳储罐主要由钢板卷焊形成，常见结构为卧式圆筒形，罐体上一般装有压力表、安全阀、温度计、导静电装置等。

（2）用途。一氧化碳储罐是储存或中转一氧化碳的压力容器。

（3）参数。一氧化碳储罐设计压力一般大于 2MPa，设计温度一般为常温。一氧化碳储罐实物图见图 12-18。

3. 一氧化碳储罐事故主要原因

参见本章固定式压力容器常见事故原因。

4. 一氧化碳储罐泄漏应急处置

（1）参见本章固定式压力容器泄漏常规处置方法。

（2）迅速撤离泄漏污染区人员至上风处，并进行隔离，严格限制出入；隔离防护距离见表 11-4。

（3）喷雾状水改变蒸气云流向。

（4）可堵漏的应优先进行堵漏，如堵漏无效应在保证无火灾爆炸危险情况下进

行倒罐，倒空后，用氮气置换，并隔离。

（5）实施主动点燃，必须具备可靠的点燃条件，在经专家论证和工程技术人员参与配合下，严格安全防范措施，谨慎、果断实施。

5. 一氧化碳储罐燃烧应急处置

（1）参见本章固定式压力容器燃烧常规处置方法。

（2）对储罐的阀门、压力表、液位计、安全阀等易泄漏部位宜采用水喷雾或水喷淋保护。

6. 一氧化碳储罐应急处置注意事项

参见本章固定式压力容器应急处置基本注意事项。

图12-18　一氧化碳储罐实物图

## 第二十节　医用氧舱着火事故应急处置

1. 医用氧介质特性

氧气介质特性见表 12-18。

表12-18　氧气介质特性

| 名称 | 氧 | 分子式 | $O_2$ |
| --- | --- | --- | --- |
| 危险性类别 | 氧化性气体，类别1；加压气体 | | |
| 理化性质 | ·在常温和常压下是无色、无臭的气体<br>·熔点：-218.8℃<br>·沸点：-183.1℃<br>·相对蒸气密度（空气=1）：1.43<br>·相对密度（水=1，-183℃）：1.14<br>·溶于水、乙醇<br>·强氧化性，可助燃，在一定温度下，铁、铝等物质在纯氧气中可以剧烈燃烧，常温下油脂接触一定压力的氧气会发生自燃和爆炸<br>·禁配物：易燃或可燃物、活性金属粉末、乙炔 | | |

续表

| 名称 | 氧 | 分子式 | $O_2$ |
| --- | --- | --- | --- |
| 火灾爆炸危险性 | ·本品助燃。是易燃物、可燃物燃烧爆炸的基本条件之一，能氧化大多数活性物质。<br>·与易燃物（如乙炔、甲烷等）形成有爆炸性的混合物 | | |
| 对人体健康危害 | ·由于液氧的沸点极低，为-183℃，当液氧发生“跑、冒、滴、漏”事故时，一旦液氧喷溅到人的皮肤上将引起严重的冻伤事故<br>·常压下，当氧的体积分数超过40%时，有可能引发氧中毒<br>·吸入40%～60%（体积分数）的氧的混合气体时，会出现胸骨后不适感、轻咳，进而胸闷，胸骨后烧灼感和呼吸困难，咳嗽加剧；严重时发生肺水肿，甚至出现呼吸窘迫综合征<br>·吸入氧含量超过80%（体积分数）时，出现面部肌肉抽搐、昏迷、呼吸衰竭而死亡<br>·长期处于氧分压60～100kPa（相当于氧体积分数40%）的环境下，可发生眼损害，严重者可失明 | | |
| 个体防护 | ·一般不需要特殊防护，避免在高浓度氧环境下作业<br>·处理液化气体时，应穿防寒服 | | |
| 隔离与公共安全 | 大量泄漏<br>·污染范围不明的情况下，初始隔离至少30m，下风向疏散至少100m<br>·进行气体浓度检测，根据气体的实际浓度，调整隔离、疏散距离<br>火灾<br>·火场内如有储罐、槽车或罐车，隔离800m<br>·考虑撤离隔离区内的人员、物资 | | |
| 急救措施 | 吸入：迅速脱离现场至空气新鲜处，保持呼吸道通畅；如呼吸心跳停止，立即进行人工呼吸和胸外心脏按压术 | | |
| 灭火剂 | 灭火剂：本品为助燃物，根据着火原因选择适当灭火剂灭火 | | |

2. 医用氧舱简介

（1）结构

1）氧舱主要由舱体、供气系统、供氧系统、控制台等部分组成。

2）氧舱的安全附件主要有安全阀、压力表、测氧仪、安全联锁保护装置等。

3）氧舱的其他附属设备有：配套压力容器（储气罐、气液分离器、空气过滤器、空压机等）、电气系统、空调系统、消防系统、通话系统、应急呼叫装置等。医用氧舱实物图见图 12-19。

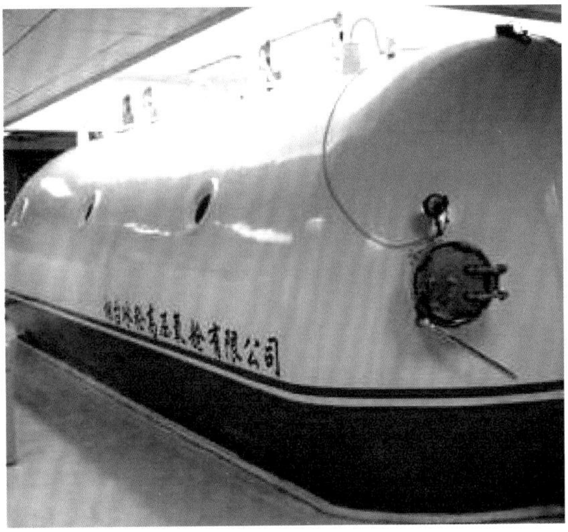

图12-19　医用氧舱实物图

（2）用途　医用氧舱临床用于缺血、缺氧性疾病的治疗和抢救。舱体是一个密闭圆筒，通过管道及控制系统把纯氧或净化压缩空气输入。舱外医生通过观察窗和对讲器可与病人联系。大型氧舱有 10 ~ 20 个座位，分为治疗舱和过渡舱。

（3）参数　医用氧舱的工作压力一般为 0.1 ~ 0.2MPa。

3. 医用氧舱发生着火事故主要原因

（1）舱内发生着火事故原因

1）舱内装饰隔层、地板、柜具的构架及面板，床、椅的包覆材料阻燃性不合格。

2）舱内导线触头失效、导线绝缘失效、导静电装置失效。

3）患者携入可燃物。

（2）舱外发生着火事故原因

1）舱体防静电装置失效。

2）舱外电气保护装置失效。

3）供养系统泄漏并沾染油脂等。

4. 医用氧舱发生着火事故应急处置

（1）舱内发生着火事故

1）舱内发生烟火，应立即用舱内灭火器材灭火，同时向舱外人员报警；舱内人员冷静处事，不要挤在门口，避免开门受阻或受伤。

2）停止吸氧，配合舱外人员打开舱内卸压阀。

3）治疗舱和过渡舱同时使用时，要迅速关闭两舱的中间门，防止火灾扩大。

4）舱外人员迅速关闭向舱内供氧、供气阀门和电源。通过面罩向舱内供应空气，防窒息，打开舱门，扑灭余火，组织抢救。

（2）舱外发生着火事故

1）舱外发生着火，应立即用灭火器材灭火，同时报警。

2）控制火势，防止氧舱系统受到破坏。

3）尽可能保证氧舱正常运行。

4）灭火后，将舱内人员放出，组织抢救。

5. 医用氧舱应急处置注意事项

参见本章固定式压力容器应急处置基本注意事项。

# 第十三章
# 危险化学品运输车辆（移动式压力容器）事故应急处置

## 第一节　危险化学品运输车辆（移动式压力容器）事故应急处置通用部分

1. 危险化学品运输车辆（移动式压力容器）简介

（1）危险化学品运输车辆是指运输液化气体、液体危险化学品的专用车辆，包括液化气体汽车罐车、长管拖车、道路运输液体危险货物罐式车辆等；其中各项参数符合国家质检总局颁布的《移动式压力容器安全技术监察规程》规定的监察范围的称为移动式压力容器。

（2）危险化学品运输车辆一般结构

危险化学品运输车辆一般由专用罐体、安全附件、行走装置等部分组成。罐体形状有椭圆形、方圆形、圆形，一般为单层结构；而低温绝热罐体由内容器、外壳和真空绝热层组成。罐体材质可分为金属材料和非金属材料。安全附件指安全阀、爆破片、呼吸阀及安全阀与爆破片组合的安全泄放装置、紧急切断装置、液位计、压力表、温度计、导静电装置等起安全保护作用的附件。

（3）危险化学品运输车辆一般工作原理

罐体为金属或非金属容器，是危化品运输车辆的主要部件，用来盛装危化品，承受介质压力。

1）紧急切断阀。装设在罐体物料进出口，其作用是防止在充装和卸料过程中，由于突发火灾温度过高、管道内流速过高、管道突然断裂造成介质外泄等事故情况下，能快速切断液（气）流，达到止漏的目的。

2）安全阀和爆破片。用于承压罐体的超压保护装置。

3）呼吸阀。用于常压罐体，使罐体内外压差保持在允许值范围内。

4）液位计。一般采用磁力浮球液位计，用于测量罐内介质的液面高度。

5）压力表。一般采用隔膜式压力表，由隔离体和一个耐震压力表组成，压力表与罐体之间应当装设截止阀，供维修或检查时切断压力源。

6）温度计。一般为双金属型温度计。

7）装卸阀。用于装卸介质。

8）危化品运输车辆还应安装导静电装置，拖地导静电带应接地可靠。装运易燃易爆介质的危化品运输车辆装卸作业时，与地面设备间应连接好接地导线，以导出装卸时产生的静电荷。

2. 危险化学品运输车辆常见泄漏原因

（1）交通事故如翻车、撞车，引发危化品运输车辆的罐体破损，安全阀、压力表、液位计和装卸阀等损坏，导致装运的危化品泄漏。

（2）罐体安全附件如安全阀、爆破片、紧急切断装置、液位计、呼吸阀等失效导致装运的危化品泄漏。

（3）罐体材料劣化，内外部腐蚀，密封老化等自身缺陷引起罐体破损，导致装运的危化品泄漏。

（4）危化品运输车辆在装卸过程中，装卸用输液管的脱落和破裂，导致危化品泄漏。

（5）危化品运输车辆受到热源影响（如危化品运输车辆燃烧），引起罐体压力升高，造成罐体爆炸或安全阀开启，导致装运的危化品泄漏。

3. 危险化学品运输车辆泄漏常规处置方法

当危化品运输车辆发生泄漏时，可堵漏的应优先进行堵漏；如果堵漏无效，应进行回收或者进行中和处理；在装卸过程中发生泄漏的，应视情况立即关闭阀门（紧急切断阀等），切断泄漏源。对泄漏的现场应急处置一般方法为：

（1）侦察灾情。由于危化品运输车辆发生泄漏的地点不固定，应急处置人员到场后，应通过外部观察、询问知情人、内部侦察或仪器检测等方式，重点了解掌握以下情况：

1）泄漏介质的浓度及相关理化性质。

2）泄漏源、泄漏的数量及泄漏流散的区域。

3）泄漏的危化品运输车辆情况，能否实施堵漏，应采取哪种方法堵漏。

4）现场实施警戒或交通管制的范围。

5）现场是否有人员伤亡或受到威胁，所处位置及数量，组织搜寻、营救、疏散的通道。

6）泄漏及事故处置可能造成的环境污染，采取哪些措施可减少或防止对环境的污染。

7）现场的应急处置水源，风向、风力等情况。

（2）设立警戒。根据泄漏事故现场侦察和了解的情况，及时确定警戒范围，设立警戒标志，布置警戒人员，控制无关人员和机动车辆出入泄漏事故现场。

（3）疏散救人。应急处置人员应对泄漏事故警戒范围内的所有人员及时组织疏散，疏散工作应精心组织，有序进行，并确保被疏散人员的安全。对现场伤亡人员，要及时进行抢救，并迅速送医院救治。

（4）关阀断源。发生泄漏，如果采取关闭阀门的措施可以制止泄漏，则应迅速关闭阀门，切断泄漏介质源。

如泄漏扩散较大，则应做好个人安全防护，在搞清所关闭阀门的具体情况后，谨慎操作。

（5）筑堤围堵。危化品泄漏后向低洼处、窨井、沟渠、河流等四处流散的，应急处置人员到场后，应及时利用沙石、泥土、水泥粉等材料筑堤，或用挖掘机挖坑，围堵或聚集泄漏的介质，最大限度地控制泄漏介质扩散范围，减少灾害损失。

（6）器具堵漏。针对泄漏部位情况，可采用不同的堵漏器具，由专业人员开展堵漏操作，并充分考虑安全防护措施后，迅速实施堵漏。

危化品运输车辆发生微孔泄漏，可用螺丝钉加黏结剂旋入泄漏孔的方法堵漏；管道发生泄漏，不能采取关阀止漏时，可使用堵漏垫、堵漏楔、堵漏袋等器具封堵，也可用橡胶垫包裹、捆扎等；阀门法兰盘或法兰垫片损坏发生泄漏，可用不同型号的法兰夹具，并高压注射密封胶进行堵漏；对于一些没有现成堵漏夹具的特殊形式泄漏情况，也可现场快速设计制作堵漏夹具。

（7）倒罐。危化品运输车辆发生泄漏，在无法实施堵漏时，可采取倒罐的方法处置。倒罐前要做好准备工作，对倒罐时使用的管道、容器、储罐、设备等要认真检查，确保万无一失，一般由相关专业技术人员具体操作实施。倒罐时要精心组织，正确操作，有序进行，要充分考虑可能出现的各种情况，特别要做好操作人员的个人安全防护，避免发生意外，造成人员伤亡或灾情扩大。

（8）稀释冲洗。对泄漏介质可以采取稀释冲洗的，进行稀释时，要选用合适的水雾或水流，控制稀释或冲洗水液流散对环境的污染，一般应围堵或挖坑收集，再集中处理，切不可任意四处流散。

（9）中和吸附。根据泄漏介质的性质，选用相应的中和吸附物质进行中和吸附，并集中运往相关单位进行处理。

（10）清理转移。泄漏事故处置结束后，要对泄漏现场进行清理，确保现场不能留下任何隐患后应按照指定路线，在警车前导和消防车的监护下，以稳定缓速移送至可靠卸载场所。

4. 危险化学品运输车辆燃烧常规处置方法

（1）根据燃烧介质的特性选择灭火剂。

（2）用大量水冷却容器直至火灾扑灭。

（3）气体介质燃烧，若无法切断泄漏气源，则不允许熄灭泄漏处火焰。

（4）容器突然发出异响或发生异常现象，应立即撤离。

5. 危险化学品运输车辆泄漏应急处置基本注意事项

（1）防止泄漏物进入排水系统、下水道、地下室等受限空间，可用沙袋等封堵。

（2）根据介质特性和现场情况佩戴个体防护装备。

（3）在应急处置过程中，应尽量减小有毒有害介质及应急处置的废水对水源和周围环境的污染危害，避免发生二次灾害。

（4）有毒有害、易燃易爆介质泄漏应保持通风，隔离泄漏区直至散尽。

（5）发生可燃介质泄漏时应：

1）应急处置时应消除事故隔离区内所有点火源。

2）应急处置人员必须穿防静电护具，不得穿化学纤维或带铁钉鞋，现场需备有石棉布、棉布套及灭火器（干粉、二氧化碳）。

3）处置漏气必须使用不产生火星的工具，机电仪器设备应防爆或可靠接地，以防止引燃泄漏物。

4）检查泄漏部位，必须使用可燃气体检测器或皂水涂液法，严禁用明火去查漏。

5）及时清除周围可燃、易燃、易爆危险物品。

（6）事故向不利方面发展时，应提出请求上级支援，并向当地政府部门报告，同时根据现场情况，积极采取有效措施防止事故扩大。

（7）除公安、消防人员外，其他警戒保卫人员，以及抢险人员、医疗人员等参与应急处置行动人员，须有标明其身份的明显标志。

（8）必要时实施交通管制，疏散周围非抢险人员。

（9）应急处置人员到达事故现场开展处置行动的同时应搜索事故现场，查明有无中毒、受伤或受困人员；应当由两名应急处置人员同时搜救被困人员，携带一套防护面具供伤员使用，视人员伤情采取肩背、手抬或担架方式；以最快速度帮助其脱离现场，转移到上风向或侧风向的无污染地区，不要做剧烈运动，尽快送医院治疗；对呼吸困难的中毒人员应立即吸氧并送医院治疗。

## 第二节　环氧乙烷罐车泄漏、燃烧事故应急处置

1. 环氧乙烷介质特性

环氧乙烷介质特性见表13–1。

**表13–1　环氧乙烷介质特性**

| 名称 | 环氧乙烷 | 分子式 | $C_2H_4O$ |
|---|---|---|---|
| 危险性类别 | 易燃气体，类别1；化学不稳定性气体，类别A；加压气体；急性毒性—吸入，类别3*；皮肤腐蚀/刺激，类别2；严重眼损伤/眼刺激，类别2；生殖细胞致突变性，类别1B；致癌性，类别1A；特异性靶器官毒性——次接触，类别3（呼吸道刺激） | | |
| 理化性质 | ・常温下为无色、有刺激性气味的气体<br>・熔点：−112.2℃<br>・沸点：10.7℃<br>・闪点：<−17.8℃<br>・爆炸极限（体积分数）：3.0%～100%<br>・相对密度（水=1）：0.8711<br>・相对蒸气密度（空气=1）：1.52<br>・当温度低于10.8℃时，气体液化，低温下为无色透明液体<br>・能与水以任意比例混溶，并能溶于常用有机溶剂和油脂<br>・禁配物：酸类、碱、醇类、氨、铜 | | |
| 火灾爆炸危险性 | ・气体能与空气形成范围广阔的爆炸性混合物，遇热源和明火有燃烧爆炸的危险；若遇高热可发生剧烈分解，引起容器破裂或爆炸事故<br>・接触碱金属、氢氧化物或高活性催化剂，如铁、锡和铝的无水氯化物及铁和铝的氧化物，可大量放热，并可能引起爆炸<br>・与空气的混合物快速压缩时，易发生爆炸<br>・蒸气比空气重，能在较低处扩散到相当远的地方，遇火源会着火回燃 | | |
| 对人体健康危害 | ・是一种中枢神经抑制剂、刺激剂和原浆毒物<br>・急性中毒：患者有剧烈的搏动性头痛、头晕、恶心和呕吐、流泪、呛咳、胸闷、呼吸困难；重者全身肌肉颤动、言语障碍、共济失调、出汗、神志不清，以致昏迷。还可见心肌损害和肝功能异常。抢救恢复后可有短暂精神失常，迟发性功能性失音或中枢性偏瘫。皮肤接触迅速发生红肿，数小时后起泡，反复接触可致敏。液体溅入眼内，可致角膜灼伤<br>・慢性影响：长期少量接触，可见有神经衰弱综合征和植物神经功能紊乱 | | |
| 个体防护 | ・佩戴正压式空气呼吸器<br>・穿内置式重型防化服 | | |
| 隔离与公共安全 | 泄漏<br>・小泄漏：初始隔离圆周半径30m，下风向防护距离白天100m、晚上200m<br>・大泄漏：初始隔离圆周半径150m，下风向防护距离白天800m、晚上2500m<br>・进行气体浓度检测，根据有害气体的实际浓度调整隔离、疏散距离<br>火灾<br>・火场内如有储罐、槽车或罐车，隔离1600m<br>・考虑撤离隔离区内的人员、物资 | | |
| 急救措施 | ・皮肤接触：立即脱去污染的衣着，用大量流动清水冲洗至少15min<br>・眼睛接触：立即提起眼睑，用大量流动清水或生理盐水彻底冲洗至少15min<br>・吸入：迅速脱离现场至空气新鲜处，保持呼吸道通畅；如呼吸困难，给输氧；如呼吸心跳停止，立即进行人工呼吸和胸外心脏按压术 | | |
| 灭火 | 灭火剂：雾状水、抗溶性泡沫、干粉、二氧化碳 | | |

注：标记“*”的类别，是指在有充分依据的条件下，该化学品可以采用更严格的类别。

2. 环氧乙烷罐车简介

（1）结构。环氧乙烷罐车结构参见本章危险化学品运输车辆一般结构，罐车后方装有一只氮气瓶，用来“压”出罐中的环氧乙烷。

（2）用途。环氧乙烷罐车是用来运输环氧乙烷的专用液体运输车。

（3）参数。环氧乙烷罐车设计压力一般不低于 0.8MPa，单位容积充装量不大于 $0.79t/m^3$，环氧乙烷罐车实物图见图 13-1。

图13-1　环氧乙烷罐车实物图

3. 环氧乙烷罐车泄漏主要原因

参见本章危险化学品运输车辆常见泄漏原因。

4. 环氧乙烷罐车泄漏应急处置

（1）参见本章危险化学品运输车辆泄漏常规处置方法。

（2）迅速撤离泄漏污染区人员至上风处，并进行隔离，严格限制出入；隔离防护距离见表 13-1。

（3）对环氧乙烷罐车泄漏，可堵漏的应优先进行堵漏。如果堵漏无效，应进行回收处理。

（4）用工业防渗布或吸附 / 吸收剂盖住泄漏点附近的下水道等地方，防止气体进入。

（5）合理通风，加速扩散；喷雾状水稀释、溶解；构筑围堤或挖坑收容产生的大量废水；应迅速将罐内环氧乙烷导入储罐或汽车罐车、罐式集装箱。

（6）如有可能，将漏出气用排风机送至空旷地方或装设适当喷头烧掉。

5. 环氧乙烷罐车燃烧应急处置

参见本章危险化学品运输车辆燃烧常规处置方法。

6. 环氧乙烷应急处置注意事项

参见本章危险化学品运输车辆泄漏应急处置基本注意事项。

# 第三节　压缩天然气长管拖车泄漏、燃烧事故应急处置

1. 压缩天然气介质特性

天然气介质特性见表 13-2。

表13-2　天然气介质特性

| 名称 | 天然气 | 分子式 | — |
|---|---|---|---|
| 个体防护 | 易燃气体，类别1；加压气体 | | |
| 理化性质 | ·主要成分是甲烷，为无色、无味、无毒且无腐蚀性气体<br>·沸点：–162.5℃<br>·爆炸极限（体积分数）：5% ~ 14%<br>·相对密度（水=1）：约0.45（液化）<br>·相对蒸气密度（空气=1）：0.7~0.75<br>·其液态体积约为同量气态体积的1/600 | | |
| 火灾爆炸危险性 | ·易燃、易爆<br>·甲烷的最大燃烧速度为0.38m/s，燃烧速度快<br>·火焰温度高，辐射热高，对人体伤害大<br>·爆炸速度快，冲击波威力大，破坏性强<br>·天然气气体比空气轻，容易逸散<br>·与空气混合能形成爆炸性混合物，遇明火、高热极易燃烧爆炸，且爆炸下限低，最小着火能量小 | | |
| 对人体健康危害 | 天然气对人基本无毒，但浓度过高时，使空气中氧含量明显降低，使人窒息。当空气中甲烷体积分数达25% ~ 30%时，可引起头痛、头晕、乏力、注意力不集中、呼吸和心跳加速、共济失调，若不及时脱离，可致窒息死亡 | | |
| 个体防护 | ·佩戴正压自给式呼吸器<br>·处理冷冻或低温液体时，应穿防寒服 | | |
| 隔离与公共安全 | 泄漏<br>·污染范围不明的情况下，初始隔离至少100m，下风向疏散至少800m<br>·大口径输气管线泄漏时，初始隔离至少1000m，下风向疏散至少1500m<br>·进行气体浓度监测，根据气体的实际浓度，调整隔离、疏散距离<br>火灾<br>·火场内如有储罐、槽车或罐车，隔离1600m<br>·考虑撤离隔离区内的人员物资 | | |
| 急救措施 | 吸入：迅速脱离现场至空气新鲜处，保持呼吸道通畅；如呼吸困难，给输氧；如呼吸心跳停止，立即进行人工呼吸和胸外心脏按压术 | | |
| 灭火 | 灭火剂：雾状水、泡沫、二氧化碳 | | |

2. 压缩天然气长管拖车简介

（1）结构。压缩天然气长管拖车主要由半挂车、框架、大容积无缝钢瓶、前端安全舱、后端操作舱五大部分组成。

（2）用途。压缩天然气长管拖车是用来运输压缩天然气的专用运输车。压缩天然气长管拖车可作为压缩天然气加气子站的气源，也可为民用燃气系统运输天然气，是管道燃气输送的有效补充手段，工艺简单，占地少。

（3）参数。压缩天然气长管拖车设计压力一般为 20MPa，工作温度为 -40℃ ~ 60℃，压缩天然气长管拖车实物图见图 13-2、压缩天然气长管拖车后端操作舱见图 13-3。

图13–2　压缩天然气长管拖车实物图

图13–3　压缩天然气长管拖车后端操作舱

3. 压缩天然气长管拖车泄漏主要原因

参见本章危险化学品运输车辆常见泄漏原因。

4. 压缩天然气长管拖车泄漏应急处置

（1）参见本章危险化学品运输车辆泄漏常规处置方法。

（2）迅速撤离泄漏污染区人员至上风处，并进行隔离，严格限制出入；隔离防护距离见表 13–2。

（3）阀门、法兰盘或法兰垫片损坏发生泄漏，必须在关闭罐车钢瓶总阀门后更换安全阀。

（4）喷洒雾状水稀释，强力通风使天然气尽快散去。

（5）杜绝一切可能的火源或高温热源。

5. 压缩天然气长管拖车燃烧应急处置

参见本章危险化学品运输车辆燃烧常规处置方法。

6. 压缩天然气长管拖车应急处置注意事项

参见本章危险化学品运输车辆泄漏应急处置基本注意事项。

## 第四节　液氨罐车泄漏、燃烧事故应急处置

1. 液氨介质特性

液氨介质特性见表13–3。

**表13–3　液氨介质特性**

| 名称 | 液氨 | 分子式 | $NH_3$ |
|---|---|---|---|
| 危险性类别 | 易燃气体，类别2；加压气体；急性毒性—吸入，类别3*；皮肤腐蚀/刺激，类别1B；严重眼损伤/眼刺激，类别1；危害水生环境—急性危害，类别1 | | |
| 理化性质 | ·液氨（$NH_3$），又称为无水氨，是一种无色液体，有强烈刺激性气味<br>·氨气是一种无色透明而具有刺激性气味的气体，极易溶于水，水溶液呈碱性<br>·熔点：–77.7℃<br>·沸点：–33.4℃<br>·氨气爆炸极限（体积分数）：15.7%～27.4%<br>·气氨相对密度（空气=1）：0.6<br>·液氨相对密度（水=1，0℃）：0.7710<br>·气氨加压到0.7~0.8MPa时就变成液氨，同时放出大量的热，当压力减小时，则气化而逸出，同时吸收周围大量的热，具有膨胀性和可缩性<br>·禁配物：卤素、酰基氯、酸类、氯仿、强氧化剂<br>·氨的水溶液呈碱性，氧化性较强，还具有静电性和扩散性 | | |
| 火灾爆炸危险性 | ·与空气混合能形成爆炸性混合物，遇明火、高热能引起燃烧爆炸<br>·与氟、氯等接触会发生剧烈的化学反应<br>·遇高热，容器内压增大，有开裂和爆炸的危险 | | |
| 对人体健康危害 | ·轻度中毒：眼、口有辛辣感，流涕、咳嗽，声音嘶哑、吐咽困难，头昏、头痛，眼结膜充血、水肿，口唇和口腔、眼部充血，胸闷和胸骨区疼痛等<br>·重度中毒：吸入高浓度的氨时，可引起喉头水肿、喉痉挛，发生窒息。外露皮肤可出现Ⅱ度化学灼伤，眼睑、口唇、鼻腔、咽部及喉头水肿，黏膜糜烂、可能出现溃疡 | | |
| 个体防护 | ·佩戴正压式空气呼吸器<br>·穿内置式重型防化服<br>·处理液氨时应穿防寒服 | | |
| 隔离与公共安全 | 泄漏<br>·小泄漏：初始隔离圆周半径30m，下风向防护距离白天100m、晚上200m<br>·大泄漏：初始隔离圆周半径150m，下风向防护距离白天800m、晚上2300m.<br>·进行气体浓度检测，根据有害气体的实际浓度，调整隔离、疏散距离<br>火灾<br>·火场内如有储罐、槽车或罐车，隔离1600m<br>·考虑撤离隔离区内的人员、物资 | | |
| 急救措施 | ·皮肤接触：立即脱去被污染的衣着，应用2%（质量分数）的硼酸液或大量流动清水彻底冲洗。要特别注意清洗腋窝、会阴等潮湿部位<br>·眼睛接触：立即提起眼睑，用大量流动清水或生理盐水彻底冲洗至少15min<br>·吸入：迅速脱离现场至空气新鲜处。保持呼吸道通畅，如呼吸困难，给输氧。如呼吸心跳停止，立即进行人工呼吸和胸外心脏按压术 | | |
| 灭火 | 灭火剂：雾状水、抗溶性泡沫、二氧化碳、砂土 | | |

注：标记“*”的类别，是指在有充分依据的条件下，该化学品可以采用更严格的类别。

2. 液氨罐车简介

（1）结构。液氨罐车结构参见本章危险化学品运输车辆一般结构。

（2）用途。液氨罐车是用来运输液氨的专用液化气体运输车。

（3）参数。液氨罐车设计压力一般不小于 1.91MPa，单位容积充装量不大于 0.53t/m$^3$，液氨罐车实物图见图 13-4。

图13-4　液氨罐车实物图

3. 液氨泄漏主要原因

参见本章危险化学品运输车辆常见泄漏原因。

4. 液氨罐车泄漏应急处置

（1）参见本章危险化学品运输车辆泄漏常规处置方法。

（2）迅速撤离泄漏污染区人员至上风处，并进行隔离，严格限制出入；隔离防护距离见表 13-3。

（3）对液氨罐车泄漏，可堵漏的应优先进行堵漏，措施如下：

1）管道壁发生泄漏，又不能关阀止漏时，可使用不同形状的堵漏垫、堵漏楔、堵漏胶、堵漏带等器具实施封堵。

2）微孔泄漏可以用螺丝钉加黏合剂旋入孔内的办法封堵。

3）罐壁撕裂泄漏可以用充气袋、充气垫等专用器具从外部包裹堵漏。

4）带压管道泄漏可用捆绑式充气堵漏袋，或使用金属外壳内衬橡胶垫等专用器具施行堵漏。

（4）如果堵漏无效，应进行回收或者进行中和处理，措施如下：

1）可用砂土等惰性吸收材料收集和吸附泄漏物。

2）用喷雾水流对泄漏区域进行稀释。

3）高浓度泄漏区，喷稀盐酸吸收。

5. 液氨罐车燃烧应急处置

参见本章危险化学品运输车辆燃烧常规处置方法。

6. 液氨罐车应急处置注意事项

（1）参见本章危险化学品运输车辆泄漏应急处置基本注意事项。

（2）灭火时禁止将水注入容器。

（3）禁止向泄漏处和安全装置喷水，防止结冰。

## 第五节 液氮罐车泄漏事故应急处置

1. 液氮介质特性

液氮介质特性见表13-4。

**表13-4 液氮介质特性**

| 名称 | 液氮 | 分子式 | $N_2$ |
|---|---|---|---|
| 危险性类别 | 加压气体 | | |
| 理化性质 | ·气体为无色，液化后为无色液体<br>·熔点：–209.8℃<br>·沸点：–195.8℃<br>·相对密度（水=1）：0.808<br>·相对蒸气密度（空气=1）：0.967<br>·非易燃无毒气体，氮气的化学性质很稳定，常温下很难跟其他物质发生反应，在工业上常用氮气作为安全防火防爆置换或气密性试验气体<br>·溶解性：微溶于水、乙醇 | | |
| 火灾爆炸危险性 | 液氮或氮气本身不可燃烧，非常稳定，不会发生爆燃危险，但若遇高热，容器内压增大，有开裂和爆炸的危险 | | |
| 对人体健康危害 | ·空气中氮气含量过高，使吸入气氧分压下降，引起缺氧窒息<br>·吸入氮气浓度不太高时，患者最初感到胸闷、气短、疲软无力。继而有烦躁不安、极度兴奋、乱跑、叫喊、神情恍惚、步态不稳，称之为“氮酩酊”，可进入昏睡或昏迷状态<br>·吸入高浓度氮气时，患者可迅速昏迷、因呼吸和心跳停止而死亡 | | |
| 个体防护 | ·佩戴正压自给式呼吸器<br>·一般消防防护服仅能提供有限的保护<br>·处理冷冻或低温液体或固体时，应穿防寒服 | | |
| 隔离与公共安全 | 大量泄漏<br>·考虑最初下风向撤离至少100m<br>·进行气体浓度检测，根据气体的实际浓度，调整隔离、疏散距离 | | |
| 急救措施 | ·皮肤接触：若有冻伤，就医治疗<br>·吸入：迅速脱离现场至空气新鲜处，保持呼吸道通畅；如呼吸困难，给输氧；如呼吸心跳停止，立即进行人工呼吸和胸外心脏按压术 | | |
| 灭火 | 本品不燃。根据着火原因选择适当灭火剂灭火，喷水保持火场容器冷却，直至灭火结束 | | |

2. 液氮罐车简介

（1）结构。液氮罐车除本章危险化学品运输车辆一般结构外，罐车罐体为双层结构，内胆为奥氏体不锈钢，是液氮罐车的盛液部件，用来承受内压，外壳为低合金钢容器，与内胆一起组成真空夹层空间，起到保冷的作用。

（2）用途。液氮罐车是用来运输液氮的专用低温液化气体运输车。

（3）参数。液氮罐车设计压力一般不小于 0.3MPa，设计温度 -196℃，液氮罐车实物图见图 13-5。

图13-5　液氮罐车实物图

3. 液氮泄漏主要原因

参见本章危险化学品运输车辆常见泄漏原因。

4. 液氮罐车泄漏应急处置

（1）参见本章危险化学品运输车辆泄漏常规处置方法。

（2）迅速撤离泄漏污染区人员至上风处，并进行隔离，严格限制出入；隔离防护距离见表 13-4。

（3）对液氮罐车泄漏，可堵漏的应优先进行堵漏。如果堵漏无效，应进行回收或者引至安全地点排放，措施如下：

1）传输倒罐。在确保现场安全的条件下，利用车载式或移动式低温液体泵直接倒罐；当泄漏处在液面以上，使用同类的惰性气体或氮气，通过气相阀加压，将事故罐内的液氮置换到其他低温容器或储罐；当罐车各管线完好，可利用罐体压力差通过出液管线，将事故罐的液氮导入其他低温容器、储罐或槽车，降低危险程度。

2）当不能进行倒罐时，可将液氮引至安全地点排放。应将排放物排放到通风良好的大气中或用专用容器收集逐渐排放。

3）禁止接触或跨越泄漏物。

5. 液氮罐车应急处置注意事项

参见本章危险化学品运输车辆泄漏应急处置基本注意事项。

## 第六节　液化石油气罐车泄漏、燃烧事故应急处置

1. 液化石油气介质特性

液化石油气介质特性见表 13-5。

**表13-5　液化石油气介质特性**

| 名称 | 液化石油气/LPG | 分子式 | — |
|---|---|---|---|
| 危险性类别 | 易燃气体，类别1；加压气体；生殖细胞致突变性，类别1B | | |
| 理化性质 | ·无色气体或黄棕色油状液体，有特殊臭味，稍加压或冷却即可液化<br>·闪点：−74℃<br>·爆炸极限（体积分数）：5%～33%<br>·相对密度（水=1）：0.5<br>·相对蒸气密度（空气=1）：1.5~2<br>·禁配物：强氧化剂、卤素<br>·在空气中易挥发、不稳定，易溶于水，而且随温度升高其溶解度增大<br>·有毒，易燃易爆、低温、腐蚀<br>·烃类混合物，主要成分丙烷、丙烯、丁烷、丁烯等，丙烷与丁烷的体积分数之和大于60%，小于这个数值就不能称为液化石油气 | | |
| 火灾爆炸危险性 | ·极易燃，具麻醉性，蒸气与空气混合能形成爆炸性混合物，遇热源和明火有燃烧爆炸的危险<br>·与氟、氯等接触会发生剧烈的化学反应<br>·其蒸气比空气重，能在较低处扩散到相当远的地方，遇火源会着火回燃<br>·火场中容器受热有爆炸危险 | | |
| 对人体健康危害 | ·空气中液化石油气体积分数小于1%时，对人体健康无害，但是，如果长期接触浓度较高的液化石油气或在燃烧不完全时，对人的神经系统是有影响的，尤其是当空气中含有体积分数大于10%的高碳烃类气体或不完全燃烧产生的CO时，还会使人窒息或中毒<br>·急性中毒：有头晕、头痛、兴奋或嗜睡、恶心、呕吐、脉缓等<br>·重症者可突然倒下，尿失禁，意识丧失，甚至呼吸停止 | | |
| 个体防护 | ·泄漏状态下佩戴正压式空气呼吸器，火灾时可佩戴简易滤毒罐<br>·穿简易防化服<br>·戴防化手套处理液化气体时，应穿防寒服 | | |
| 隔离与公共安全 | 泄漏<br>·小泄漏：初始隔离圆周半径30m，下风向防护距离白天100m、晚上100m<br>·大泄漏：初始隔离圆周半径60m，下风向防护距离白天300m、晚上400m<br>·进行气体浓度检测，根据有害气体的实际浓度，调整隔离、疏散距离<br>火灾<br>·火场内如有储罐、槽车或罐车，隔离1600m<br>·考虑撤离隔离区内的人员、物资 | | |
| 急救措施 | ·皮肤接触：若有冻伤，就医治疗<br>·吸入：迅速脱离现场至空气新鲜处，保持呼吸道通畅；如呼吸困难，给输氧；如呼吸心跳停止，立即进行人工呼吸和胸外心脏按压术 | | |
| 灭火 | 灭火剂：雾状水、泡沫、二氧化碳 | | |

2. 液化石油气罐车简介

（1）结构。液化石油气罐车结构参见本章危险化学品运输车辆一般结构。

（2）用途。液化石油气罐车是用来运输液化石油气的专用液化气体运输车。

（3）参数。液化石油气罐车设计压力一般不小于 1.61MPa，单位容积充装量不大于 0.42t/$m^3$，液化石油气罐车实物图见图 13-6。

3. 液化石油气泄漏主要原因

参见本章危险化学品运输车辆常见泄漏原因。

4. 液化石油气罐车泄漏应急处置

（1）参见本章危险化学品运输车辆泄漏常规处置方法。

（2）迅速撤离泄漏污染区人员至上风处，并进行隔离，严格限制出入；隔离防护距离见表 13-5。

图13-6　液化石油气罐车实物图

（3）使用高倍数泡沫覆盖液化石油气表面，使之与空气隔离，减缓液化石油气挥发速度，降低空气中液化石油气的浓度。

（4）对液化石油气罐车泄漏，可堵漏的应优先进行堵漏。如果堵漏无效，可进行回收或者主动点燃处理，措施如下：

1）当泄漏点在液面以上时，从气相管路充入氮气等惰性气体将事故罐体内液化石油气置换至其他良好的液化石油气罐车、罐式集装箱内。

2）当泄漏点在液面以下时，从液相管将清水注入事故罐体内，也就是采用注水升浮法，将液化石油气界位抬高到泄漏部位以上，使水从破裂口流出，再进行堵漏。为了防止液化石油气从顶部安全阀排出，可以采取先倒液、再注水修复或边倒液边注水。

3）当罐车各管线完好，可通过出液管线、排污管线，将液化石油气导入其他良好的液化石油气罐车、罐式集装箱内。

4）采用烃泵将事故罐车内液化石油气介质输送至其他良好的液化石油气罐车、罐式集装箱内。

5）喷雾状水驱散漏出气，使其尽快扩散。

6）主动点燃。实施主动点燃，必须具备可靠的点燃条件。在经专家论证和工程技术人员参与配合下，严格安全防范措施，谨慎、果断实施。

5. 液化石油气罐车燃烧应急处置

参见本章危险化学品运输车辆燃烧常规处置方法。

6. 液化石油气罐车应急处置注意事项

参见本章危险化学品运输车辆泄漏应急处置基本注意事项。

# 第七节 液化天然气罐车泄漏事故应急处置

1. 液化天然气介质特性

天然气介质特性见表 13-6。

表13-6 天然气介质特性

| 名称 | 天然气/LNG | 分子式 | — |
|---|---|---|---|
| 危险性类别 | 易燃气体，类别1；加压气体 | | |
| 理化性质 | • 主要成分是甲烷，为无色、无味、无毒且无腐蚀性气体<br>• 沸点：−162.5℃<br>• 爆炸极限（体积分数）：5%～14%<br>• 相对密度（水=1）：约0.45（液化）<br>• 相对蒸气密度（空气=1）：0.7~0.75<br>• 其液态体积约为同量气态体积的1/600 | | |
| 火灾爆炸危险性 | • 易燃、易爆<br>• 甲烷的最大燃烧速度为0.38m/s，燃烧速度快<br>• 火焰温度高，辐射热高，对人体伤害大<br>• 爆炸速度快，冲击波威力大，破坏性强<br>• 天然气气体比空气轻，容易逸散<br>• 与空气混合能形成爆炸性混合物，遇明火、高热极易燃烧爆炸，且爆炸下限低，最小着火能量小 | | |
| 对人体健康危害 | 天然气对人基本无毒，但浓度过高时，使空气中氧含量明显降低，使人窒息。当空气中甲烷体积分数达25%~30%时，可引起头痛、头晕、乏力、注意力不集中、呼吸和心跳加速、共济失调。若不及时脱离，可致窒息死亡 | | |
| 个体防护 | • 佩戴正压自给式呼吸器<br>• 处理冷冻或低温液体时，应穿防寒服 | | |
| 隔离与公共安全 | 泄漏<br>• 污染范围不明的情况下，初始隔离至少100m，下风向疏散至少800m<br>• 大量泄漏时，初始隔离至少1000m，下风向疏散至少1500m<br>• 进行气体浓度监测，根据气体的实际浓度，调整隔离、疏散距离<br>火灾<br>• 火场内如有储罐、槽车或罐车，隔离1600m<br>• 考虑撤离隔离区内的人员、物资 | | |
| 急救措施 | 吸入：迅速脱离现场至空气新鲜处，保持呼吸道通畅；如呼吸困难，给输氧；如呼吸心跳停止，立即进行人工呼吸和胸外心脏按压术 | | |
| 灭火 | 灭火剂：雾状水、泡沫、二氧化碳 | | |

2. 液化天然气罐车简介

（1）结构。液化天然气罐车除本章危险化学品运输车辆一般结构外，罐车罐体为双层结构，内胆为奥氏体不锈钢，是液化天然气罐车的盛液部件，用来承受内压，外壳为低合金钢容器，与内胆一起组成真空夹层空间，起到保冷的作用。

（2）用途。液化天然气罐车是用来运输液化天然气的专用液化气体运输车。

（3）参数。液化天然气罐车设计压力一般不小于 0.74MPa，单位容积充装量不大于 0.42t/$m^3$，设计温度 −196℃，液化天然气罐车实物图见图 13-7。

3. 液化天然气泄漏主要原因

参见本章危险化学品运输车辆常见泄漏原因。

图13-7　液化天然气罐车实物图

4. 液化天然气罐车泄漏应急处置

（1）参见本章危险化学品运输车辆泄漏常规处置方法。

（2）迅速撤离泄漏污染区人员至上风处，并进行隔离，严格限制出入；隔离防护距离见表 13-6。

（3）对液化天然气罐车泄漏，可堵漏的应优先进行堵漏。如果堵漏无效，应进行回收或者主动点燃处理，措施如下：

1）传输倒罐。在确保现场安全的条件下，利用车载式或移动式低温液体泵直接倒罐；当泄漏处在液面以上，使用氮气等惰性气体，通过气相阀加压，将事故罐内的液化天然气置换到其他低温容器或储罐；当罐车各管线完好，可利用罐体压力差通过出液管线，将事故罐的液化天然气导入其他低温容器、储罐或槽车，降低危险程度。

2）喷雾状水驱散漏出气，使其尽快扩散。

3）主动点燃。实施主动点燃，必须具备可靠的点燃条件。在经专家论证和工程技术人员参与配合下，严格安全防范措施，谨慎、果断实施。

5. 液化天然气罐车燃烧应急处置

参见本章危险化学品运输车辆燃烧常规处置方法。

6. 液化天然气罐车应急处置注意事项

（1）参见本章危险化学品运输车辆泄漏应急处置基本注意事项。

（2）保持通风，隔离泄漏区，直至气体散尽。

# 第八节　液氯罐车泄漏事故应急处置

1. 液氯介质特性

氯介质特性见表 13-7。

**表13-7　氯介质特性**

| 名称 | 氯 | 分子式 | $Cl_2$ |
|---|---|---|---|
| 危险性类别 | 加压气体；急性毒性—吸入，类别2；皮肤腐蚀/刺激，类别2；严重眼损伤/眼刺激，类别2；特异性靶器官毒性——次接触，类别3（呼吸道刺激）；危害水生环境—急性危害，类别1 | | |
| 理化性质 | ·具有刺激性，气体为黄绿色，液化后为淡黄色油状液体<br>·熔点：–101℃<br>·沸点：–34.5℃<br>·相对密度（水=1）：1.4685（0℃），1.557（–34.6℃）<br>·相对蒸气密度（空气=1）：2.48<br>·液氯：强氧化性，具有助燃性<br>·禁配物：易燃或可燃物，醇类，乙醚，氢<br>·对大部分金属和非金属都有腐蚀性<br>·氯气的体积膨胀系数较大，满量充装液氯的钢瓶，在0℃～60℃范围内，液氯温度每升高1℃，其压力升高0.87～1.42MPa，因而液氯气瓶超装极易发生爆炸 | | |
| 火灾爆炸危险性 | ·不燃烧，可助燃，一般可燃物大都能在氯气中燃烧，一般易燃物质或蒸气也能与氯气形成爆炸性混合物<br>·气体比空气重，可沿地面扩散，聚集在低洼处<br>·包装容器受热有爆炸的危险<br>·能与许多化学品如乙炔、松节油、乙醚、氨、燃料气、烃类、氢气、金属粉末等发生猛烈反应而引起爆炸或生成爆炸性物质，与油脂或有机物等接触也可以发生爆炸 | | |
| 对人体健康危害 | ·剧毒，吸入高浓度可致死<br>·液氯对眼、呼吸道黏膜有刺激作用，重者发生肺水肿、昏迷和休克，可出现气胸、纵隔气肿等并发症<br>·吸入极高浓度的氯气，可引起迷走神经反射性心脏骤停或喉头痉挛而发生“电击样”死亡<br>·液氯或高浓度氯气可引起皮肤暴露部位急性皮炎或灼伤 | | |
| 个体防护 | ·佩戴正压式空气呼吸器<br>·穿内置式重型防化服<br>·处理液化气体时应穿防寒服 | | |
| 隔离与公共安全 | 泄漏<br>·小泄漏：初始隔离圆周半径60m，下风向防护距离白天400m、晚上1600m<br>·大泄漏：初始隔离圆周半径600m，下风向防护距离白天3500m、晚上8000m<br>·进行气体浓度检测，根据有害气体的实际浓度，调整隔离、疏散距离<br>火灾<br>·火场内如有储罐、槽车或罐车，隔离800m<br>·考虑撤离隔离区内的人员、物资 | | |
| 急救措施 | ·皮肤接触：立即脱去污染的衣着，用大量流动清水冲洗至少15min<br>·眼睛接触：提起眼睑，用流动清水或生理盐水冲洗至少15min<br>·吸入：迅速脱离现场至空气新鲜处，如呼吸困难，给输氧；如呼吸心跳停止；立即进行人工呼吸和胸外心脏按压术 | | |
| 灭火 | 本品不燃。根据着火原因选择适当灭火剂灭火，喷水保持火场容器冷却，直至灭火结束 | | |

2. 液氯罐车简介

（1）结构。液氯罐车除本章介绍的一般结构和工作原理外，安全阀与爆破片组合使用，作为罐体的超压保护装置。爆破片安装在安全阀的进口处，正常工作时，使介质与安全阀隔开，保护安全阀免受直接腐蚀的作用。除此之外，为安全使用起见，液氯罐车的尾部应安装一盛石灰的箱子，用以吸收装卸作业时排出的残余氯气。

（2）用途。液氯罐车是用来运输液氯的专用液化气体运输车。

（3）参数。液氯罐车设计压力一般不小于 1.34MPa，单位容积充装量不大于 1.25t/m$^3$，液氯罐车实物图见图 13-8。

图13-8　液氯罐车实物图

3. 液氯罐车泄漏主要原因

参见本章危险化学品运输车辆常见泄漏原因。

4. 液氯罐车泄漏应急处置

（1）参见本章危险化学品运输车辆泄漏常规处置方法。

（2）迅速撤离泄漏污染区人员至上风处，并进行隔离，严格限制出入；隔离防护距离见表 13-7。

（3）对液氯罐车泄漏，可堵漏的应优先进行堵漏；如果堵漏无效，应进行回收或者进行中和处理，措施如下：

1）将氯气导入 10% ~ 15%（质量分数）氢氧化钠溶液中进行中和处理，处置 1t 的液氯，需用 100%（质量分数）氢氧化钠 1.5t，需用 30%（质量分数）氢氧化钠 5t。

2）在泄漏点上风位置，用带架水枪以开花形式和固定式喷雾水枪对准泄漏点喷射，用苏打粉或其他碱性物质如 10% ~ 15%（质量分数）氢氧化钠溶液的消防水幕进行氯气隔断，吸收有毒气体，防止和减少有毒气体向空中排放。

3）当罐体开裂尺寸较大时，对泄漏的液氯可用沙袋或泥土筑堤拦截，或开挖沟坑导流、蓄积；并且应迅速将罐内液氯导入储罐或汽车罐车、罐式集装箱。

5. 液氯罐车应急处置注意事项

（1）参见本章危险化学品运输车辆泄漏应急处置基本注意事项。

（2）远离可燃物（氯气助燃）。

# 第九节　液氧罐车泄漏事故应急处置

1. 液氧介质特性

液氧介质特性见表13–8。

**表13–8　液氧介质特性**

| 名称 | 液氧 | 分子式 | $O_2$ |
|---|---|---|---|
| 危险性类别 | 氧化性气体，类别1；加压气体 | | |
| 理化性质 | · 氧气常温和常压下是无色、无臭的气体，冷却到–218.8℃成为雪花状的淡蓝色固体<br>· 熔点：–218.8℃<br>· 沸点：–183.1℃<br>· 相对密度（水=1，–183℃）：1.14<br>· 相对蒸气密度（空气=1）：1.43<br>· 溶于水、乙醇<br>· 禁配物：易燃或可燃物、活性金属粉末、乙炔<br>· 由于其低温特性，液氧会使其接触的物质变得非常脆<br>· 在一定温度下，铁、铝等物质在纯氧气中可以剧烈燃烧，在常温下油脂接触一定压力的氧气会发生自燃和爆炸 | | |
| 火灾爆炸危险性 | · 强氧化剂，有机物在液氧中剧烈燃烧，一些物质若被长时间浸入液氧可能会发生爆炸，包括沥青<br>· 不可燃，强烈助燃，火灾危险性为乙类<br>· 和燃料接触通常不能自燃，如两种液体碰在一起，液氧将引起液体燃料的冷却并凝固，凝固的燃料和液氧的混合物对撞击敏感，在加压情况下常转为爆炸<br>· 积存在封闭系统中，若不能保温，则可能发生压力破坏，当温度升高到–118.4℃而又不增加压力，则液氧不能维持液体状态，若泄压不及时，会导致物理爆炸<br>· 燃烧反应的强度取决于燃料的性能 | | |
| 对人体健康危害 | · 当液氧发生"跑、冒、滴、漏"事故时，一旦喷溅到人的皮肤上将引起严重的冻伤事故<br>· 常压下，当氧的体积分数大于40%时，有可能发生氧中毒<br>· 吸入40%～60%（体积分数）的氧时，出现胸骨后不适感、轻咳，进而胸闷、胸骨后灼烧感和呼吸困难，咳嗽加剧；严重时可发生肺水肿，甚至出现呼吸窘迫综合征<br>· 吸入氧体积分数大于80%时，出现面部肌肉抽动、面色苍白、眩晕、心动过速、虚脱，继而全身强直性抽搐、昏迷、呼吸衰竭而死亡<br>· 长期处于氧分压为60~100kPa（相当于吸入氧体积分数40%左右）的条件下可发生眼损害，严重者可失明 | | |
| 个体防护 | · 一般不需要特殊防护，避免在高浓度氧环境下作业<br>· 处理液化气体时，应穿防寒服 | | |
| 隔离与公共安全 | 大量泄漏<br>· 污染范围不明的情况下，初始隔离至少30m，下风向疏散至少100m<br>· 进行气体浓度检测，根据气体的实际浓度，调整隔离、疏散距离<br>火灾<br>· 火场内如有储罐、槽车或罐车，隔离800m<br>· 考虑撤离隔离区内的人员、物资 | | |
| 急救措施 | 吸入：迅速脱离现场至空气新鲜处，保持呼吸道通畅；如呼吸心跳停止，立即进行人工呼吸和胸外心脏按压术 | | |
| 灭火 | 灭火剂：本品为助燃物，根据着火原因选择适当灭火剂灭火 | | |

2. 液氧罐车简介

（1）结构。液氧罐车除本章危险化学品运输车辆一般结构外，罐车罐体为双层结构，内胆为奥氏体不锈钢，是液氧罐车的盛液部件，用来承受内压，外壳为低合金钢容器，与内胆一起组成真空夹层空间，起到保冷的作用。

（2）用途。液氧罐车是用来运输液氧的专用低温液化气体运输车。

（3）参数。液氧罐车设计压力一般不小于 0.8MPa，设计温度 -196℃，液氧罐车实物图见图 13-9，液氧罐车操作箱见图 13-10。

图13-9　液氧罐车实物图

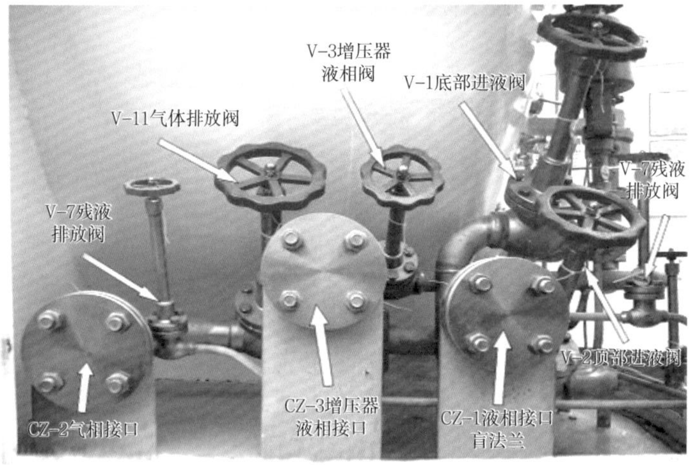


充装卸液系统

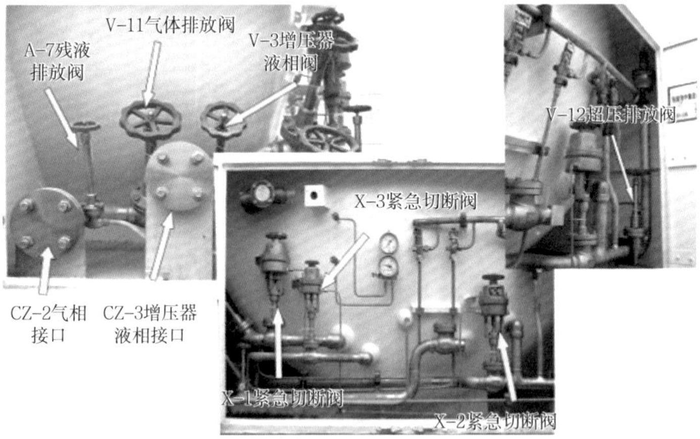


图13-10　液氧罐车操作箱

3. 液氧罐车泄漏主要原因

参见本章危险化学品运输车辆常见泄漏原因。

4. 液氧罐车泄漏应急处置

（1）参见本章危险化学品运输车辆泄漏常规处置方法。

（2）迅速撤离泄漏污染区人员至上风处，并进行隔离，严格限制出入；隔离防护距离见表 13-8。

（3）对液氧罐车泄漏，可堵漏的应优先进行堵漏。如果堵漏无效，应进行回收或者引至安全地点排放，措施如下：

1）传输倒罐。在确保现场安全的条件下，利用车载式或移动式低温液体泵直接倒罐；当泄漏处在液面以上，使用氮气等惰性气体，通过气相阀加压，将事故罐内的液氧置换到其他低温容器或储罐；当罐车各管线完好，可利用罐体压力差通过出液管线，将事故罐的液氧导入其他低温容器、储罐或槽车，降低危险程度。

2）当不能进行倒罐时，可将液氧引至安全地点排放。①应将排放物排放到通风良好的大气中或用专用容器收集逐渐排放。②排放液氧时，不得启动任何电气设备，排放波及区内严禁烟火。

3）喷雾状水驱散漏出气，使其尽快扩散。

4）富氧区应急处置人员戴正压自给式呼吸器，穿防寒服；禁止接触或跨越泄漏物。

5. 液氧罐车应急处置注意事项

（1）参见本章危险化学品运输车辆泄漏应急处置基本注意事项。

（2）禁止隔离区内有油脂，或使用带有油脂的工具。

## 第十节　一甲胺罐车泄漏事故应急处置

1. 一甲胺介质特性

一甲胺介质特性见表 13-9。

表13-9　一甲胺介质特性

| 名称 | 一甲胺（甲胺、氨基甲烷） | 分子式 | $CH_3N$ |
|---|---|---|---|
| 危险性类别 | 一甲胺（无水）：易燃气体，类别1；加压气体；皮肤腐蚀/刺激，类别2；严重眼损伤/眼刺激，类别1；特异性靶器官毒性——一次接触，类别3（呼吸道刺激）<br>一甲胺溶液：易燃液体，类别1；皮肤腐蚀/刺激，类别1B；严重眼损伤/眼刺激，类别1；特异性靶器官毒性——一次接触，类别3（呼吸道刺激） | | |
| 理化性质 | ・常温常压下为无色气体，有氨的气味<br>・沸点：−6.8℃<br>・熔点：−93.5℃<br>・闪点：0℃<br>・爆炸极限（体积分数）：4.9%～20.8%<br>・相对密度（水=1）：0.66<br>・相对蒸气密度（空气=1）：1.09<br>・溶于乙醇、乙醚等<br>・禁配物：酸类、卤素、酸酐、强氧化剂、氯仿 | | |

续表

| 名称 | 一甲胺（甲胺、氨基甲烷） | 分子式 | $CH_3N$ |
|---|---|---|---|
| 火灾爆炸危险性 | ·易燃，接触热、火星、火焰或氧化剂易燃烧爆炸<br>·燃烧时产生含氮氧化物的有毒烟雾<br>·气体比空气重，能在较低处扩散到相当远的地方，遇火源会着火回燃<br>·在火场中，受热的容器有爆炸危险 | | |
| 对人体健康危害 | ·具有强烈的刺激性和腐蚀性<br>·吸入后，可致呼吸道灼伤，引起咽喉炎、支气管炎、支气管肺炎，重者可因肺水肿、呼吸窘迫综合征而死亡<br>·吸入极高浓度引起声门痉挛、喉水肿而很快窒息死亡<br>·口服溶液可致口、咽、食道灼伤 | | |
| 个体防护 | ·佩戴正压式空气呼吸器<br>·穿内置式重型防化服 | | |
| 隔离与公共安全 | 泄漏<br>·污染不明的情况下，初始隔离至少500m，下风向疏散至少1500m<br>·进行气体浓度检测，根据有害气体的实际浓度，调整隔离、疏散距离<br>火灾<br>·火场内如有储罐、槽车或罐车，隔离1600m<br>·考虑撤离隔离区内的人员、物资 | | |
| 急救措施 | ·皮肤接触：立即脱去被污染的衣着，用大量流动清水冲洗至少15min<br>·眼睛接触：立即提起眼睑，用大量流动清水或生理盐水彻底冲洗至少15min<br>·吸入：迅速脱离现场至空气新鲜处，保持呼吸道通畅；如呼吸困难，给输氧；如呼吸心跳停止，立即进行人工呼吸和胸外心脏按压术<br>·食入：误服者用水漱口，给饮牛奶或蛋清 | | |
| 灭火 | 灭火剂：雾状水、抗溶性泡沫、干粉、二氧化碳 | | |

2. 一甲胺罐车简介

（1）结构。一甲胺罐车结构参见本章危险化学品运输车辆一般结构。

（2）用途。一甲胺罐车是用来运输一甲胺的专用液体运输车。

（3）参数。一甲胺罐车设计压力一般不小于 0.4MPa，单位容积充装量不大于 $0.56t/m^3$，一甲胺罐车实物图见图 13-11。

图13-11　一甲胺罐车实物图

3. 一甲胺罐车泄漏主要原因

参见本章危险化学品运输车辆常见泄漏原因。

4. 一甲胺罐车泄漏应急处置

（1）参见本章危险化学品运输车辆泄漏常规处置方法。

（2）迅速撤离泄漏污染区人员至上风处，并进行隔离，严格限制出入；隔离防护距离见表13-9。

（3）对一甲胺罐车泄漏，可堵漏的应优先进行堵漏。

（4）切断火源；喷雾状水稀释、溶解，禁止使用直流水，以免强水流冲击产生静电；合理通风，加速扩散。

（5）构筑围堤或挖坑收容产生的大量废水；如有可能，将残余气或漏出气用排风机送至水洗塔或与塔相连的通风橱内。

（6）用抗溶性泡沫覆盖，抑制蒸气产生。

（7）可用硫酸氢钠中和液体泄漏物。

（8）用雾状水、蒸汽、惰性气体清扫罐内及低洼、沟渠等处，确保不留残气。

5. 一甲胺罐车燃烧应急处置

参见本章危险化学品运输车辆燃烧常规处置方法。

6. 一甲胺应急处置注意事项

参见本章危险化学品运输车辆泄漏应急处置基本注意事项。

# 第十四章 气瓶事故应急处置

## 第一节 气瓶事故应急处置通用部分



1.气瓶简介

广义的气瓶应包括不同压力、不同容积、不同结构形式和用不同材料制造的用以储运永久气体、液化气体和溶解气体的一次性或可重复充气的可移动的压力容器。

从结构上分类有：无缝气瓶和焊接气瓶；从材质上分类有：钢质气瓶（含不锈钢气瓶）、铝合金气瓶、复合气瓶、其他材质气瓶；从充装介质上分类为：永久性气体气瓶、液化气体气瓶、溶解乙炔气瓶；从公称工作压力和水压试验压力上分类有：高压气瓶、低压气瓶。常用气瓶实物图见图 14–1。

图14–1 常用气瓶实物图

国家市场监督管理总局颁布的TSG23-2021《气瓶安全技术规程》规定的监察范围是正常环境温度（-40℃～60℃，车用气瓶、消防灭火器用气瓶的环境温度范围，按相关标准的规定）下使用、公称容积为0.4～3000L、公称工作压力（表压）为0.2～70MPa，且压力与容积的乘积大于或者等于1.0MPa·L，盛装压缩气体、高（低）压液化气体、低温液化气体、溶解气体、吸附气体、混合气体以及标准沸点等于或者低于60℃的液体的无缝气瓶、焊接气瓶、低温绝热气瓶、纤维缠绕气瓶、内部装有填料的气体以及气瓶集束装置。

2. 气瓶常见事故原因

（1）泄漏原因

1）瓶阀、减压阀密封不良。

2）软管与气瓶连接处密封不良，软管破损。

3）气瓶材料失效，如管理不当造成内外腐蚀等。

4）瓶体或附件等受到冲击，造成气瓶损伤。

5）违章使用或操作失误。

（2）爆炸原因

1）充装单位未按规定充装气瓶，造成气瓶超装、错装、混装，导致化学性爆炸。

2）气瓶使用人员误操作，造成氧气瓶与可燃气体气瓶一起使用的过程中，可燃气体窜入氧气瓶或回火而发生爆炸。

3）液化气钢瓶受热，液态气体急剧膨胀，导致钢瓶发生超压爆炸。

4）气瓶安全装置失灵，未起到超压保护作用。

3. 气瓶泄漏常规处置方法

（1）瓶阀与减压器（减压阀）之间漏气，首先关闭瓶阀切断气源，而后缓慢拧紧连接接头，或更换接头上的密封垫。

（2）瓶阀开启后发现阀杆处漏气，首先关闭瓶阀，缓慢拧紧填料六角帽（压紧螺母）；如仍不能阻止漏气，则关闭瓶阀停止使用。

（3）瓶阀关闭后，若发现出气口漏气，这可能是阀芯与阀芯座封闭面存在颗粒杂物，把瓶阀启闭数次将其吹出；如仍不能阻止漏气，则说明阀芯封闭面或阀芯座封闭面磨损。

（4）无法阻断泄漏的可燃介质气瓶，应立即将气瓶移到远离火源的地方，备好灭火器，同时向气瓶上浇水，以防产生静电着火；缓慢排放气体，保留0.05～0.1MPa的余压。常用气瓶瓶阀见图14-2。

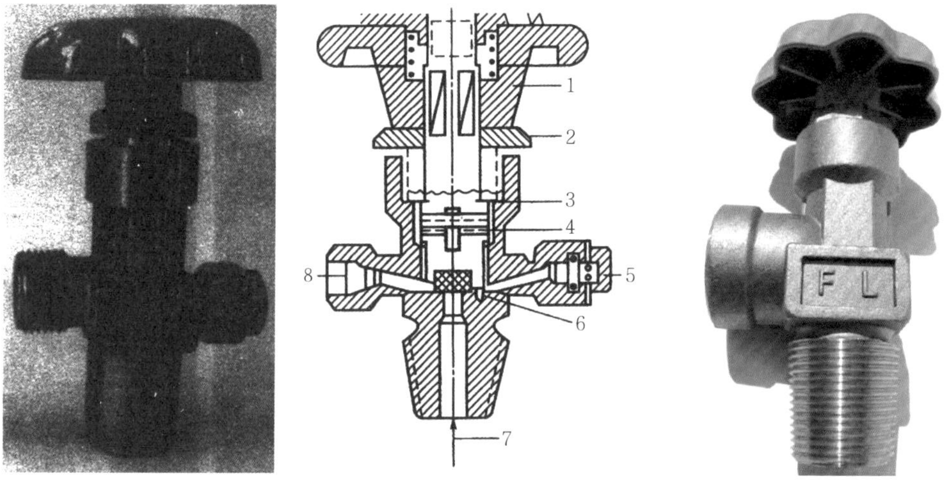


（a）　　（b）　　（c）

1. 手轮；2. 压紧螺母；3. 阀杆；4. 开关片；5. 安全阀；6. 活门；7. 进气口；8. 出气口

图14-2　常用气瓶瓶阀图

4.气瓶燃烧常规处置方法

（1）小火根据燃烧介质的特性选择灭火剂灭火。

（2）大火

1）火场中的气瓶，在保证不会发生爆炸的情况下，由专业的消防人员移离火场。

2）用大量水冷却气瓶，直至火灾扑灭，并切断泄漏源。如无法切断泄漏源，可保持其稳定燃烧，并设置隔离防爆区域。

3）气瓶发出异常声音或发生异常现象，立即撤离。

5.气瓶应急处置基本注意事项

（1）防止泄漏物进入排水系统、下水道、地下室等受限空间，可用沙袋等封堵。

（2）根据介质特性和现场情况佩戴个体防护装备。

（3）设置隔离区，在应急处置过程中，应尽量减小有毒有害介质及应急处置的废水对水源和周围环境的污染危害，避免发生二次灾害。

（4）有毒有害、易燃易爆介质泄漏应保持通风，隔离泄漏区直至散尽。

（5）可燃介质气瓶泄漏时应：

1）消除事故隔离区内所有点火源。

2）应急处置人员必须穿防静电护具，不得穿化学纤维或带铁钉鞋，现场需备有石棉布、棉布套及灭火器（干粉、二氧化碳）。

3）处置漏气必须使用不产生火星的工具，机电仪器设备应防爆或可靠接地，以防止引燃泄漏物。

4）检查泄漏部位，必须使用可燃气体检测器或肥皂水涂液法，严禁用明火查漏。

5）移动漏气气瓶时，要轻拿轻放，不能在地面拖动和滚动，并避免撞击。

6）及时清除周围可燃、易燃、易爆危险物品。

（6）事故向不利方面发展时，应提出请求上级支援，并向当地政府部门报告，同时根据现场情况，积极采取有效措施防止事故扩大。

（7）除公安、消防人员外，其他警戒保卫人员，以及抢险人员、医疗人员等参与应急处置行动人员，须有标明其身份的明显标志。

（8）必要时实施交通管制，疏散周围非应急处置人员。

（9）对可能发生氧气和易燃气体混装的气瓶必须及时追回，由于静电可能引发混装气爆炸，严禁在未采取隔离防爆等安全措施的情况下开阀。

## 第二节　硫化氢气瓶泄漏、燃烧事故应急处置

1. 硫化氢介质特性

硫化氢介质特性见表 14–1。

**表14–1　硫化氢介质特性**

| 名称 | 硫化氢 | 分子式 | $H_2S$ |
|---|---|---|---|
| 危险性类别 | 易燃气体，类别1；加压气体；急性毒性—吸入，类别2*；危害水生环境—急性危害，类别1 | | |
| 理化性质 | ・具有刺激性，常温下无色气体，有臭鸡蛋气味<br>・熔点：–85.5℃<br>・沸点：–60.4℃<br>・爆炸极限（体积分数）：4%～46%<br>・相对蒸气密度（空气=1）：1.19<br>・与碱发生放热中和反应<br>・禁配物：强氧化剂、碱类<br>・易溶于醇类、石油溶剂和原油，对大部分金属有腐蚀性 | | |
| 火灾爆炸危险性 | ・易燃，与空气混合能形成爆炸性混合物，遇明火、高热能引起燃烧爆炸<br>・与浓硝酸、发烟硫酸或其他强氧化剂剧烈反应，发生爆炸<br>・气体比空气重，能在较低处扩散到相当远的地方，遇明火会着火回燃 | | |
| 对人体健康危害 | ・窒息性气体，是一种强烈的神经毒物，对眼和呼吸道有强烈刺激作用<br>・急性中毒出现眼和呼吸道刺激症状、急性气管炎、支气管炎或支气管周围炎、支气管肺炎、意识障碍等。重者意识障碍程度达深昏迷或呈植物状态，出现肺水肿、心肌损害、多脏器衰竭。眼部刺激引起结膜炎和角膜损坏<br>・高浓度（质量浓度超过1000mg/m$^3$以上）吸入可发生猝死 | | |
| 个体防护 | ・佩戴正压式空气呼吸器<br>・穿内置式重型防化服 | | |
| 隔离与公共安全 | 泄漏<br>・小泄漏：初始隔离圆周半径30m，下风向防护距离白天100m、晚上400m<br>・大泄漏：初始隔离圆周半径300m，下风向防护距离白天2000m、晚上6200m<br>・进行气体浓度检测，根据有害气体的实际浓度，调整隔离、疏散距离<br>火灾<br>・火场内如有储罐、槽车或罐车，隔离1600m<br>・考虑撤离隔离区内的人员、物资 | | |

续表

| 名称 | 硫化氢 | 分子式 | $H_2S$ |
|---|---|---|---|
| 急救措施 | ・眼睛接触：立即提起眼睑，用大量流动清水或生理盐水彻底冲洗10～15min<br>・吸入：迅速脱离现场至空气新鲜处，保持呼吸道通畅；如呼吸困难，给输氧；如呼吸心跳停止，立即进行人工呼吸和胸外心脏按压术 | | |
| 灭火 | 灭火剂：雾状水、二氧化碳、抗溶性泡沫、干粉 | | |

注：标记“*”的类别，是指在有充分依据的条件下，该化学品可以采用更严格的类别。

2. 硫化氢气瓶简介

（1）结构

1）硫化氢气瓶为无缝钢瓶，由瓶体、胶圈、瓶箍、瓶阀和瓶帽五部分组成。瓶阀出口处螺纹为左旋，瓶体外部装有两个防震胶圈，瓶体表面涂白色漆。

2）硫化氢气瓶的瓶阀是控制气体进出的装置，瓶帽是用来保护瓶阀的帽罩式安全附件，避免瓶阀在运输中的撞击。

（2）用途

硫化氢气瓶是储存硫化氢的压力容器。

（3）参数

硫化氢气瓶常见的公称工作压力为 5MPa、公称容积为 40L。硫化氢气瓶实物图见图 14-3，结构图见图 14-4。

图14-3 硫化氢气瓶实物图

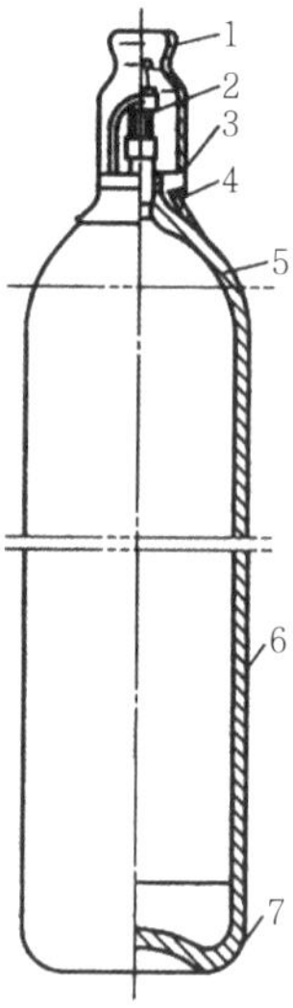


1. 瓶帽；2. 瓶阀；3. 瓶口；4. 颈圈；5. 瓶肩；6. 瓶体；7. 瓶底

图14-4 硫化氢气瓶结构图

3. 硫化氢气瓶事故原因

参见本章气瓶常见事故原因。

4. 硫化氢气瓶泄漏应急处置

（1）参见本章气瓶泄漏常规处置方法。

（2）迅速撤离泄漏污染区人员至上风处，并进行隔离，严格限制出入；隔离防护距离见表 14-1。

（3）瓶体泄漏可用合适的方法堵漏。

（4）将硫化氢气瓶泄漏处放入质量分数为 10% ~ 15% 的碳酸钠溶液中中和处理。

（5）在泄漏点上风位置，用带架水枪以开花形式和固定式喷雾水枪对准泄漏点喷射，用苏打粉或其他碱性物质，如质量分数为 10% ~ 15% 的氢氧化钠溶液的消防水幕进行硫化氢气体隔断，吸收有毒气体，防止和减少有毒气体向空中排放。

5. 硫化氢气瓶燃烧应急处置

参见本章气瓶燃烧常规处置方法。

6. 硫化氢气瓶应急处置注意事项

（1）参见本章气瓶应急处置基本注意事项。

（2）当硫化氢气瓶在运输中发生事故时，警戒区周边必须实行交通管制。

（3）人员疏散时，应向事故现场上风区转移。下风区人员需佩戴好正压式空气呼吸器。

（4）如燃烧的气瓶熄灭后无法堵漏，且泄漏造成中毒事故的可能性大，应控制其至燃尽，不要熄灭火焰。

## 第三节　氢气瓶泄漏、燃烧事故应急处置

1. 氢气介质特性

氢气介质特性见表 14-2。

**表14-2　氢气介质特性**

| 名称 | 氢气 | 分子式 | $H_2$ |
|---|---|---|---|
| 危险性类别 | 易燃气体，类别1；加压气体 | | |
| 理化性质 | • 无色无味气体，很难液化，液态氢无色透明，极易扩散和渗透<br>• 熔点：−259.2℃<br>• 沸点：−252.8℃<br>• 爆炸极限（体积分数）：4.1% ~ 74.1%<br>• 相对蒸气密度（空气=1）：0.09<br>• 相对密度（水=1，−252℃）：0.07<br>• 微溶于水，不溶于乙醇、乙醚<br>• 禁配物：强氧化剂，卤素偶联剂 | | |
| 火灾爆炸危险性 | • 极易燃，与空气混合能形成爆炸性混合物，遇热或明火即爆炸<br>• 气体比空气轻，在室内使用和储存时，漏气上升滞留屋顶不易排出，遇火星会引起爆炸<br>• 氢气与氟、氯、溴等卤素会剧烈反应 | | |
| 对人体健康危害 | • 单纯性窒息性气体<br>• 在生理学上是惰性气体，仅在高浓度时，由于空气中氧分压降低才引起窒息<br>• 在很高的分压下，氢气可呈现出麻醉作用 | | |
| 个体防护 | • 泄漏状态下佩戴正压式空气呼吸器，火灾时可佩戴简易滤毒罐<br>• 穿简易防化服 | | |

续表

| 名称 | 氢气 | 分子式 | $H_2$ |
|---|---|---|---|
| 隔离与公共安全 | 泄漏<br>・初始范围不明的情况下，初始隔离至少100m，下风向疏散至少800m<br>・进行气体浓度检测，根据有害气体的实际浓度，调整隔离、疏散距离<br>火灾<br>・火场内如有储罐、槽车或罐车，隔离1600m<br>・考虑撤离隔离区内的人员、物资 | | |
| 急救措施 | 吸入：迅速脱离现场至空气新鲜处，保持呼吸道通畅；如呼吸困难，给输氧；如呼吸心跳停止，立即进行人工呼吸和胸外心脏按压术 | | |
| 灭火 | 灭火剂：雾状水、泡沫、二氧化碳、干粉 | | |

2. 氢气瓶简介

（1）结构

1）氢气瓶为无缝钢瓶，由瓶体、胶圈、瓶箍、瓶阀和瓶帽五部分组成。瓶阀出口处螺纹为左旋，瓶体外部装有两个防震胶圈，瓶体表面涂深绿色漆。

2）氢气瓶的瓶阀是控制气体进出的装置，氢气瓶的充装与使用都要通过瓶阀，氢气瓶的瓶阀、密封材料必须采用无油脂的阻燃材料。

3）瓶帽是用来保护瓶阀的帽罩式安全附件，避免瓶阀在运输中的撞击。

（2）用途

氢气瓶是储存氢气的高压容器。

（3）参数

氢气瓶常见的公称工作压力为15MPa、公称容积为40L。氢气瓶实物图见图14-5，氢气瓶结构图见图14-6。

图14-5　氢气瓶实物图

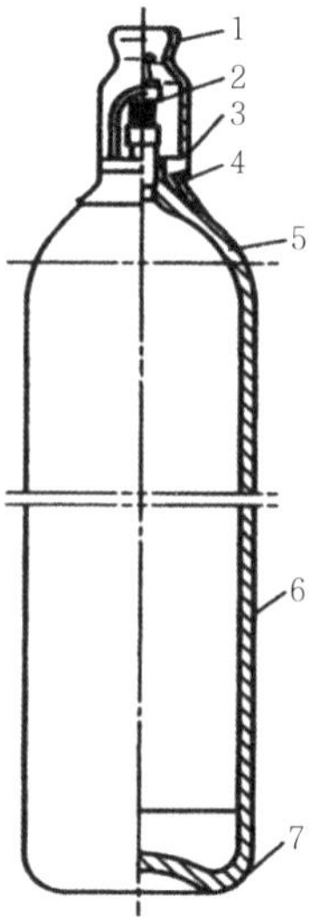


1. 瓶帽；2. 瓶阀；3. 瓶口；4. 颈圈；5. 瓶肩；6. 瓶体；7. 瓶底

图14-6　氢气瓶结构图

3. 氢气瓶事故原因

参见本章气瓶常见事故原因。

4. 氢气瓶泄漏应急处置

（1）参见本章气瓶泄漏常规处置方法。

（2）迅速撤离泄漏污染区人员至上风处，并进行隔离，严格限制出入；隔离防护距离见表 14-2。

（3）喷雾状水稀释泄漏气体。

5. 氢气瓶燃烧应急处置

参见本章气瓶燃烧常规处置方法。

6. 氢气瓶应急处置注意事项

参见本章气瓶应急处置基本注意事项。

## 第四节　氧气瓶泄漏事故应急处置

1. 氧气介质特性

氧气介质特性见表 14-3。

**表14-3　氧气介质特性**

| 名称 | 氧 | 分子式 | $O_2$ |
|---|---|---|---|
| 危险性类别 | 氧化性气体，类别1；加压气体 | | |
| 理化性质 | ·在常温和常压下是无色、无臭的气体<br>·熔点：−218.8℃<br>·沸点：−183.1℃<br>·相对蒸气密度（空气=1）：1.43<br>·相对密度（水=1，−183℃）：1.14<br>·溶于水、乙醇<br>·强氧化性，可助燃<br>·禁配物：易燃或可燃物、活性金属粉末、乙炔 | | |
| 火灾爆炸危险性 | ·本品助燃。是易燃物、可燃物燃烧爆炸的基本条件之一，能氧化大多数活性物质<br>·与易燃物（如乙炔、甲烷等）形成有爆炸性的混合物 | | |
| 对人体健康危害 | ·常压下，当氧的体积分数大于40%时，有可能发生氧中毒<br>·吸入体积分数为40%～60%的氧时，出现胸骨后不适感、轻咳，进而胸闷、胸骨后灼烧感和呼吸困难，咳嗽加剧；严重时可发生肺水肿，甚至出现呼吸窘迫综合征<br>·吸入氧体积分数大于80%时，出现面部肌肉抽动、面色苍白、眩晕、心动过速、虚脱，继而全身强直性抽搐、昏迷、呼吸衰竭而死亡<br>·长期处于氧分压为60～100kPa（相当于吸入氧体积分数40%左右）的条件下可发生眼损害，严重者可失明 | | |
| 个体防护 | ·一般不需要特殊防护，避免在高浓度氧环境下作业<br>·处理液化气体时，应穿防寒服 | | |
| 隔离与公共安全 | 大量泄漏<br>·污染范围不明的情况下，初始隔离至少30m，下风向疏散至少100m<br>·进行气体浓度检测，根据有害气体的实际浓度，调整隔离、疏散距离<br>火灾<br>·火场内如有储罐、槽车或罐车，隔离800m<br>·考虑撤离隔离区内的人员、物资 | | |

续表

| 名称 | 氧 | 分子式 | $O_2$ |
|---|---|---|---|
| 急救措施 | 吸入：迅速脱离现场至空气新鲜处，保持呼吸道通畅；如呼吸心跳停止，立即进行人工呼吸和胸外心脏按压术 | | |
| 灭火 | 灭火剂：本品为助燃物，根据着火原因选择适当灭火剂灭火 | | |

2. 氧气瓶简介

（1）结构

1）氧气瓶为无缝气瓶，由瓶体、胶圈、瓶箍、瓶阀和瓶帽五部分组成。

2）瓶阀出口处螺纹为右旋，瓶体外部装有两个防震胶圈，瓶体表面涂深蓝色漆。

3）无缝气瓶分为凹形底和带底座凸形底两类。由于凹形底气瓶稳定性好，我国生产的氧气瓶几乎都是凹形底气瓶。氧气瓶的附件有瓶阀、瓶帽。瓶阀是控制气体进出的装置，氧气的充装与使用都要通过瓶阀，氧气瓶的瓶阀、密封材料必须采用无油脂的阻燃材料。瓶帽是用来保护瓶阀的帽罩式安全附件。

（2）用途

氧气瓶是储存氧气的高压容器。

（3）参数

氧气瓶常见的公称工作压力为 15MPa、公称容积为 40L。氧气瓶实物图见图 14-7，结构图见图 14-8。

图14-7　氧气瓶实物图

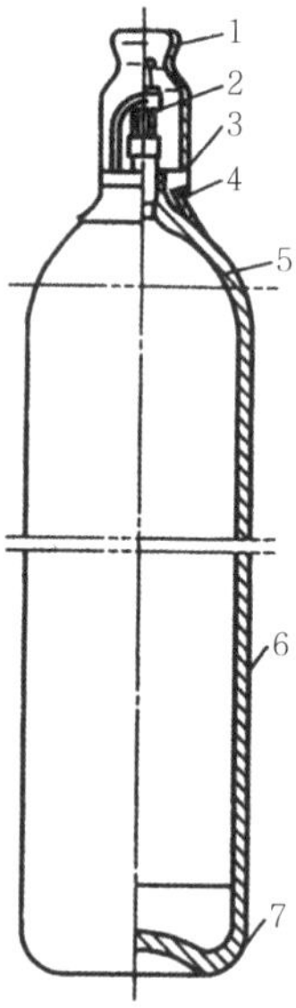

1. 瓶帽；2. 瓶阀；3. 瓶口；4. 颈圈；5. 瓶肩；6. 瓶体；7. 瓶底

图14-8　氧气瓶结构图

3. 氧气瓶事故原因

参见本章气瓶常见事故原因。

4. 氧气瓶泄漏应急处置

（1）参见本章气瓶泄漏常规处置方法。

（2）合理通风，加速扩散。

（3）喷雾状水驱散漏出气体，使其尽快扩散。

5. 氧气瓶应急处置注意事项

（1）参见本章气瓶应急处置基本注意事项。

（2）禁止用沾染油污的手和工具操作氧气瓶。

（3）泄漏氧气允许排入大气。

## 第五节　液化石油气钢瓶泄漏、燃烧事故应急处置

1. 液化石油气介质特性

液化石油气介质特性见表14-4。

**表14-4　液化石油气介质特性**

| 名称 | 液化石油气/LPG | 分子式 | — |
|---|---|---|---|
| 危险性类别 | 易燃气体，类别1；加压气体；生殖细胞致突变性，类别1B | | |
| 理化性质 | ·无色气体或黄棕色油状液体，有特殊臭味，稍加压或冷却即可液化<br>·闪点：−74℃<br>·爆炸极限（体积分数）：5%～33%<br>·相对密度（水=1）：0.5<br>·相对蒸气密度（空气=1）：1.5～2<br>·禁配物：强氧化剂、卤素<br>·在空气中易挥发、不稳定，易溶于水，而且随温度升高其溶解度增大<br>·有毒，易燃易爆、低温、腐蚀<br>·烃类混合物，主要成分为丙烷、丙烯、丁烷、丁烯等，丙烷与丁烷的体积分数之和大于60%，小于这个数值就不能称为液化石油气 | | |
| 火灾爆炸危险性 | ·极易燃，具麻醉性<br>·与空气混合能形成爆炸性混合物，遇热源和明火有燃烧爆炸的危险<br>·与氟、氯等接触会发生剧烈的化学反应<br>·其蒸气比空气重，能在较低处扩散到相当远的地方，遇火源会着火回燃<br>·火场中容器受热有爆炸危险 | | |
| 对人体健康危害 | ·空气中液化石油气体积分数小于1%时，对人体健康无害，但是，如果长期接触浓度较高的液化石油气或燃烧不完全时，对人的神经系统是有影响的，尤其是当空气中含有体积分数大于10%的高碳烃类气体或不完全燃烧产生的CO时，还会使人窒息或中毒<br>·急性中毒：有头晕、头痛、兴奋或嗜睡、恶心、呕吐、脉缓等<br>·重症者可突然倒下，尿失禁，意识丧失，甚至呼吸停止 | | |
| 个体防护 | ·泄漏状态下佩戴正压式空气呼吸器，火灾时可佩戴简易滤毒罐<br>·穿简易防化服<br>·戴防化手套处理液化气体时，应穿防寒服 | | |
| 隔离与公共安全 | 泄漏<br>·小泄漏：初始隔离圆周半径30m，下风向防护距离白天100m、晚上100m<br>·大泄漏：初始隔离圆周半径60m，下风向防护距离白天300m、晚上400m<br>·进行气体浓度检测，根据有害气体的实际浓度，调整隔离、疏散距离<br>火灾<br>·火场内如有储罐、槽车或罐车，隔离1600m<br>·考虑撤离隔离区内的人员、物资 | | |

续表

| 名称 | 液化石油气/LPG | 分子式 | — |
|---|---|---|---|
| 急救措施 | ·皮肤接触：若有冻伤，就医治疗<br>·吸入：迅速脱离现场至空气新鲜处，保持呼吸道通畅；如呼吸困难，给输氧；如呼吸心跳停止，立即进行人工呼吸和胸外心脏按压术 | | |
| 灭火 | 灭火剂：雾状水、泡沫、二氧化碳 | | |

2. 液化石油气钢瓶简介

（1）结构

1）液化石油气钢瓶瓶体由上、下两封头组成，中间有一环焊缝。阀座焊接在钢瓶上封头上，用以装配瓶阀的零件。瓶阀护罩与瓶体用焊接方法连接。底座是为使气瓶能稳定站立，与瓶体固定连接的底圈式部件。

2）液化石油气钢瓶的附件有瓶阀和阀座。瓶阀是控制气体进出的装置，液化石油气的充装与使用都要通过瓶阀；阀座由碳钢制成，焊接在上封头上。

（2）用途

液化石油气钢瓶是储存液化石油气的压力容器。

（3）参数

液化石油气钢瓶公称工作压力为 2.1MPa，常见的公称容积为 15L、40L，适用环境温度为 -40℃ ~ 60℃，充装系数不大于 0.42kg/L。液化石油气钢瓶实物图见图 14-9，液化石油气钢瓶结构图见图 14-10，常用减压阀见图 14-11。

图14-9　液化石油气钢瓶实物图

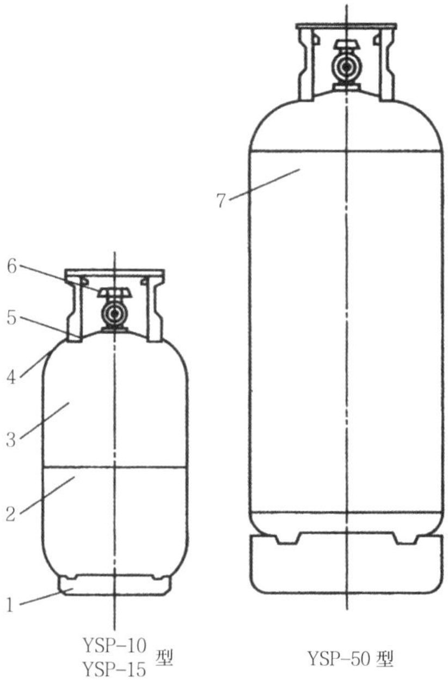


1. 底座；2. 下封头；3. 上封头；4. 阀座；
5. 护罩；6. 瓶阀；7. 筒体

图14-10　液化石油气钢瓶结构图

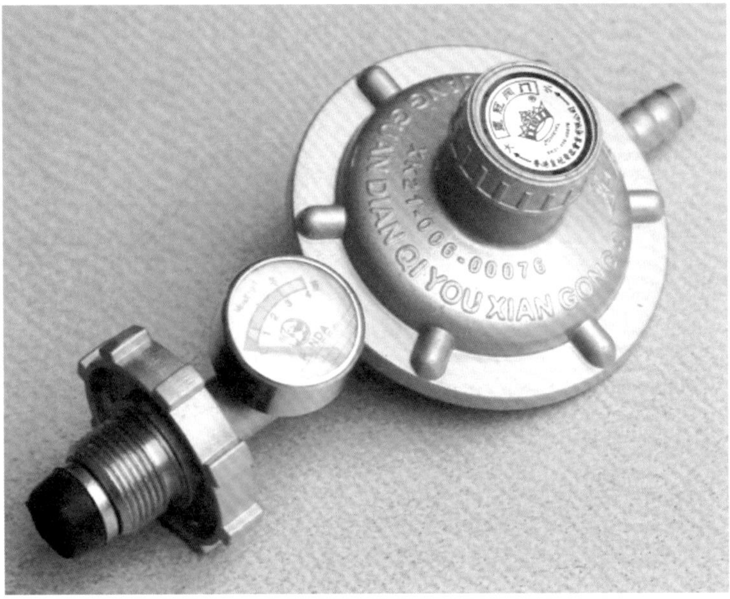


图14-11　常用减压阀

3.液化石油气钢瓶及连接件事故原因

（1）参见本章气瓶常见事故原因。

（2）与瓶阀连接的减压阀前端密封圈老化、开裂、损坏或未安装。

（3）减压阀与气瓶瓶阀连接不紧，瓶阀出口螺纹损坏，或与减压阀连接螺纹不匹配。

（4）减压阀膜片损坏。

（5）灶具上的控制阀泄漏。

4.液化石油气钢瓶泄漏应急处置

（1）参见本章气瓶泄漏常规处置方法。

（2）如为大容积钢瓶，泄漏量较大，应迅速撤离泄漏污染区人员至上风处，并进行隔离，严格限制出入；隔离防护距离见表14-4。

（3）家庭一旦发生液化石油气泄漏，如泄漏量较小应迅速关闭钢瓶瓶阀，然后打开门窗进行通风。杜绝一切火种，切勿触动电话、室内电器具开关。并及时到户外拨打供气单位维修电话或110、119，向公安消防部门报警。

5.液化石油气钢瓶燃烧应急处置

参见本章气瓶燃烧常规处置方法。

6.液化石油气钢瓶应急处置注意事项

参见本章气瓶应急处置基本注意事项。

## 第六节　液氯钢瓶泄漏事故应急处置

1. 液氯介质特性

液氯介质特性见表 14-5。

**表14-5　液氯介质特性**

| 名称 | 氯 | 分子式 | $Cl_2$ |
|---|---|---|---|
| 危险性类别 | 加压气体；急性毒性—吸入，类别2；皮肤腐蚀/刺激，类别2；严重眼损伤/眼刺激，类别2；特异性靶器官毒性——次接触，类别3（呼吸道刺激）；危害水生环境—急性危害，类别1 | | |
| 理化性质 | ·具有刺激性，气体为黄绿色，液化后为淡黄色油状液体<br>·熔点：−101℃<br>·沸点：−34.5℃<br>·相对密度（水=1）：1.4685（0℃），1.557（−34.6℃）<br>·相对蒸气密度（空气=1）：2.48<br>·液氯：强氧化性，具有助燃性<br>·禁配物：易燃或可燃物，醇类，乙醚，氢<br>·对大部分金属和非金属都有腐蚀性<br>·氯气的体积膨胀系数较大，满量充装液氯的钢瓶，在0℃~60℃范围内，液氯温度每升高1℃，其压力升高0.87～1.42MPa，因而液氯气瓶超装极易发生爆炸 | | |
| 火灾爆炸危险性 | ·不燃烧，可助燃，一般可燃物大都能在氯气中燃烧，一般易燃物质或蒸气也能与氯气形成爆炸性混合物<br>·气体比空气重，可沿地面扩散，聚集在低洼处<br>·包装容器受热有爆炸的危险<br>·能与许多化学品如乙炔、松节油、乙醚、氨、燃料气、烃类、氢气、金属粉末等发生猛烈反应而引起爆炸或生成爆炸性物质，与油脂或有机物等接触也可以发生爆炸 | | |
| 对人体健康危害 | ·剧毒，吸入高浓度可致死<br>·液氯对眼、呼吸道黏膜有刺激作用，重者发生肺水肿、昏迷和休克，可出现气胸、纵隔气肿等并发症<br>·吸入极高浓度的氯气，可引起迷走神经反射性心脏骤停或喉头痉挛而发生“电击样”死亡<br>·液氯或高浓度氯气可引起皮肤暴露部位急性皮炎或灼伤 | | |
| 个体防护 | ·佩戴正压式空气呼吸器<br>·穿内置式重型防化服<br>·处理液化气体时应穿防寒服 | | |
| 隔离与公共安全 | 泄漏<br>·小泄漏：初始隔离圆周半径60m，下风向防护距离白天400m、晚上1600m<br>·大泄漏：初始隔离圆周半径600m，下风向防护距离白天3500m、晚上8000m<br>·进行气体浓度检测，根据有害气体的实际浓度，调整隔离、疏散距离<br>火灾<br>·火场内如有储罐、槽车或罐车，隔离800m<br>·考虑撤离隔离区内的人员、物资 | | |
| 急救措施 | ·皮肤接触：立即脱去污染的衣着，用大量流动清水冲洗至少15min<br>·眼睛接触：提起眼睑，用流动清水或生理盐水冲洗至少l5min<br>吸入：迅速脱离现场至空气新鲜处，如呼吸困难，给输氧；如呼吸心跳停止，立即进行人工呼吸和胸外心脏按压术 | | |
| 灭火 | 本品不燃。根据着火原因选择适当灭火剂灭火，喷水保持火场容器冷却，直至灭火结束 | | |

2. 液氯钢瓶简介

（1）结构

1）液氯钢瓶由瓶体、导管、针型阀、保护罩和防震圈等部分组成。瓶体表面涂深绿漆，字样液氯为白色。

2）液氯钢瓶的瓶阀是控制气体进出的装置，瓶帽是用来保护瓶阀的帽罩式安全附件，避免瓶阀在运输中的撞击。

（2）用途

液氯钢瓶是储存液氯的压力容器。

（3）参数

常见的焊接液氯钢瓶公称工作压力为 2MPa、公称容积一般为 84 ~ 800L。常见液氯钢瓶实物图见图 14-12，结构图见图 14-13。

图14-12　液氯钢瓶实物图

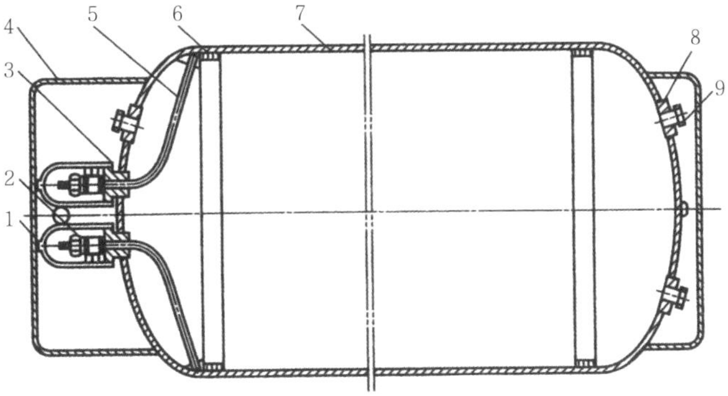


1. 瓶帽；2. 瓶阀；3. 阀座；4. 护罩；5. 导管；
6. 衬圈；7. 筒体；8. 易熔塞座；9. 易熔合金塞

图14-13　常见液氯钢瓶的结构

3. 液氯钢瓶事故原因

（1）参见本章气瓶常见事故原因。

（2）易熔塞受热泄漏。

4. 液氯钢瓶泄漏应急处置

（1）参见本章气瓶泄漏常规处置方法。

（2）迅速撤离泄漏污染区人员至上风处，并进行隔离，严格限制出入；隔离防护距离见表 14-5。

（3）转动钢瓶，使泄漏部位位于氯的气态空间。

（4）通过（1）条无法解决的针型阀可使用针型阀泄漏应急堵漏罩（专用应急工具），将针型阀外部整体密封在罩内。

（5）易熔塞泄漏可使用易熔塞泄漏堵漏器（专用应急工具）。

（6）瓶体泄漏可用木塞缠绕聚四氟乙烯生胶带堵漏。

（7）将液氯钢瓶浸入碱液池中 [ 如 10% ~ 15%（质量分数）氢氧化钠溶液 ]。

（8）喷雾状水吸收逸出的气体，注意收集产生的废水。

（9）高浓度泄漏区，喷氢氧化钠等稀碱液中和。

5. 液氯钢瓶应急处置注意事项

（1）参见本章气瓶应急处置基本注意事项。

（2）液氯钢瓶在运输中发生事故时，警戒区周边必须实行交通管制。

（3）人员疏散时，应向事故现场上风区转移。下风区人员需佩戴好正压式空气呼吸器。

（4）远离可燃物（氯气助燃）。

（5）液氯钢瓶受热有发生爆炸的危险。

## 第七节　乙炔气瓶泄漏、燃烧事故应急处置

1. 乙炔介质特性

乙炔介质特性见表 14-6。

**表14-6　乙炔介质特性见表**

| 名称 | 乙炔（电石气） | 分子式 | $C_2H_2$ |
|---|---|---|---|
| 危险性类别 | 易燃气体，类别1；化学不稳定性气体，类别A；加压气体 | | |
| 理化性质 | • 纯乙炔是无色无臭的，但工业用乙炔由于含有硫化氢、磷化氢等杂质，而有大蒜的气味<br>• 沸点：–83.8℃<br>• 熔点（119kPa）：–81.8℃<br>• 爆炸极限（体积分数）：2.1% ~ 80.0%<br>• 相对密度（水=1）：0.62<br>• 相对蒸气密度（空气=1）：0.91<br>• 易燃、具窒息性<br>• 溶解性：微溶于水、乙醇，溶于丙酮、氯仿、苯<br>• 禁配物：强氧化剂、强酸、卤素 | | |
| 火灾爆炸危险性 | • 极易燃烧爆炸<br>• 与空气可形成爆炸性混合物，遇明火、高热能引起燃烧爆炸<br>• 对撞击和压力敏感<br>• 与氧化剂接触猛烈反应<br>• 与氟、氯等接触会发生剧烈的化学反应<br>• 能与铜、银、汞等的化合物生成爆炸性物质 | | |

续表

| 名称 | 乙炔（电石气） | 分子式 | $C_2H_2$ |
|---|---|---|---|
| 对人体健康危害 | ·纯乙炔属微毒类，具有弱麻醉和阻止细胞氧化的作用，麻醉恢复快，无后遗症<br>·高浓度时排挤空气中的氧，引起单纯性窒息作用<br>·乙炔中常混有磷化氢、硫化氢等气体，故常伴有此类毒物的毒作用<br>·人接触100mg/m$^3$能耐受30～60min<br>·含10%（体积分数）乙炔的空气中5h，有轻度中毒反应；20%（体积分数）引起明显缺氧；30%（体积分数）时共济失调；35%（体积分数）时5min引起意识丧失 | | |
| 个体防护 | ·泄漏状态下佩戴正压式呼吸器，火灾时可佩戴简易滤毒罐<br>·穿简易防化服<br>·戴防化手套 | | |
| 隔离与公共安全 | 泄漏<br>·污染范围不明的情况下，初始隔离至少100m，下风向疏散至少800m<br>·进行气体浓度检测，根据有害气体的实际浓度，调整隔离、疏散距离<br>火灾<br>·火场内如有储罐、槽车或罐车，隔离1600m<br>·考虑撤离隔离区内的人员、物资 | | |
| 急救措施 | 吸入：迅速脱离现场至空气新鲜处，保持呼吸道通畅；如呼吸困难，给输氧；如呼吸心跳停止，立即进行人工呼吸和胸外心脏按压术 | | |
| 灭火 | 灭火剂：雾状水、泡沫、二氧化碳、干粉 | | |

2. 乙炔气瓶简介

（1）结构

1）乙炔气瓶材质为碳钢，其外形与氧气瓶相似，但比氧气瓶略短（长约1.12m）、直径略粗（直径约250mm），瓶体表面涂白漆，并印有“乙炔气瓶”“不可近火”等红色字样。乙炔瓶内有微孔填料布满其中，而微孔填料中浸满丙酮，利用乙炔易溶于丙酮的特点，使乙炔稳定、安全地储存在乙炔气瓶中。

2）乙炔瓶阀是控制乙炔瓶内乙炔进出的阀门，它主要包括阀体、阀杆、密封垫圈、压紧螺母、活门和过滤件等几部分。乙炔阀门没有手轮，用方孔套筒扳手实现活门开启和关闭。当方形套筒反手按逆时针方向旋转阀杆上端的方形头时，活门向上移动是开启阀门，反之则是关闭。乙炔瓶阀体是由低碳钢制成的，阀体下端是 $\phi 27.8\times14$ 牙/英寸螺纹的锥形尾，以使旋入瓶体上口。由于乙炔瓶阀的出气口处无螺纹，因此使用减压器时必须带有夹紧装置与瓶阀结合。

（2）用途

乙炔气瓶是储存乙炔气的压力容器。

（3）参数

乙炔气瓶的设计压力为3MPa，工作压力为1.5MPa，乙炔瓶的容量为40L，一般乙炔瓶中能溶解6～7kg乙炔。乙炔气瓶实物图见图14-14，结构图见图14-15。

3. 乙炔气瓶事故原因

（1）参见本章气瓶常见事故原因。

（2）易熔塞受热泄漏。

图14-14　乙炔气瓶实物图

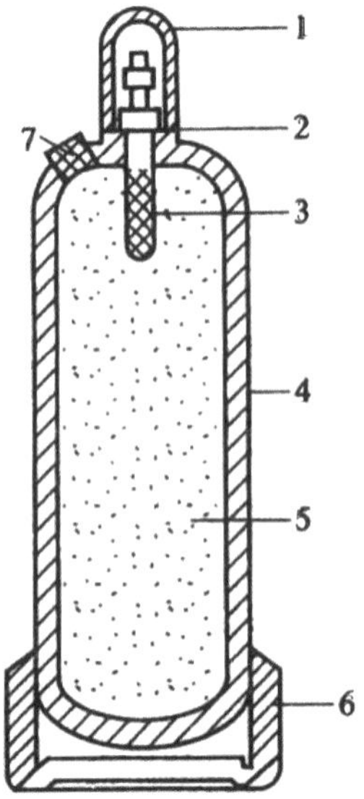


1. 瓶帽；2. 瓶阀；3. 分解网；
4. 瓶体；5. 微孔填料（硅酸钙）；
6. 底座；7. 易熔塞

图14-15　乙炔气瓶结构图

4. 乙炔气瓶泄漏应急处置

（1）参见本章气瓶泄漏常规处置方法。

（2）对瓶阀装有膜片（爆破片）式泄压装置的乙炔瓶，发现其泄压帽漏气，应缓慢拧紧泄压帽。若瓶肩易熔合金塞与塞座连接处漏气，则缓慢拧紧易熔合金塞。

（3）乙炔瓶阀开关需用专用的扳手。

（4）瓶体泄漏可用木塞缠绕聚四氟乙烯生胶带堵漏。

5. 乙炔瓶燃烧应急处置

参见本章气瓶燃烧常规处置方法。

6. 乙炔瓶应急处置注意事项

参见本章气瓶应急处置基本注意事项。

# 第十五章 压力管道事故应急处置

## 第一节 压力管道事故应急处置通用部分

1. 压力管道简介

《特种设备目录》（质检总局2014年第114号）中定义的压力管道，是指利用一定的压力，用于输送气体或者液体的管状设备，其范围规定为最高工作压力（表压）大于或者等于0.1MPa，介质为气体、液化气体、蒸汽或者可燃、易爆、有毒、有腐蚀性、最高工作温度高于或者等于标准沸点的液体，且公称直径大于或者等于50mm的管道。公称直径小于150mm，且其最高工作压力（表压）小于1.6MPa的输送无毒、不可燃、无腐蚀性气体的管道和设备本体所属管道除外。压力管道实物图见图15-1。

《特种设备目录》中压力管道的类别有长输管道、公用管道和工业管道。

长输管道：指产地、储存库、使用单位间用于输送商品介质的管道。按照输送介质分为输油管道、输气管道。

公用管道：指城市或乡镇范围内的用于公用事业或民用的燃气管道和热力管道。

工业管道：指企业、事业单位所属的用于输送工艺介质的工艺管道、公用工程管道及其他辅助管道。

图15-1　压力管实物图

2. 压力管道常见事故原因

可能引起压力管道泄漏的主要原因有：

（1）压力管道设计不当造成管系在设计寿命内无法满足运行工况要求，使得管道及附属设备损坏。

（2）压力管道材料失效，如内外部腐蚀及应力腐蚀开裂等。

（3）压力管道制造、安装缺陷在运行中扩展造成管道失效。

（4）压力管道或附件密封元件选型不当、老化等造成管道泄漏。

（5）违章作业、误操作、第三方破坏等造成的管道破坏。

（6）自然灾害（包括地震、滑坡、雷击）造成的管道破坏。

（7）违章占压，导致地基下沉，引发埋地管道破坏。

3. 压力管道应急处置基本注意事项

（1）防止泄漏物进入排水系统、下水道、地下室等受限空间，可用沙袋等封堵。

（2）根据介质特性和现场情况佩戴个体防护装备。

（3）在应急处置过程中，应尽量减小有毒有害介质及应急处置的废水对水源和周围环境的污染危害，避免发生二次灾害。

（4）有毒有害、易燃易爆介质泄漏应保持通风，隔离泄漏区直至散尽。

（5）埋地管道开挖时须派专人密切关注地下管网情况，防止机械开挖时破坏事故管线和其他管线、电缆等。

（6）可燃介质管道泄漏时，应：

1）应急处置时应消除事故隔离区内所有点火源。

2）应急处置人员必须穿防静电护具，不得穿化学纤维或带铁钉鞋，现场需备有石棉布、棉布套及灭火器（干粉、二氧化碳）。

3）处置漏气必须使用不产生火星的工具，机电仪器设备应防爆或可靠接地，以防止引燃泄漏物。

4）检查泄漏部位，必须使用可燃气体检测器或肥皂水涂液法，严禁用明火去查漏。

5）及时清除周围可燃、易燃、易爆危险物品。

（7）事故向不利方面发展时，应提出请求上级支援，并向当地政府部门报告，同时根据现场情况，积极采取有效措施防止事故扩大。

（8）除公安、消防人员外，其他警戒保卫人员，以及抢险人员、医疗人员等参与应急处置行动人员，须有标明其身份的明显标志。

（9）必要时实施交通管制，疏散周围非抢险人员。

4. 其他

本章未列入的压力管道，可参照其连接的相同介质的设备进行应急处置。

## 第二节　输油管道泄漏、燃烧事故应急处置

1. 原油介质特性

原油介质特性见表15-1。

**表15-1　原油介质特性**

| 名称 | 原油 | 分子式 | — |
|---|---|---|---|
| 危险性类别 | （1）闪点＜23℃和初沸点≤35℃：易燃液体，类别1<br>（2）闪点<23℃和初沸点>35℃：易燃液体，类别2<br>（3）23℃≤闪点≤60℃：易燃液体，类别3 | | |
| 理化性质 | • 视组分的不同具有不同的颜色，如黄色、黑色、褐色等的黏稠状液体<br>• 主要成分为石油或其沉淀物一起产生的碳氢化合物以及氮硫化合物的混合物<br>• 沸点：从常温到500℃以上<br>• 相对密度（水=1）：0.75～0.95<br>• 闪点：−20℃～100℃<br>• 爆炸极限：1.1%～8.7%<br>• 微溶于水，溶于三氯甲烷<br>• 禁配物：强氧化剂 | | |
| 火灾爆炸危险性 | • 易燃<br>• 遇到高热、火星、火苗极易引起燃烧爆炸<br>• 受热分解成轻质烃类 | | |
| 对人体健康危害 | • 原油中芳香烃以及杂原子化合物具有一定的毒性<br>• 皮肤危害：对皮肤具有过敏性影响<br>• 眼睛接触：视原油中芳香烃硫化合物和氮化合物的含量具有不同程度的刺激性<br>• 吸入：会刺激呼吸道和呼吸器官，引起恶心、头晕等症状 | | |
| 个体防护 | • 佩戴全防型滤毒罐<br>• 穿简易防化服<br>• 戴防化手套<br>• 穿防化安全靴 | | |

续表

| 名称 | 原油 | 分子式 | — |
|---|---|---|---|
| 隔离与公共安全 | 泄漏<br>·污染范围不明的情况下，初始隔离至少50m，下风向疏散至少300m<br>·发生大量泄漏时，初始隔离至少300m，下风向疏散至少1000m<br>·进行气体浓度监测，根据有毒蒸气的实际浓度，调整隔离、疏散距离<br>火灾<br>·火场内如有储罐、槽车或罐车，隔离800m<br>·考虑撤离隔离区内的人员、物资 | | |
| 急救措施 | ·皮肤接触：用清水清洗15min，衣服与鞋子在再次穿用之前要彻底清洗干净，如果仍出现不适，就医<br>·眼睛接触：立即用大量清水冲洗至少15min<br>·吸入：迅速脱离现场至空气新鲜处，保持呼吸道通畅；如呼吸困难，给输氧；如呼吸心跳停止，立即进行人工呼吸和胸外按压术<br>·食入：给饮牛奶或用植物油洗胃和灌肠 | | |
| 灭火 | 灭火剂：雾状水、泡沫、干粉、二氧化碳 | | |

2. 输油管道简介

（1）结构。输油管道多为埋地敷设，包括管子、管件、法兰、螺栓连接、垫片、阀门、其他组成件或受压部件和支承件（地上管道）等。一般设有阴极保护装置和外防腐层。管道沿线还设有阀门井、标志牌、标志桩和测试桩，便于管道的检测和维护。

（2）用途。输油管道由管子及其附件组成，并按照工艺流程的需要，配备相应的油泵机组，设计安装成一个完整的管道系统，用以完成油料接卸及输转任务。

（3）参数。输油管道的设计压力一般为 1.0 ~ 4.0MPa，设计温度为常温，但因敷设环境和供油需要而相应变化。输油管道实物图见图 15-2。

图15-2　输油管道实物图

3. 输油管道事故原因

参见本章压力管道常见事故原因。

4. 输油泄漏应急处置

（1）迅速撤离泄漏污染区人员至上风处，并进行隔离，严格限制出入；隔离防护距离见表 15-1。

（2）现场应急处置

1）当接报有管道泄漏时，应立即安排人员查找泄漏点。

2）使用防爆的通信工具。

3）根据泄漏点的实际情况，可采用卡具堵漏或管道封堵换管等措施，如果现场不允许长时间停输，应首先架设旁通线方式，恢复燃油输送，并采取进一步抢险措施。

4）构筑围堤或挖沟槽收容泄漏物，并在内部放置耐油防渗布，收集泄漏物，防止进入水体、下水道、地下室等限制性空间；必要时应对周边下水道等限制性空间的可燃介质进行监测，防止发生大范围燃爆事故。

5）喷雾状水稀释泄漏物挥发的气体，禁止用直流水冲击泄漏物。

6）用泡沫覆盖泄漏物，减少挥发。

7）用砂土或其他不燃材料吸收泄漏物。

8）如果海上或水域发生溢油事故，可布防围油栏引导或遏制溢油，防止溢油扩散，使用撇油器、吸油棉或消油剂消除溢油。

9）及时用油罐车等回收泄漏物。

5.输油管道燃烧应急处置

（1）应在保证安全的情况下关闭阀门。

（2）用水幕、雾状水或常规泡沫灭火。不得使用直流水扑救。

（3）尽可能远距离灭火或使用遥控水枪或水炮扑救。

6.输油管道应急处置注意事项

（1）参见本章压力管道应急处置基本注意事项。

（2）进入密闭空间之前必须先通风。

（3）在危险区域还要通知电力或附近企业立即断电。

（4）千万不要试图在关闭运输供给之前灭掉气体着火点，这样做会直接导致爆炸。

（5）千万不要试图运转管道阀门，这样可能扩大或者恶化事故或者导致另外的管道泄漏。

（6）气体管道破裂情形发生时，产生巨大的破裂声或者爆炸声响，并有显著火花和剧烈的破裂噪声，接下来要做的：

1）立刻撤离事故区域。

2）转移到上风区，远离明火，防止人员进入事故区域；如果没有明火呈现，不要开关车辆或电气设备（比如手机、无线对讲机或者打火机），这样做可能导致火花或引燃。

3）遗弃事故区域或临近区域的设备。

4）让车辆远离，进入保护区域。

5）如果明火呈现，最好开车远离事故区域。

6）逃离足够远的距离，直到噪声不会影响正常的交谈或通话。

7）在安全区域，打电话给120或者联系当地消防或执法机关，并告知管道经营者。

（7）有下面任何一项发生即可怀疑液体管道泄漏：地面上出现液体气泡、流动的水或者静水表面出现“油膜”、地表出现明火、油蒸气云、脱色的植物或者类似雪的物质、不寻常的石油气味或者臭鸡蛋味道。接下来需要做的是：

1）不要进入油雾或油蒸气云里。

2）小心撤离事故区域，逃离到任何不会再听见、看见或者闻到气体的地方。

3）避免打开可能引起火花的东西（比如手机、无线对讲机或者打火机），这样做可能导致火花或引燃。

4）遗弃事故区域或临近区域的设备。

5）避免导致明火。

6）防止人员进入事故区域。

7）在安全区域，打电话给120或者联系当地消防或执法机关，并告知管道经营者。

8）考虑建立防护区域。

## 第三节　天然气管道泄漏、燃烧事故应急处置

1. 天然气介质特性

天然气介质特性见表15-2。

表15-2　天然气介质特性

| 名称 | 天然气/LNG | 分子式 | — |
| --- | --- | --- | --- |
| 危险性类别 | 易燃气体，类别1；加压气体 | | |
| 理化性质 | ·主要成分是甲烷，为无色、无味、无毒且无腐蚀性气体<br>·沸点：−162.5℃<br>·爆炸极限（体积分数）：5%～14%<br>·相对密度（水=1）：约0.45<br>·相对蒸气密度（空气=1）：0.7～0.75 | | |
| 火灾爆炸危险性 | ·易燃、易爆<br>·甲烷的最大燃烧速度为0.38m/s，燃烧速度快<br>·火焰温度高，辐射热高，对人体伤害大<br>·爆炸速度快，冲击波威力大，破坏性强<br>·天然气气体比空气轻，容易逸散<br>·与空气混合能形成爆炸性混合物，遇明火、高热极易燃烧爆炸，且爆炸下限低，最小着火能量小 | | |
| 对人体健康危害 | 天然气对人基本无毒，但浓度过高时，使空气中氧含量明显降低，使人窒息。当空气中甲烷达25%~30%（体积分数）时，可引起头痛、头晕、乏力、注意力不集中、呼吸和心跳加速、共济失调。若不及时脱离，可致窒息死亡 | | |

续表

| 名称 | 天然气/LNG | 分子式 | — |
|---|---|---|---|
| 个体防护 | ・泄漏状态下佩戴正压式空气呼吸器，火灾时可佩戴简易滤毒罐<br>・穿简易防化服<br>・处理液化气体时，应穿防寒服 | | |
| 隔离与公共安全 | 泄漏<br>・污染范围不明的情况下，初始隔离至少100m，下风向疏散至少800m<br>・大口径输气管线泄漏时，初始隔离至少1000m，下风向疏散至少1500m<br>・进行气体浓度监测，根据气体的实际浓度，调整隔离、疏散距离<br>火灾<br>・火场内如有储罐、槽车或罐车，隔离1600m<br>・考虑撤离隔离区内的人员、物资 | | |
| 急救措施 | 吸入：迅速脱离现场至空气新鲜处，保持呼吸道通畅；如呼吸困难，给输氧；如呼吸心跳停止，立即进行人工呼吸和胸外心脏按压术 | | |
| 灭火 | 灭火剂：雾状水、泡沫、二氧化碳 | | |

2. 天然气管道简介

（1）结构。长输天然气管道和城镇天然气管道多为埋地敷设，包括管子、管件、法兰、螺栓连接、垫片、阀门、其他组成件或受压部件和支承件（地上管道）等。钢制管道一般设有阴极保护装置和外防腐层。长输天然气管道一般管径较大（管径 *DN*400mm 以上）、距离长（一般从几百千米至几千千米），管道材质均为钢管。城镇天然气管道一般是由高、中、低压管网组成，遍布在整个城市和近郊，成环形布置，组成输配管网，管道材质有钢管和 PE 管。管道沿线还设有阀门井、标志牌、标志桩和测试桩，便于管道的检测和维护。

（2）用途。天然气管道是由管子及其附件所组成，将天然气（包括油田生产的伴生气）从开采地或处理厂输送到城市配气中心或工业企业用户的管道，又称输气管道。

（3）参数。长输天然气管道设计压力一般为 4.0~10.0MPa，设计温度一般为常温；城镇天然气管道设计压力一般为 0.1~4.0MPa，设计温度一般为常温。天然气管道实物图见图 15-3。

图15-3　天然气管道实物图

3. 天然气管道事故原因

参见本章压力管道常见事故原因。

4. 天然气泄漏应急处置

（1）当接报有管道泄漏时，应立即安排人员查找泄漏点，使用防爆的通信工具。

（2）分析判断事故管段位置，通知有关场站操作流程，关闭事故管段两端阀门，启动相关场站紧急放空，减少事故段天然气泄漏量。

（3）立即通知地方政府、公安、消防、医疗救护等部门协助抢修、人员疏散、警戒、消防监护。若此时地方政府未到现场，由先到场的应急人员协助事故现场地方基层的行政单位疏散事故周边人员，划定警戒区。若地方政府到现场，告知隔离防护范围。隔离防护距离见表 15-2，由地方政府进行人员疏散、隔离和警戒。

（4）联系相关单位或附近居民，了解在天然气泄漏区域内是否有其他密闭空间（如地下室、地下窖井等），同时检查管线附近居民室内是否窜入泄漏天然气，并采取相应措施。

（5）立即通知供用气单位及相关部门，及时启动气量调配应急方案。

（6）当天然气浓度在爆炸极限范围以内时，应强制通风，降低浓度后方可作业。作业现场应保证人员疏散通道及消防通道畅通，灭火器材专人到位。

（7）根据现场提供的情况，制订抢修方案。如是管线本体、焊缝、阀门及连接法兰因出现砂眼、细微裂缝、密封不严等而引起的程度不很严重的漏气，这类问题可采用不停气、不放空，用带压堵漏的方法解决（运行压力能够满足施工要求的情况下），其主要器具是用半圆顶丝管卡或柔性钢带顶丝管卡。

（8）如是管段破裂大量漏气，则可将事故管段进行氮气置换或两端进行减压并封堵，在氮气保护下用切管机切掉事故管段。

（9）按要求进行不停输换管施工。

（10）当处置中无法消除漏气现象或不能切断气源时，禁止动火作业，并作好事故现场的安全防护工作。喷雾状水稀释泄漏天然气，改变蒸气云流向。

5. 天然气管道燃烧应急处置

（1）应在保证安全的情况下关闭阀门。

（2）天然气泄漏还没有得到控制时，切勿盲目将火全部扑灭，否则，火灭后天然气泄漏出来继续与空气混合，遇火源易发生爆炸。正确的扑火方法是：先扑灭外围的可燃物大火，切断火势蔓延的途径，控制燃烧范围，等到天然气泄漏得到控制时，再将火完全扑灭。

（3）视情况适时划定警戒区域。

（4）喷雾水枪快速出水降低热辐射，对下风建筑物实施重点保护。

（5）若火源上方有高压线和电话等通信线路，水枪手穿绝缘靴戴绝缘手套，将水流从高压线旁边垂直喷射到高压线上方，散落水花对裸露的通信线路降温保护。

（6）若火势已使邻近建筑物外墙广告牌、装饰面起火，应立即铺设水带深入建筑物内部，将水枪阵地设置于直接靠近火点的楼层窗口。

（7）发生电线断落，应由专业人员尽快处置。

（8）待压力降低后用喷雾水枪适时灭火，视情逐步缩小警戒区域直至撤销。

（9）尽可能远距离灭火或使用遥控水枪或水炮扑救。

6. 天然气应急处置注意事项

（1）参见本章压力管道应急处置基本注意事项。

（2）在危险区域还要通知电力或附近企业立即断电。

（3）管道修复后，要确认天然气设施完好无泄漏，阀门启闭也符合要求后才能供气，并用便携式可燃气体报警器对周围阀井、建（构）筑物、地下沟渠等进行天然气浓度检测，确认不存在不安全因素后，撤离现场。

（4）切记以下两点重要内容：

1）千万不要试图灭掉气体着火点，这样做可能扩大或者恶化事故，或者导致另外的管道泄漏。

2）千万不要试图运转管道阀门。这样可能扩大或者恶化事故，或者导致另外的管道泄漏。

（5）气体管道破裂情形发生时，如果产生巨大的破裂声响或者爆炸声响，接下来需要做的是：

1）立即撤离事故区域。

2）转移到上风区，远离明火，防止人员进入事故区域。

3）如果没有明火呈现，不要开关车辆或电气设备（比如手机、无线对讲机或者打火机），这样做可能导致火花产生或引燃。

4）遗弃事故区域或临近区域的设备。

5）如果明火呈现，开车远离事故区域。

6）移动足够远的距离直到噪声不影响正常交谈或通话；在安全区域，打电话给 120 或者联系当地消防或执法机关，并告知管道经营者。

（6）有下面任何一项发生即可怀疑气体管道泄漏，现场有嘶嘶声或者类似哨声，并产生特别强烈的气味，闻起来像臭鸡蛋味，有浓雾、薄雾或者白色的云，水中、池塘中或者小溪中有泡泡，地面上有很多灰尘，管道上方的植物脱色或死亡，接下来需要做的是：

1）撤离事故区域，逃离到任何不会再听见声响、看见火光或者闻到气体味道的地方。

2）不要开关车辆或电气设备（比如手机、无线对讲机或者打火机），这样做可能导致火花发生或引燃。遗弃事故区域或临近区域的设备。

3）避免导致明火。

4）防止人员进入事故区域。

5）在安全区域，打电话给120或者联系当地消防和执法机关，并告知管道经营者。

6）考虑建立防护区域。

# 第十六章
# 常压储罐事故应急处置

## 第一节　常压储罐简介

常压储罐是用于石油、化工、仓储行业中原料、成品、中间产品等液体介质储存的容器。

1. 常压储罐一般结构

常压储罐多为立式钢制圆筒形焊接储罐，主要由罐顶（浮顶）、罐壁、罐底、加热设施、绝热层、阴极保护装置、安全附件（液位计、温度计、呼吸阀、紧急切断装置、高低液位报警装置）、附属构件（排水孔、扶梯、人孔、透光孔）等部件组成。罐体一般为圆柱形，按其罐顶结构形式可分为固定顶储罐、内浮顶储罐、外浮顶储罐三种。

2. 常压储罐设计参数

常压储罐的设计压力为常压，设计温度因储存介质情况而异，罐体厚度由储存介质的相对密度、腐蚀速率、罐体容积等因素确定。

3. 常压储罐一般工作原理

（1）固定顶储罐具有一层罐顶，罐顶与罐壁采用焊接方式连接，顶部固定，罐顶一般为球冠形或圆锥形。罐顶部装有呼吸阀或通气孔，随着储罐输入或输出介质，通过呼吸阀或通气孔排出或吸入空气，保持罐内压力平衡。此类储罐设计简单，在储存无特殊工艺要求的且常压下为液态的介质时，常采用固定顶储罐。

（2）内浮顶储罐具有两层罐顶，一层为设置在外侧的固定顶，另一层为罐内增设的漂浮在储液表面的浮顶，浮顶层通常采用浮盘或浮舱的形式，罐壁顶端设置通气孔。浮顶随液位的升降而升降，升降过程中浮顶与罐壁之间由密封装置保持密封状态，浮顶外侧利用通气孔与大气相通，罐内液体与大气隔绝，液面上几乎不存在气相空间，大大降低了罐内介质的挥发或蒸发损耗，同时减少了罐壁、罐顶的气相腐蚀，此外固定顶的存在还可有效防止风、沙、雨雪或灰尘的侵入，保证储液的质量。

（3）外浮顶储罐为节省建设成本，部分浮顶储罐仅设置一层浮顶，顶部采用浮舱形式设计，外部无固定罐顶，其工作原理与内浮顶储罐相似，既降低了挥发或蒸发造成的介质损耗，同时又降低了施工建造成本。

## 第二节　常压储罐常见泄漏原因及应急处置基本注意事项

1. 常压储罐常见泄漏原因

（1）罐体或罐底腐蚀穿孔、焊缝焊接质量不良等自身缺陷引起罐体破损。

（2）罐体安全附件如呼吸阀、紧急切断装置、液位计等失效。

（3）机械操作失误导致罐体破损，或呼吸阀、压力表、液位计和装卸阀等损坏。

（4）与罐壁连接的金属软管破损。

（5）储罐进出料口阀门、软管接头、仪表接口密封失效。

（6）操作人员违规操作导致罐体超压破损或负压吸瘪。

（7）由于结构性缺陷或不均匀沉降造成储罐凹陷或失稳倾覆。

2. 常压储罐应急处置基本注意事项

（1）防止泄漏物进入排水系统、下水道、地下室等受限空间，可用沙袋等封堵。

（2）根据介质特性和现场情况佩戴个体防护装备。

（3）在应急处置过程中，应尽量减小有毒有害介质及应急处置的废水对水源和周围环境的污染危害，避免发生二次灾害。

（4）有毒有害、易燃易爆介质泄漏应保持通风，隔离泄漏区直至散尽。

（5）可燃介质储罐泄漏时，应：

1）应急处置时应消除事故隔离区内所有点火源。

2）应急处置人员必须穿防静电护具，不得穿化学纤维或带铁钉鞋，现场需备有石棉布、棉布套及灭火器（干粉、二氧化碳）。

3）处置漏气必须使用不产生火星的工具，机电仪器设备应防爆或可靠接地，以防止引燃泄漏物。

4）检查泄漏部位，必须使用可燃气体检测器或肥皂水涂液法，严禁用明火查漏。

5）及时清除周围可燃、易燃、易爆危险物品。

（6）事故向不利方面发展时，应提出请求上级支援，并向当地政府部门报告，同时根据现场情况，积极采取有效措施防止事故扩大。

（7）除公安、消防人员外，其他警戒保卫人员，以及抢险人员、医疗人员等参与应急处置行动人员，须有标明其身份的明显标志。

（8）必要时实施交通管制，疏散周围非抢险人员。

## 第三节　苯类介质储罐泄漏、燃烧事故应急处置

1. 苯类介质特性

（1）苯

苯介质特性见表16-1。

表16-1　苯介质特性

| 名称 | 苯 | 分子式 | $C_6H_6$ |
|---|---|---|---|
| 危险性类别 | 易燃液体，类别2；皮肤腐蚀/刺激，类别2；严重眼损伤/眼刺激，类别2；生殖细胞致突变性，类别1B；致癌性，类别1A；特异性靶器官毒性—反复接触，类别1；吸入危害，类别1；危害水生环境—急性危害，类别2；危害水生环境—长期危害，类别3 | | |
| 理化性质 | ・无色透明液体，有强烈芳香味。<br>・熔点：5.51℃<br>・沸点：80.1℃<br>・闪点：−11℃<br>・爆炸极限（体积分数）：1.2%～8.0%<br>・相对密度（水=1）：0.88<br>・相对蒸气密度（空气=1）：2.77<br>・微溶于水，与乙醇、乙醚、丙酮、四氯化碳、二硫化碳和乙酸混溶<br>・禁配物：强氧化剂 | | |
| 火灾爆炸危险性 | ・易燃，其蒸气与空气可形成爆炸性混合物，遇明火、高热极易燃烧爆炸<br>・与氧化剂能发生强烈反应<br>・易产生和聚集静电，有燃烧爆炸危险<br>・遇高热，容器内压增大，有开裂或爆炸的危险<br>・蒸气比空气重，能在较低处扩散到相当远的地方，遇火源会着火回燃 | | |
| 对人体健康危害 | ・确认人类致癌物，具有生殖毒性<br>・高浓度苯对中枢神经系统有麻醉作用，引起急性中毒<br>・长期接触苯对造血系统有损害，引起慢性中毒<br>・急性中毒：轻者有头痛、头晕、恶心、呕吐、轻度兴奋、步态蹒跚等酒醉状态；严重者发生昏迷、抽搐、血压下降，以致呼吸和循环衰竭<br>・慢性中毒：主要表现有神经衰弱综合征；造血系统改变：白细胞、血小板减少，重者出现再生障碍性贫血；少数病例在慢性中毒后可发生白血病（以急性粒细胞性为多见）。皮肤损害有脱脂、干燥、皲裂、皮炎<br>・可致月经量增多与经期延长 | | |
| 个体防护 | ・佩戴全防型滤毒罐<br>・穿封闭式防化服 | | |
| 隔离与公共安全 | 泄漏<br>・污染范围不明的情况下，初始隔离至少50m，下风向疏散至少300m<br>・进行气体浓度检测，根据有害气体的实际浓度，调整隔离、疏散距离 | | |

续表

| 名称 | 苯 | 分子式 | $C_6H_6$ |
|---|---|---|---|
| 隔离与公共安全 | 火灾<br>·火场内如有储罐、槽车或罐车，隔离800m<br>·考虑撤离隔离区内的人员、物资 | | |
| 急救措施 | ·皮肤接触：脱去污染的衣着，用肥皂水和清水彻底冲洗皮肤至少15min<br>·眼睛接触：提起眼睑，用流动清水或生理盐水冲洗至少15min<br>·吸入：迅速脱离现场至空气新鲜处；保持呼吸道通畅；如呼吸困难，给输氧；如呼吸停止，立即进行人工呼吸；禁用肾上腺素<br>·食入：饮足量温开水 | | |
| 灭火 | 灭火剂：泡沫、干粉、二氧化碳、砂土。用水灭火无效 | | |

（2）甲苯

甲苯介质特性见表16-2

**表16-2　甲苯介质特性**

| 名称 | 甲苯 | 分子式 | $C_7H_8$ |
|---|---|---|---|
| 危险性类别 | 易燃液体，类别2；皮肤腐蚀/刺激，类别2；生殖毒性，类别2；特异性靶器官毒性——次接触，类别3（麻醉效应）；特异性靶器官毒性—反复接触，类别2；吸入危害，类别1；危害水生环境—急性危害，类别2；危害水生环境—长期危害，类别3 | | |
| 理化性质 | ·无色透明液体，有芳香气味<br>·沸点：110.6℃<br>·闪点：4℃<br>·爆炸极限（体积分数）：1.2%～7.0%<br>·相对密度（水=1）：0.87<br>·相对蒸气密度（空气=1）：3.14<br>·不溶于水，可混溶于苯、醇、醚等多数有机溶剂<br>·禁配物：强氧化剂 | | |
| 火灾爆炸危险性 | ·易燃，其蒸气与空气可形成爆炸性混合物，遇明火、高热能引起燃烧爆炸<br>·与氧化剂能发生强烈反应<br>·流速过快，容易产生和积聚静电<br>·其蒸气比空气重，能在较低处扩散到相当远的地方，遇火源会着火回燃 | | |
| 对人体健康危害 | ·对皮肤、黏膜有刺激性<br>·对中枢神经系统有麻醉作用<br>·急性中毒：短时间内吸入较高浓度本品可出现眼及上呼吸道明显的刺激症状、眼结膜及咽部充血、头晕、头痛、恶心、呕吐、胸闷、四肢无力、步态蹒跚、意识模糊；重症者可有躁动、抽搐、昏迷<br>·慢性中毒：长期接触可发生神经衰弱综合征，肝肿大，女职工月经异常<br>·可致皮肤干燥、皲裂、皮炎等损害<br>·直接吸入肺内可引起肺炎、肺出血、肺水肿 | | |
| 个体防护 | ·佩戴全防型滤毒罐<br>·穿简易防化服<br>·戴防化手套<br>·穿防化安全靴 | | |
| 隔离与公共安全 | 泄漏<br>·污染范围不明的情况下，初始隔离至少100m，下风向疏散至少500m<br>·进行气体浓度监测，根据有毒蒸气的实际浓度，调整隔离、疏散距离<br>火灾<br>·火场内如有储罐、槽车或罐车，隔离800m<br>·考虑撤离隔离区内的人员、物资 | | |
| 急救措施 | ·皮肤接触：脱去污染的衣着，用肥皂水和清水彻底冲洗皮肤至少15min<br>·眼睛接触：提起眼睑，用流动清水或生理盐水冲洗至少15min<br>·吸入：迅速脱离现场至空气新鲜处；保持呼吸道通畅；如呼吸困难，给输氧；如呼吸停止，立即进行人工呼吸<br>·食入：饮足量温开水，催吐 | | |
| 灭火 | 灭火剂：泡沫、干粉、二氧化碳、砂土 | | |

（3）二甲苯

二甲苯介质特性见表16-3。

**表16-3 二甲苯介质特性**

| 名称 | 二甲苯 | 分子式 | $C_8H_{10}$ |
|---|---|---|---|
| 危险性类别 | 易燃液体，类别3；皮肤腐蚀/刺激，类别2；危害水生环境—急性危害，类别2 | | |
| 理化性质 | ·无色透明液体，具有芳香气味<br>·沸点：138.4℃<br>·闪点：25℃<br>·爆炸极限（体积分数）：1.1%～7.0%<br>·相对密度（水=1）：0.86<br>·相对蒸气密度（空气=1）：3.66<br>·不溶于水，可混溶于乙醇、乙醚、三氯甲烷等多数有机溶剂<br>·禁配物：强氧化剂 | | |
| 火灾爆炸危险性 | ·易燃，其蒸气与空气可形成爆炸性混合物，遇明火、高热能引起燃烧爆炸，产生黑色有毒烟气<br>·流速过快，容易产生和积聚静电<br>·其蒸气比空气重，能在较低处扩散到相当远的地方，遇火源会着火回燃 | | |
| 对人体健康危害 | ·急性中毒：短期内吸入较高浓度本品可出现眼及上呼吸道明显的刺激症状、眼结膜及咽充血、头晕、头痛、恶心、呕吐、胸闷、四肢无力、意识模糊、步态蹒跚；重者可有躁动、抽搐或昏迷<br>·慢性影响：长期接触有神经衰弱综合征，女职工有月经异常<br>·可致皮肤干燥、皲裂、皮炎等损害<br>·直接吸入肺内可引起肺炎、肺出血、肺水肿 | | |
| 个体防护 | ·佩戴全防型滤毒罐<br>·穿简易防化服<br>·戴防化手套<br>·穿防化安全靴 | | |
| 隔离与公共安全 | 泄漏<br>·污染范围不明的情况下，初始隔离至少100m，下风向疏散至少500m<br>·进行气体浓度监测，根据有毒蒸气的实际浓度，调整隔离、疏散距离<br>火灾<br>·火场内如有储罐、槽车或罐车，隔离800m<br>·考虑撤离隔离区内的人员、物资 | | |
| 急救措施 | ·皮肤接触：脱去污染的衣着，用肥皂水和清水彻底冲洗皮肤至少15min<br>·眼睛接触：提起眼睑，用流动清水或生理盐水冲洗至少15min<br>·吸入：迅速脱离现场至空气新鲜处，保持呼吸道通畅；如呼吸困难，给输氧；如呼吸停止，立即进行人工呼吸<br>·食入：饮足量温水，催吐 | | |
| 灭火 | 灭火剂：泡沫、二氧化碳、干粉 | | |

2. 苯类储罐简介

（1）结构。常见的结构形式为固定顶储罐。

（2）用途。苯类常压储罐是用来储存液态苯、甲苯、对二甲苯等苯类介质的储存容器。

（3）参数。常压，常温，单罐容积一般小于5000$m^3$。

3. 苯类储罐泄漏主要原因

参见本章常压储罐常见泄漏原因。

4. 苯类储罐泄漏应急处置

迅速撤离泄漏污染区人员至上风且地势较高处，并进行隔离，严格限制出入；隔离防护距离见表 16-1、表 16-2、表 16-3。处置具体措施如下：

（1）少量泄漏时，尽可能将溢漏液体收集在密闭容器内，同时用相应的堵漏材料（如软木塞、橡皮塞黏合剂等）堵漏，并用砂土、活性炭或其他惰性材料吸收残液。

（2）大量泄漏时，应：

1）在消防堤内，用泡沫覆盖，降低蒸气灾害。

2）设法控制泄漏源，立即穿好防化服、戴好正压自给式呼吸器，做好防护后进入现场。

3）首先察看现场有无中毒人员，若有人员中毒，应以最快速度将中毒受伤者脱离现场。

4）在确保安全的情况下，采取停泵、关阀、堵漏等措施，以切断泄漏源。

5）使用喷雾状水冷却稀释苯蒸气。

6）用防爆泵将泄漏介质转移至槽车或专用收集器内，等待回收或妥善处理。

5. 苯类储罐燃烧应急处置

（1）小规模泄漏燃烧时，立即组织应急处置人员采用干粉、二氧化碳、抗溶性泡沫灭火剂灭火，并确认不再复燃。

（2）大规模火灾事故时，应：

1）立即报告消防部门灭火，严格控制人员和车辆进出，划分安全警戒区域并设立警戒标志。

2）尽可能远离着火区域，从远距离使用遥控水枪或水炮对储罐进行降温，减少热辐射。

3）用大量水冷却储罐，直至火灾完全扑灭，不得使用直流水进行扑救。

4）密切注意各种危险征兆，若遇到火势难以熄灭、火焰变亮耀眼、异常声音、罐体发生变色、罐体晃动等爆裂征兆时，及时撤离现场。

6. 苯类储罐应急处置注意事项

（1）参见本章常压储罐应急处置基本注意事项。

（2）苯容器破裂或发生大火时，切忌用大量水冲刷或灭火，因为这样处理的后果会导致苯伴随水流流淌到周围的地区，会埋下更大的隐患和祸根。

## 第四节 浓硫酸、氢氧化钠等强酸强碱储罐泄漏、燃烧事故应急处置

1. 浓硫酸、氢氧化钠介质特性

（1）浓硫酸

硫酸介质特性见表 16-4。

表16-4 硫酸介质特性

| 名称 | 硫酸 | 分子式 | $H_2SO_4$ |
|---|---|---|---|
| 危险性类别 | 皮肤腐蚀/刺激，类别1A；严重眼损伤/眼刺激，类别1 | | |
| 理化性质 | ·硫酸纯品是无色、无臭、透明的油状液体，呈强酸性；市售的工业硫酸为无色至微黄色甚至红棕色<br>·熔点：10.5℃<br>·沸点：330℃<br>·相对密度（水=1）：1.83（98.3%，体积分数）<br>·相对蒸气密度（空气=1）：3.4<br>·化学性质很活泼，几乎能与所有金属及其氧化物、氢氧化物反应生成硫酸盐，还能和其他无机酸的盐类作用。与许多物质，特别是木屑、稻草、纸张等接触猛烈反应，放出高热，并可引起燃烧；在稀释硫酸时，只能注酸入水，切不可注水入酸，以防酸液表面局部过热而发生喷酸事故<br>·体积分数小于76%的硫酸与金属反应会放出氢气<br>·浓硫酸：具有很强的吸水能力，与水可以按不同比例混合，并放出大量热<br>·发烟硫酸（$H_2SO_4 \cdot xSO_3$）：为无色或棕色油状黏稠的发烟液体，有强刺激性臭味；吸水性很强，与水可以任意比例混合，并放出大量稀释热，操作时应注酸入水<br>·结晶温度：20%（质量分数）发烟硫酸为2.5℃，65%（质量分数）发烟硫酸为-0.35℃；腐蚀性和强氧化性比普通硫酸强 | | |
| 火灾爆炸危险性 | ·浓硫酸遇水大量放热，可发生沸溅<br>·浓硫酸和发烟硫酸与可燃物接触易着火燃烧<br>·遇电石、高氯酸盐、雷酸盐、硝酸盐、苦味酸盐、金属粉末等猛烈反应，发生爆炸或燃烧 | | |
| 对人体健康危害 | ·有强腐蚀性，接触可致人体严重灼伤<br>·硫酸对呼吸道黏膜有刺激和烧灼作用，能损害肺脏<br>·硫酸气溶胶比二氧化硫有更明显的毒性作用<br>·硫酸蒸气或雾可引起结膜炎、结膜水肿、角膜混浊，以致永久失明；可引起呼吸道刺激，重者发生呼吸困难和肺水肿；高浓度可引起喉痉挛或声门水肿而窒息死亡<br>·口服后引起消化道烧伤以致溃疡形成，严重者可能有胃穿孔、腹膜炎、肾损害、休克等<br>·皮肤灼伤轻者出现红斑、重者形成溃疡，愈后瘢痕收缩影响功能<br>·溅入眼内可造成灼伤，甚至角膜穿孔、全眼炎以至失明 | | |
| 个体防护 | ·佩戴全防型滤毒罐<br>·穿封闭式防化服 | | |
| 隔离与公共安全 | 泄漏<br>·小泄漏：初始隔离圆周半径60m，下风向防护距离白天400m、晚上1000m<br>·大泄漏：初始隔离圆周半径300m，下风向防护距离白天2900m、晚上5700m<br>·进行气体浓度检测，根据有害气体的实际浓度，调整隔离、疏散距离 | | |
| 急救措施 | ·皮肤接触：立即脱去污染的衣着，用大量流动清水冲洗至少15min<br>·眼睛接触：立即提起眼睑，用大量流动清水或生理盐水彻底冲洗至少15min<br>·吸入：迅速脱离现场至空气新鲜处。保持呼吸道通畅。如呼吸困难，给输氧。如呼吸停止，立即进行人工呼吸<br>·食入：用水漱口，给饮牛奶或蛋清 | | |
| 灭火 | 灭火剂：干粉、二氧化碳、砂土；避免水流冲击物品，以免遇水会放出大量热量发生喷溅而灼伤皮肤 | | |

（2）氢氧化钠

氢氧化钠介质特性见表 16-5。

表16-5　氢氧化钠介质特性

| 名称 | 氢氧化钠 | 分子式 | NaOH |
|---|---|---|---|
| 危险性类别 | 皮肤腐蚀/刺激，类别1A；严重眼损伤/眼刺激，类别1 | | |
| 理化性质 | ·无色无味澄清黏稠油状液体<br>·闪点：176℃～178℃<br>·沸点：1390℃<br>·相对密度（水=1）：2.13<br>·极易溶于水 | | |
| 火灾爆炸危险性 | ·不燃，具强腐蚀性、强刺激性，可致人体灼伤 | | |
| 对人体健康危害 | ·有强烈刺激性和腐蚀性<br>·吸入：引起呼吸道刺激，重者发生呼吸困难和肺水肿，高浓度引起喉痉挛或声门水肿而窒息死亡<br>·接触：可致严重眼睛或皮肤灼伤<br>·食入：造成消化道灼伤 | | |
| 个体防护 | ·佩戴全面罩防尘面具<br>·穿封闭式防化服 | | |
| 隔离与公共安全 | 泄漏<br>·污染范围不明的情况下，初始隔离距离至少25m，下风向疏散至少100m<br>·如果溶液发生泄漏，初始隔离距离至少50m，下风向疏散至少300m | | |
| 急救措施 | ·皮肤接触：脱去污染的衣服，先用干布拭去附着的液体，用大量流动清水冲洗20~30min<br>·眼睛接触：立即提起眼睑，用大量流动清水或生理盐水彻底冲洗10～15min<br>·吸入：迅速脱离现场至空气新鲜处，保持呼吸道通畅；如呼吸困难，给输氧；如呼吸停止，立即进行人工呼吸<br>·食入：用水漱口，给饮牛奶或蛋清 | | |
| 灭火 | 灭火剂：干粉、二氧化碳、水幕、砂土 | | |

2. 强酸强碱类储罐简介

（1）结构。强酸强碱类介质储罐一般采用固定顶储罐。酸碱罐外观见图16-1。

图16-1　酸碱罐实物图

（2）用途。常压强酸强碱类储罐是用于储存强酸强碱类产品或原料的储存容器。

（3）参数。常压，常温，单罐容积较小，一般50～500m$^3$。

3. 强酸强碱类储罐泄漏主要原因

参见本章常压储罐常见泄漏原因。

4. 强酸强碱类储罐泄漏应急处置

迅速撤离泄漏污染区人员至上风且地势较高处，并进行隔离，严格限制出入；隔离防护距离见表 16-4、表 16-5，处置具体措施如下：

（1）少量泄漏时，采取用砂土或其他惰性材料吸收等措施，设法控制泄漏源；用清洁的铲子将泄漏介质收集于干燥洁净有盖的容器中，加入适量石灰或与介质性质相对的酸碱调解至中性，再放入废水系统。

（2）大量泄漏时，应：

1）隔离泄漏污染区，周围设警告标志，引导人员向高处上风口撤离。

2）应急处置人员戴好防毒面具，穿化学防护服，不要直接接触泄漏物。

3）稀释过程中，应避免水流冲击泄漏介质，以免遇水会放出大量热量发生喷溅而灼伤皮肤。

4）在确保安全的情况下，采取停泵、关阀、堵漏等措施，以切断泄漏源。

5）大量泄漏需构筑围堤或挖坑收容，或者用泵转移至槽车或专用收集器内，回收或运至废物处理场所处置。

5. 强酸强碱类储罐燃烧应急处置

（1）当出现小规模泄漏燃烧事故时，应立即控制泄漏源，使用干粉、二氧化碳灭火剂进行扑灭。

（2）大规模火灾事故时，应：

1）强酸强碱类介质储罐火灾时，施救人员必须穿着防护服，佩戴防护面具，一般情况下采取全身防护即可，必要时应使用专用防护服。

2）考虑到腐蚀品的特点，在扑救腐蚀品火灾时应尽量使用防腐蚀的面具、手套、长筒靴等。

3）扑救腐蚀品火灾时，应尽量使用低压水流或雾状水冷却储罐，避免腐蚀品的溅出而扩大灾害区域，同时，注意做好腐蚀品防腐稀释措施。

4）遇到腐蚀品容器泄漏，在扑灭火势的同时应采取堵漏措施，腐蚀品堵漏所需材料一定要注意选用具有防腐性的。

5）浓硫酸遇水能放出大量的热，会导致沸腾飞溅，需特别注意防护。扑救浓硫酸与其他可燃物品接触发生的火灾，浓硫酸数量不多时，可用大量低压水快速扑救，如果浓硫酸量很大，应先用二氧化碳、干粉等灭火剂进行灭火，然后再把着火物品与浓硫酸分开。

6. 强酸强碱类储罐应急处置注意事项

（1）参见本章常压储罐应急处置基本注意事项。

（2）浓硫酸遇水大量放热，可能发生沸溅，发生事故时禁止向容器内部注水。

（3）消防排水或稀释水具有腐蚀性，可能造成污染或次生灾害，应进行妥善处理。

（4）有些强酸性物质具有强氧化性，可引燃可燃物。

## 第五节 汽油、柴油等易燃、易挥发油品储罐泄漏、燃烧事故应急处置

1. 汽油、柴油介质特性

（1）汽油

汽油介质特性见表16-6。

**表16-6 汽油介质特性**

| 名称 | 汽油 | 分子式 | — |
|---|---|---|---|
| 危险性类别 | 易燃液体，类别2*；生殖细胞致突变性，类别1B；致癌性，类别2；吸入危害，类别1；危害水生环境—急性危害，类别2；危害水生环境—长期危害，类别2 | | |
| 理化性质 | ・无色液体（为方便辨识不同辛烷值的汽油，有时会加入不同颜色），具特殊臭味<br>・熔点：＜-60℃<br>・沸点：40℃～200℃<br>・闪点：-50℃～10℃<br>・爆炸极限（体积分数）：1.4%～7.6%<br>・相对密度（水=1）：0.70～0.79<br>・相对蒸气密度（空气=1）：3.5 | | |
| 理化性质 | ・主要成分为C~C12脂肪烃和环烃类，并含少量芳香烃和硫化物<br>・易挥发<br>・不溶于水，易溶于苯、二硫化碳、醇、脂肪<br>・禁配物：强氧化剂 | | |
| 火灾爆炸危险性 | ・极度易燃<br>・其蒸气与空气可形成爆炸性混合物，遇明火、高热极易燃烧爆炸<br>・与氧化剂能发生强烈反应<br>・其蒸气比空气重，能在较低处扩散到相当远的地方，遇火源会着火回燃 | | |
| 对人体健康危害 | ・急性中毒：对中枢神经系统有麻醉作用<br>・轻度中毒：有头晕、头痛、恶心、呕吐、步态不稳、共济失调症状<br>・慢性中毒：神经衰弱综合征、植物神经功能紊乱、周围神经疾病<br>・高浓度吸入：出现中毒性脑病<br>・极高浓度吸入：引起意识突然丧失、反射性呼吸停止，可伴有中毒性周围神经疾病及化学性肺炎，部分患者出现中毒性精神障碍<br>・液体吸入呼吸道：可引起吸入性肺炎<br>・溅入眼内：可致角膜溃疡、穿孔，甚至失明<br>・皮肤接触：致急性接触性皮炎，甚至灼伤<br>・吞咽：引起急性胃肠炎，重者出现类似急性吸入中毒症状，并可引起肝、肾损害 | | |
| 个体防护 | 佩戴正压自给式呼吸器 | | |
| 隔离与公共安全 | 泄漏<br>・污染范围不明的情况下，初始隔离距离至少50m，下风向疏散至少300m<br>・发生大规模泄漏时，初始隔离至少500m，下风向疏散至少1000m<br>・进行气体浓度检测，根据有害气体的实际浓度，调整隔离、疏散距离<br>火灾<br>・火场内如有储罐、槽车或罐车，隔离800m<br>・考虑撤离隔离区内的人员、物资 | | |

续表

| 名称 | 汽油 | 分子式 | — |
|---|---|---|---|
| 急救措施 | ·皮肤接触：立即脱去污染的衣着，用肥皂水和清水彻底冲洗皮肤至少15min<br>·眼睛接触：立即提起眼睑，用大量流动清水或生理盐水彻底冲洗至少15min<br>·吸入：迅速脱离现场至空气新鲜处。保持呼吸道通畅。如呼吸困难，给输氧。如呼吸停止，立即进行人工呼吸<br>·食入：给饮牛奶或用植物油洗胃和灌肠，禁止催吐 | | |
| 灭火 | 灭火剂：泡沫、干粉、二氧化碳。闪点很低，用水灭火无效 | | |

注：标记“*”的类别，是指在有充分依据的条件下，该化学品可以采用更严格的类别。

（2）柴油

柴油介质特性见表16–7。

**表16–7　柴油介质特性**

| 名称 | 柴油 | 分子式 | — |
|---|---|---|---|
| 危险性类别 | 易燃液体，类别3 | | |
| 理化性质 | ·稍有黏性的棕色液体<br>·熔点：–18℃<br>·沸点：282℃～338℃<br>·闪点：38℃<br>·相对密度（水=1）：0.87～0.9<br>·禁配物：强氧化剂、卤素<br>·柴油由不同的碳氢化合物混合组成，主要成分是含9～18个碳原子的链烷、环烷或芳烃，化学和物理特性位于汽油和重油之间 | | |
| 火灾爆炸危险性 | ·遇明火、高温或与氧化剂接触，有引起燃烧爆炸的危险<br>·遇高温，容器内压增大，有开裂和爆炸的危险 | | |
| 对人体健康危害 | ·柴油可引起接触性皮炎、油性痤疮<br>·皮肤接触可为主要吸收途径，可致急性肾脏损害<br>·吸入其雾滴或液体呛入可引起吸入性肺炎<br>·能经胎盘进入胎儿血中<br>·柴油废气可引起眼、鼻刺激症状，头晕及头痛 | | |
| 个体防护 | 佩戴正压自给式呼吸器 | | |
| 隔离与公共安全 | 泄漏<br>·考虑最初下风向撤离至少300m<br>·进行气体浓度检测，根据有害气体的实际浓度调整隔离、疏散距离<br>火灾<br>·火场内如有储罐、槽车或罐车，隔离800m<br>·考虑撤离隔离区内的人员、物资 | | |
| 急救措施 | ·皮肤接触：立即脱去污染的衣着，用肥皂水和清水彻底冲洗皮肤至少15min<br>·眼睛接触：提起眼睑，用流动清水或生理盐水冲洗至少15min<br>·吸入：迅速脱离现场至空气新鲜处。保持呼吸道通畅。如呼吸困难，给输氧。如呼吸停止，立即进行人工呼吸<br>·食入：尽快彻底洗胃 | | |
| 灭火 | 灭火剂：雾状水、泡沫、干粉、二氧化碳、砂土 | | |

2. 汽油、柴油等易燃、易挥发油品储罐简介

（1）结构。常见的结构类型为内浮顶储罐和固定顶储罐。汽油等易燃、易挥发类介质一般使用内浮顶储罐储存；柴油等易燃介质储罐一般使用固定顶储罐储存，有些油库在前期设计建造时期，为保证储罐储存介质的通用性也采用内浮顶储罐。汽

油、柴油等易燃、易挥发油品立式储罐实物图见图 16-2，汽油等易燃、易挥发油品立式储罐结构图见图 16-3。

图16-2　汽油、柴油等易燃、易挥发油品立式储罐实物图

图16-3　汽油等易燃、易挥发油品立式储罐结构图

（2）用途。是用来储存汽油、柴油等易燃、易挥发油品等介质的储存容器。

（3）参数。常压，常温，单罐容积一般小于 20000m$^3$。

3. 汽油、柴油等易燃、易挥发油品储罐泄漏主要原因

参见本章常压储罐常见泄漏原因。

4. 汽油、柴油等易燃、易挥发油品储罐泄漏应急处置

迅速撤离泄漏污染区人员至上风且地势较高处，并进行隔离，严格限制出入；隔离防护距离见表 16-6、表 16-7。处置具体措施如下：

（1）少量泄漏时，应急处置人员佩戴好防护器具，采取用砂土或其他惰性材料吸收等措施设法控制泄漏源，并切断进出料管线。

（2）大量泄漏时：

1）应急处置人员应佩戴自给正压式呼吸器，穿着防静电服。如果排污阀或其他阀门泄漏，应急处置人员应在喷水雾的掩护下，迅速关闭泄漏的阀门。

2）应急处置人员在确保安全的条件下，按照堵漏和抢修的具体方案迅速进行堵漏和设备抢修，控制汽油、柴油的外泄，切断泄漏源，防止进入下水道、排洪沟等限制性空间。

3）如果堵漏未成功，应设法使油料平稳泄漏至防火堤内，必要时可用防爆通风设备加强通风，防止油气聚集。

4）油料完全泄出后应用消防泡沫覆盖，降低蒸气灾害。

5）用防爆泵转移泄漏油料至槽车或专用容器内，回收或妥善处理。

5. 汽油、柴油等易燃、易挥发油品储罐燃烧应急处置

汽油、柴油等易燃液体闪点低，用水灭火无效，不能用直流水进行灭火，发生火灾事故时，按下述方式进行处置：

（1）小规模泄漏燃烧事故，应立即设法控制泄漏源，使用干粉、$CO_2$、水幕、泡沫或消防沙灭火。

（2）大规模火灾事故时，应：

1）立即切断着火罐进出料口，根据火灾范围划分警戒区域并设立警戒标志。

2）疏散现场无关人员，引导司机将车辆迅速驶离油库，保持消防通道通畅，引导消防车辆进库灭火。

3）启动固定式消防系统对着火罐喷洒消防泡沫灭火，同时消防车辆应在上风口处实施消防工作。

4）由于油品燃烧值高且燃烧猛烈难以控制，应重点控制热辐射形成危害，对着火罐壁及相邻罐体进行冷却喷淋降温和水幕保护，防止着火罐壁失去强度引起倒塌或引燃相邻油罐。

6. 汽油、柴油等易燃、易挥发油品储罐应急处置注意事项

（1）参见本章常压储罐应急处置基本注意事项。

（2）立即关闭罐区水封井阀门，防止油品及污水泄漏。

# 第六节 液氨储罐（常压）泄漏、燃烧事故应急处置

1. 液氨介质特性

液氨介质特性见表16-8。

表16-8 液氨介质特性

| 名称 | 液氨 | 分子式 | $NH_3$ |
|---|---|---|---|
| 危险性类别 | 易燃气体，类别2；加压气体；急性毒性—吸入，类别3*；皮肤腐蚀/刺激，类别1B；严重眼损伤/眼刺激，类别1；危害水生环境—急性危害，类别1 | | |
| 理化性质 | ·液氨（$NH_3$），又称为无水氨，是一种无色液体，有强烈刺激性气味<br>·氨气是一种无色透明而具有刺激性气味的气体，极易溶于水，水溶液呈碱性<br>·熔点：-77.7℃<br>·沸点：-33.4℃<br>·氨气爆炸极限（体积分数）：15.7%～27.4%<br>·气氨相对密度（空气=1）：0.6<br>·液氨相对密度（水=1.0℃）：0.7710<br>·气氨加压到0.7~0.8MPa时就变成液氨，同时放出大量的热，当压力减小时，则气化而逸出，同时吸收周围大量的热，具有膨胀性和可缩性<br>·禁配物：卤素、酰基氯、酸类、氯仿、强氧化剂<br>·氨的水溶液呈碱性，氧化性较强，还具有静电性和扩散性 | | |
| 火灾爆炸危险性 | ·与空气混合能形成爆炸性混合物，遇明火、高热能引起燃烧爆炸<br>·与氟、氯等接触会发生剧烈的化学反应<br>·若遇高热，容器内压增大，有开裂和爆炸的危险 | | |
| 对人体健康危害 | ·轻度中毒：眼、口有辛辣感，流涕、咳嗽，声音嘶哑、吐咽困难，头昏、头痛，眼结膜充血、水肿，口唇和口腔、眼部充血，胸闷和胸骨区疼痛等<br>·重度中毒：吸入高浓度的氨时，可引起喉头水肿、喉痉挛，发生窒息；外露皮肤可出现Ⅱ度化学灼伤，眼睑、口唇、鼻腔、咽部及喉头水肿，黏膜糜烂、可能出现溃疡 | | |
| 个体防护 | ·佩戴正压式空气呼吸器<br>·穿内置式重型防化服<br>·处理液氨时应穿防寒服 | | |
| 隔离与公共安全 | 泄漏<br>·小泄漏：初始隔离圆周半径30m，下风向防护距离白天100m、晚上200m<br>·大泄漏：初始隔离圆周半径150m，下风向防护距离白天800m、晚上2300m<br>火灾<br>·火场内如有储罐、槽车或罐车，隔离1600m<br>·考虑撤离隔离区内的人员、物资 | | |
| 急救措施 | ·皮肤接触：立即脱去被污染的衣着，应用2%（质量分数）的硼酸液或大量流动清水彻底冲洗。要特别注意清洗腋窝、会阴等潮湿部位<br>·眼睛接触：立即提起眼睑，用大量流动清水或生理盐水彻底冲洗至少15min<br>·吸入：迅速脱离现场至空气新鲜处；保持呼吸道通畅；如呼吸困难，给输氧；如呼吸停止，立即进行人工呼吸 | | |
| 灭火 | 灭火剂：雾状水、抗溶性泡沫、二氧化碳、砂土 | | |

注：标记“*”的类别，是指在有充分依据的条件下，该化学品可以采用更严格的类别。

2. 液氨储罐（常压）简介

（1）结构。常压液氨储罐通常为固定顶钢制圆筒形焊接储罐，按结构形式可分为单壳体外保冷式储罐和双壳体储罐。单壳体外保冷式储罐是指单层罐壁、罐底、罐顶，外部采用厚度约200mm的泡沫玻璃或硬质聚氨酯泡沫塑料进行保冷，保持罐内温度维持在-35℃左右。双壳体储罐具有两层罐底、罐顶、罐壁，采用双壳体夹层进

行保冷，即在单层储罐外部设计真空夹层，以此来达到保持低温的目的。液氨储罐实物图见图 16-4。

图16-4　液氨储罐实物图

（2）用途。常压液氨储罐是用来储存液氨产品的低温容器。

（3）参数。设计参数压力小于 0.1MPa，温度低于 -40℃。单罐容积一般小于 $5000m^3$。

（4）工作原理。液氨有三种储存工艺，分别为常温中压、降温低压和低温常压。常温中压和降温低压方法使用压力容器储存液氨，而低温常压使用的储存容器是常压储罐。所谓低温常压工艺，是将液氨冷冻至不高于它的沸点（低于 -33℃，视当地大气压而定），使得液氨对应的气相压力与大气压力相同或相近，从而可以采用常压容器装盛储存，以最大限度降低储罐投资。为使液氨保持在 -33℃以下的低温，还须配备一套氨制冷系统。氨制冷系统以液氨储罐压力为控制信号，一旦液氨储罐中的压力超过 0.1MPa，氨制冷系统即自动开始工作，并在储罐中压力降低到一定数值后自动停机。其工作原理是：氨制冷压缩机组根据液氨储罐的压力信号启动，抽吸液氨储罐中的气氨，气氨经加压后送入氨冷凝器中液化，液化后的液氨一部分去氨压缩机组作为制冷剂使用，其余返回液氨储罐。在氨液化过程中，如果存在不凝性气体，则会影响传热效果，可通过气体分离器将其分离出系统。储罐内的液氨由液氨泵增压后通过管道直接送出装置使用。

3. 液氨储罐（常压）泄漏主要原因

（1）参见本章常压储罐常见泄漏原因。

（2）罐体绝热层破损引起的超压破损。

（3）储罐真空绝热层真空度超标引起的超压破损。

4. 液氨储罐（常压）泄漏应急处置

迅速撤离泄漏污染区人员至上风且地势较高处，并进行隔离，严格限制出入；隔离防护距离见表 16-8，具体操作如下：

（1）少量泄漏时，在保证安全的情况下堵漏，可用砂土、蛭石等惰性材料收集和吸附泄漏物，并且仅在确保安全的情况下打开阀门泄压，泄漏的储罐周围设置隔离措施。

（2）大量泄漏时，应：

1）将附近人员疏散至上风口处，隔离至气体散尽或将泄漏控制住。

2）在确保安全的情况下，采取停泵、关阀、堵漏等措施，以切断泄漏源。

3）立即开启喷淋装置或用消防水进行喷淋。

4）应急处置人员穿戴好专用防毒装备进入现场；逃生人员应逆风逃生，并用湿毛巾、口罩或衣物掩遮于口鼻处；中毒人员应立即送往通风处，进行紧急抢救并通知专业部门。

5)通过水枪的稀释,使现场的氨气渐渐散去,利用无火花工具对泄漏点进行封堵。

5. 液氨储罐（常压）燃烧应急处置

（1）当出现小规模泄漏燃烧事故时，应立即控制泄漏源，使用雾状水、抗溶性泡沫、二氧化碳灭火剂灭火，或砂土掩埋。

（2）大规模火灾事故时，应：

1）根据火灾范围划分警戒区域并设立警戒标志，组织人员向上风口疏散。

2）消防救援人员应必须穿全身防火防毒服，保障自身安全。

3）大规模液氨火灾时，应用水幕、雾状水或常规泡沫灭火。

4）尽可能远距离灭火或使用遥控水枪或水炮扑救。

5）应在上风向灭火，及时切断气源，若不能切断气源，则不允许熄灭泄漏处的火焰。

6. 液氨储罐（常压）应急处置注意事项

（1）参见本章常压储罐应急处置基本注意事项。

（2）撤离或逃生时，选择逆风方向，用湿毛巾、口罩或衣物掩遮于口鼻处。

（3）注意防止吸入氨蒸气，防止接触液体或气体。

（4）切勿直接对泄漏口、安全阀和呼吸阀喷水，防止产生冻结。

（5）严禁使用产生火花的工具和机动车辆，严重时应禁止使用通信工具。

## 第七节　原油储罐泄漏、燃烧事故应急处置

1. 原油介质特性

原油介质特性见表16-9。

表16-9　原油介质特性

| 名称 | 原油 | 分子式 | — |
| --- | --- | --- | --- |
| 危险性类别 | （1）闪点<23℃和初沸点≤35℃：易燃液体，类别1<br>（2）闪点<23℃和初沸点>35℃：易燃液体，类别2<br>（3）23℃≤闪点≤60℃：易燃液体，类别3 | | |
| 理化性质 | ·主要成分为石油或其沉淀物一起产生的碳氢化合物以及氮硫化合物的混合物<br>·视组分的不同具有不同的颜色，如黄色、黑色、褐色等的黏稠状液体<br>·沸点：从常温到500℃以上<br>·闪点：-20℃～100℃<br>·爆炸极限：1.1%～8.7%<br>·相对密度（水=1）：0.75～0.95<br>·微溶于水，溶于三氯甲烷<br>·禁配物：强氧化剂 | | |
| 火灾爆炸危险性 | ·易燃<br>·遇到高热、火星、火苗极易引起燃烧爆炸<br>·受热分解成小分子量的烃类 | | |
| 对人体健康危害 | ·原油中芳香烃以及杂原子化合物具有一定的毒性<br>·皮肤危害：对皮肤具有过敏性影响<br>·眼睛接触：视原油中芳香烃硫化合物和氮的化合物的含量具有不同程度的刺激性<br>·吸入：会刺激呼吸道和呼吸器官，引起恶心、头晕等症状 | | |
| 个体防护 | ·佩戴全防型滤毒罐<br>·穿简易防化服<br>·戴防化手套<br>·穿防化安全靴 | | |
| 隔离与公共安全 | 泄漏<br>·污染范围不明的情况下，初始隔离至少50m，下风向疏散至少300m<br>·发生大量泄漏时，初始隔离至少300m，下风向疏散至少1000m<br>·进行气体浓度监测，根据有毒蒸气的实际浓度，调整隔离、疏散距离<br>火灾<br>·火场内如有储罐、槽车或罐车，隔离800m<br>·考虑撤离隔离区内的人员、物资 | | |
| 急救措施 | ·皮肤接触：用清水清洗15min，衣服与鞋子在再次穿用之前要彻底清洗干净，如果仍出现不适，就医<br>·眼睛接触：立即用大量清水冲洗至少15min<br>·吸入：迅速脱离现场至空气新鲜处，保持呼吸道通畅；如呼吸困难，给输氧；如呼吸停止，立即进行人工呼吸<br>·食入：给饮牛奶或用植物油洗胃和灌肠 | | |
| 灭火 | 灭火剂：雾状水、泡沫、干粉、二氧化碳 | | |

2. 原油储罐简介

随着石化企业年产量的逐步提高，原油储罐也不断偏向大型化、集中化，常以大型储罐和罐区、罐组的形式组成。储罐或罐区周围必须设立符合规范的防火堤，当油罐出现泄漏时，油料被围在防火堤内，防止泄漏油料扩散至其他装置或罐区，防火堤内有效容积不应小于罐区内最大储罐容积。

（1）结构。原油储罐多为内浮顶储罐或外浮顶储罐，一般带有加热设施和绝热层。

大型原油罐实物图见图 16-5，大型原油罐外浮顶图见图 16-6。

图16-5　大型原油罐实物图

图16-6　大型原油罐外浮顶图

（2）用途。原油储罐是储存原油的大型容器。

（3）参数。常压，一般设计温度小于等于 90℃，原油储罐单罐容积一般在 10000$m^3$ 以上，目前国内最大的原油储罐容积为 200000$m^3$。

3. 原油储罐泄漏主要原因

参见本章常压储罐常见泄漏原因。

4. 原油储罐泄漏应急处置

（1）迅速撤离泄漏污染区人员至上风且地势较高处，并进行隔离，严格限制出入；隔离防护距离见表 16-9。

（2）在确保安全的情况下，切断进出油料管线，维持原油稳定泄漏至围堰内，

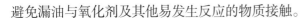

避免漏油与氧化剂及其他易发生反应的物质接触。

（3）构筑围堤或挖沟槽收容泄漏原油，防止其进入排水渠、下水道、地下室等限制性空间。

（4）用雾状水稀释泄漏原油挥发的气体，同时用泡沫覆盖泄漏出的原油，减少挥发。

（5）必要时采用防爆型通风装置强化通风，防止油气聚集。

（6）条件具备时，可以通过倒罐将尚未泄漏的原油转移。

（7）原油泄漏完毕时，将围堰内油料输送至事故池中进行下一步处理。

5. 原油储罐燃烧应急处置

（1）当出现小规模漏油燃烧事故时，应立即控制泄漏源，使用泡沫、干粉、二氧化碳灭火器扑灭。

（2）大规模火灾事故时，应该由消防队负责统一指挥、进行灭火：

1）立即调用充足的消防冷却水、灭火剂和消防装备。

2）扑灭油罐火前，应先扑灭着火罐附近的防火堤或地面上的火。

3）保证适当的泡沫供给强度，使用冷却水对着火罐罐壁进行冷却，同时冷却相邻油罐，对相邻油罐可以采取高架水枪加强冷却；当火势较大时，应用雾状水或泡沫，尽可能远距离灭火或使用遥控水枪或水炮对罐体降温。

4）灭火过程中，应注意风速、风向的影响，根据天气条件及时做出调整，同时应对灭火效果进行评估，观察火势是否有明显减弱或者烟气的颜色是否发生变化，如没有变化，应及时调整灭火战术。

5）当多个储罐同时着火时，应集中力量逐个扑灭，宜优先扑救最易扑灭的着火点，或优先扑灭危险大、风险高的着火点（沸溢或有爆炸倾向），避免分散消防力量。

6）使用冷却水对固定灭火系统的管线、阀门等进行保护，防止其失效。

7）如果现场情况允许，可将罐内油品转移至安全的地方。

8）灭火工作完成后应妥善处置残余油品，严格检查火场可能存在的引火源，防止复燃。

6. 原油储罐应急处置注意事项

（1）参见本章常压储罐应急处置基本注意事项。

（2）灭火人员应密切关注储罐火灾发展状况，对储罐发生破裂、沸溢、喷溅、爆炸的情况进行预判。

（3）储罐发生沸溢前，火焰突然增高、变亮，同时发出嘶嘶的声音，烟色会变白，罐内压力升高使罐壁出现晃动现象。

# 第十七章 液化石油气罐倒罐方法

## 第一节　压缩机倒罐



1. 压缩机倒罐的工作原理

利用压缩机倒罐就是将两装置液相管接通，事故装置的气相管接到压缩机出口管路上，将安全装置的气相管路接到压缩机的入口管路上，用压缩机来抽吸安全装置的气相压力，经压缩送入事故装置，这样在两装置之间压力差的作用下，液化石油气便由事故装置倒入安全装置。倒罐工艺流程如图 17-1 所示。

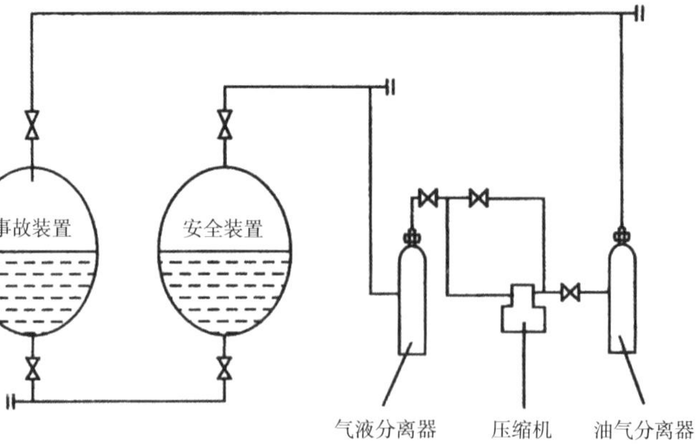


图17-1　压缩机倒罐工艺流程示意图

2. 压缩机倒罐的优缺点

压缩机倒罐技术的优点是效率高，速度快。缺点是压力的增大会增加事故罐的泄漏量。在寒冷地区，液化石油气的饱和蒸气压可降到 0.05 ~ 0.2MPa，且储罐内的液化石油气单位时间内的气体量较少，很容易造成气化量满足不了压缩机吸入量的要求，使压缩机无法工作，需要增加加热增压设备来提高储罐内压力，使压缩机倒罐正常进行。

3. 压缩机倒罐的安全注意事项

（1）事故装置与安全装置间的压力差应保持在 0.2 ~ 0.3MPa 范围内，为加快倒罐作业，可同时启动两台压缩机。

（2）应密切注意事故装置的压力及液面变化，不宜使事故装置的压力过低，一般应保持在 147 ~ 196kPa，以避免空气渗入，在装置内形成爆炸性混合气体。

（3）在开机前应用惰性气体对压缩机汽缸及管路中的空气进行置换。

## 第二节 烃泵倒罐

1. 烃泵倒罐的工作原理

将两装置的气相管连通，事故装置的出液管接在烃泵的入口，安全装置的进液管接在烃泵的出口，将液态的液化石油气由事故装置导入安全装置。倒罐工艺流程如图 17-2 所示。

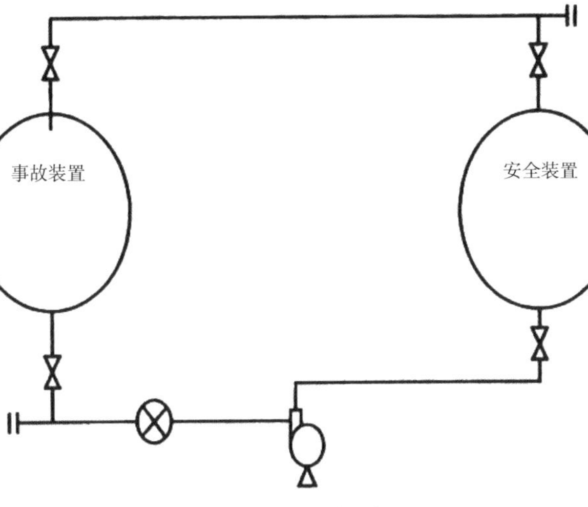


图17-2 烃泵倒罐示意图

2. 烃泵倒罐的优缺点

烃泵倒罐的优点是工艺流程简单、操作方便、能耗小。缺点是必须保持烃泵入口管路上有一定的静压头，以避免液态石油气发生气化。事故装置内的压力及液位差应使烃泵能被液化石油气气体充满。这就使得该方法受到一定的限制，如颠覆于低注地带的液化石油气槽车，就无法保证静压头。当事故装置内压力低于0.75MPa时，就必须与压缩机联用，提高事故装置内气相压力，以保证入口管路上足够的静压头。

3.烃泵倒罐的安全注意事项

（1）烃泵的入口管路长度不应大于5m，且呈水平略有下倾与泵体连接，以保证入口管路有足够的静压头，避免发生气阻和抽空。

（2）液化石油气液相管道上任何一点的温度不得高于相应管道内饱和压力下的饱和温度，防止液化石油气在管道内产生气体沸腾现象，造成“气塞”，使烃泵空转。

（3）气、液相软管接通后，应先排净管内空气，以防止空气进入管路系统。软管拆卸时应先泄压，避免造成事故。

（4）根据事故装置的具体情况，确定适合型号的烃泵，以保证烃泵的扬程能满足液体输送压力、高度及管路阻力的要求。

## 第三节　压缩气体倒罐

1.压缩气体倒罐的工作原理

压缩气体倒罐是将氮气、二氧化碳等压缩气体或其他与液化石油气混合后不会引起爆炸的不凝、不溶的高压惰性气体送入准备倒罐的事故装置中，使其与安全装置间产生一定的压差，从而将液化石油气从事故装置导入安全装置中。倒罐工艺流程如图17-3所示。

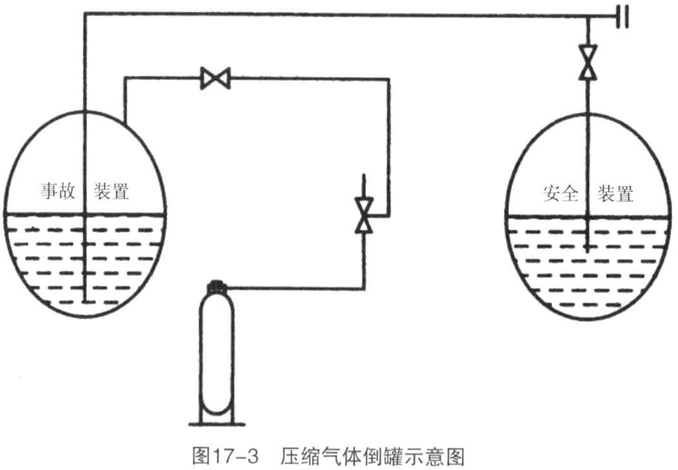


图17-3　压缩气体倒罐示意图

2.压缩气体倒罐的优缺点

压缩气体倒罐的优点是工艺流程简单、操作方便。缺点是液化石油气损失较大。

3.压缩气体倒罐的安全注意事项

（1）压缩气瓶的压力导入事故装置前应减压，进入容器的压缩气体压力应低于容器的设计压力。

（2）压缩气瓶出口的压力一般控制在比事故装置内液化石油气饱和蒸气压高1 ~ 2MPa。

## 第四节　静压差倒罐

1. 静压差倒罐的工作原理

静压差倒罐的原理是将事故装置和安全装置的气、液相管相连通，利用两容器间的位置高低之差产生的静压差，使液化石油气从事故装置导入安全装置中。倒罐工艺流程如图 17-4 所示。

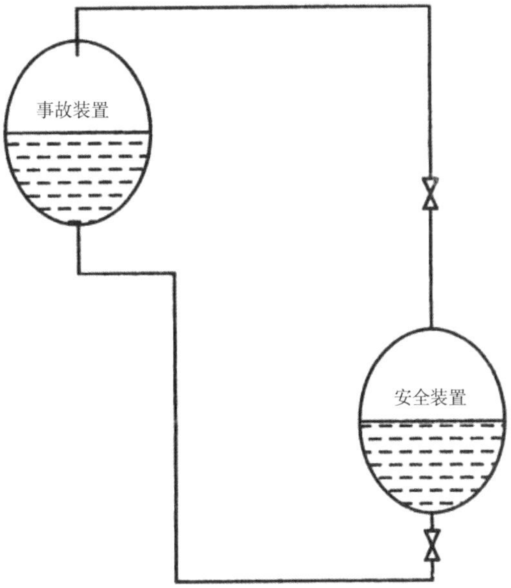


图17- 4　静压差倒罐示意图

2. 静压差倒罐的优缺点

静压差倒罐的优点是工艺流程简单，操作方便。缺点是速度慢，两容器间容易达到压力平衡，倒罐不完全。

3. 静压差倒罐的安全注意事项

必须保证两装置间有足够的位置高度差才能采用此方法倒罐，一般在两装置温度差别不大时，两装置间高度差不应小于 15 ~ 20m。

总之，倒罐技术要求很高，工艺操作复杂，必须与相关技术人员共同论证研究，制定完善的方案，在确认安全、有效的前提下谨慎组织实施。要根据现场情况，选择合适的倒罐方法或多种方法配合使用，以达到成功实施倒罐，彻底排除险情的目的。

# 第十八章
# 承压类特种设备应急阻漏方法

承压特种设备发生介质泄漏，迅速采取必要的阻漏措施是防止泄漏事件转化为事故，以及防止事故继续扩大的有效手段。



## 第一节 关闭阀门

1. 截止阀简介

截止阀在《阀门术语》（GB/T 21465—2008）中定义为：启闭件（阀瓣）由阀杆带动，沿阀座（密封面）轴线作直线升降运动的阀门。由于该类阀门的阀杆开启或关闭行程相对较短，而且具有非常可靠的切断功能，又由于阀座通口的变化与阀瓣的行程呈正比例关系，非常适合于对流量的调节（图 18-1）。

图18-1 常见截止阀实物图

2. 手动截止阀关闭操作

（1）关闭时，顺时针旋转手轮，阀杆开始下降。

（2）如关阀现场处于安全状态，事态尚可控制，对于管道内部脏物较多，密封面上可能粘有脏物的截止阀，可将截止阀微启，利用介质的高速流动，将其冲走，然后轻轻关闭（不能快闭、猛闭，以防残留杂质划伤密封面），再次开启，如此重复多次，然后正式关严。

（3）如手轮、手柄损坏或丢失，紧急情况下可用活扳手等工具代替，处置完成后配齐手轮等。

（4）某些介质，在截止阀关闭后冷却，使阀件收缩，处置人员应于适当时间再关闭一次，让密封面不留细缝，否则，介质从细缝高速流过，很容易冲蚀密封面。

（5）操作时，如发现操作过于费劲，应分析原因。如填料太紧，可适当放松；如锈蚀严重，视情况喷除锈剂；如阀杆歪斜，导致无法关闭，应通知专业人员紧急修理后关闭。

（6）应急处置人员应配符合要求的阀门扳手。

3. 球阀简介

球阀在《阀门术语》（GB/T 21465—2008）中定义为：启闭件（球体）由阀杆带动，并绕球阀轴线作旋转运动的阀门。球阀通道为直通式流道，内径同管道尺寸，流体阻力小，密封可靠，启闭开关时间较短，可以进行流动调节。

目前，油气长输主管线使用的是球阀。按球体的支撑固定形式，可分为浮动球体式球阀（简称浮动式球阀）（图 18-2）和固定球体式球阀（简称固定式球阀）（图 18-3）。

图18-2　常见浮动球体式球阀实物图

图18-3　常见固定球体式球阀实物图

4. 手动球阀关闭操作

（1）球阀的操作由执行机构带动阀杆旋转完成：正向旋转 1/4 圈（90°）时，阀关闭。反向旋转 1/4 圈（90°）时，阀开启。

（2）当执行机构方向指示箭头与管线平行时，阀门为开启状态；指示箭头与管线垂直时，阀门为关闭状态。

5. 其他阀门关闭操作

承压特种设备应急处置中关闭截止阀、球阀、闸阀、节流阀、蝶阀等阀门都能够达到阻断或极大减小介质流动的效果，优先关闭行程短，且具有良好密封功能的截止阀或球阀；如事态紧急，在保证安全的情况下，应尽快关闭可操作阀门。闸阀、节流阀、蝶阀等阀门的手动关闭基本操作可参见本章第一节手动截止阀关闭操作的操作方式。

## 第二节　带压堵漏

1. 带压堵漏技术简介

带压堵漏也称带压密封，标准《承压设备带压密封技术规范》（GB/T 26467—2011）中定义为：流体介质在泄漏状态下，进行有效密封的技术手段。带压堵漏通常需要制作和安装卡具，然后通过专门的注胶工具，把专用带压堵漏密封胶注入卡具，形成密实的充填物，形成新的密封。此技术广泛应用于电力、化工企业，成为设备实现长周期、无泄漏运行的重要手段，同时避免停车物料外泄，不仅给企业带来巨大的经济效益，而且有着巨大的环保意义。

2. 常见带压堵漏方法

（1）调整消漏法

采用调整操作、调节密封件预紧力或调整零件间相对位置，无需封堵的一种消除泄漏的方法。

（2）机械堵漏法

1）支撑法。在管道外边设置支持架，借助工具和密封垫堵住泄漏处的方法，称为支撑法。这种方法适用于较大直径管道的堵漏，是因无法在本体上固定而采用的一种方法。

2）顶压法。在管道上固定一螺杆直接或间接堵住设备和管道上的泄漏处的方法，称为顶压法。这种方法适用于中低压管道上的砂眼、小洞等漏点的堵漏。

3）卡箍法。用卡箍（卡子）将密封垫卡死在泄漏处而达到止漏的方法，称为卡箍法。

4）压盖法。用螺栓将密封垫和压盖紧压在孔洞内面或外面达到止漏的一种方法，称为压盖法。这种方法适用于低压、便于操作管道的堵漏。

5）打包法。用金属密闭腔包住泄漏处，内填充密封填料或在连接处垫有密封垫的方法，称为打包法。

6）上罩法。用金属罩子盖住泄漏而达到堵漏的方法，称为上罩法。

7）胀紧法。堵漏工具随流体进入管道内，在内漏部位自动胀大堵住泄漏的方法，称为胀紧法。这种方法较复杂，并配有自动控制机构，用于地下管道或一些难以从外面堵漏的场合。

8）加紧法。液压操纵加紧器夹持泄漏处，使其产生变形而致密，或使密封垫紧贴泄漏处而达到止漏的一种方法，称为加紧法。这种方法适用于螺纹连接处、管接头和管道其他部位的堵漏。

（3）塞孔堵漏法

采用挤瘪、堵塞的简单方法直接固定在泄漏孔洞内，从而达到止漏的一种方法。这种方法实际上是一种简单的机械堵漏法，它特别适用于砂眼和小孔等缺陷的堵漏上。

1）捻缝法。用冲子挤压泄漏点周围金属本体而堵住泄漏的方法，称为捻缝法。这种方法适用于合金钢、碳素钢及碳素钢焊缝。不适合于铸铁、合金钢焊缝等硬脆材料以及腐蚀严重而壁薄的本体。

2）塞楔法。用韧性大的金属、木头、塑料等材料制成的圆锥体楔或扁楔敲入泄漏的孔洞里而止漏的方法，称为塞楔法。这种方法适用于压力不高的泄漏部位的堵漏。

3）螺塞法。在泄漏的孔洞里钻孔攻丝，然后上紧螺塞和密封垫止漏的方法，称为螺塞法。这种方法适用于设备壁较厚而孔洞较大的部位的堵漏。

（4）粘补堵漏法

利用胶黏剂直接或间接堵住管道上泄漏处的方法。这种方法适用于不宜动火以及其他方法难以堵漏的部位。胶黏剂堵漏的温度和压力与它的性能、填料及固定形式等因素有关，一般耐温性能较差。

1）粘堵法。用胶黏剂直接填补泄漏处或涂敷在螺纹处进行粘接堵漏的方法，称为粘堵法。这种方适用于压力不高或真空管道上的堵漏。

2）粘贴法。用胶黏剂涂敷的膜、带或薄软板压贴在泄漏部位而止漏的方法，称为粘贴法。这种方法适用于真空管道和压力很低部位的堵漏。

3）粘压法。用顶、压等方法把零件、板料、钉类、楔塞与胶黏剂堵住泄漏处，或让胶黏剂固化后拆卸顶压工具的堵漏方法。这种方法适用于各种粘堵部位，其应用范围受到温度和固化时间的限制。

4）缠绕法。用胶黏剂涂敷在泄漏部位和缠绕带上而堵住泄漏的方法，称为缠绕法。此方法可用钢带、铁丝加强。它适用于管道的堵漏，特别是松散组织、腐蚀严重的部位。

（5）胶堵密封法

使用密封胶（广义）堵在泄漏处而形成一层新的密封层的方法。这种方法效果显著，适用面广，可用于管道的内外堵漏，适用于高压高温、易燃易爆部位。

1）渗透法。用稀释的密封胶液混入介质中或涂敷表面，借用介质压力或外加压力将其渗透到泄漏部位，达到阻漏效果的方法，称为渗透法。这种方法适用于砂眼、松散组织、夹渣、裂缝等部位的内处堵漏。

2）内涂法。将密封机构放入管内移动，能自动地向漏处射出密封剂，这称为内涂法。这种方法复杂，适用于地下、水下管道等难以从外面堵漏的部位。因为是内涂，所以效果较好，无需夹具。

3）外涂法。用厌氧密封胶、液体密封胶外涂在缝隙、螺纹、孔洞处密封而止漏的方法，称为外涂法。也可用螺帽、玻璃纤维布等物固定，适用于在压力不高的场合或真空管道的堵漏。

4）强注法。在泄漏处预制密封腔或泄漏处本身具备密封腔，将密封胶料强力注入密封腔内，并迅速固化成新的填料而堵住泄漏部位的方法，称为强注法。此方法适用于难以堵漏的高压高温、易燃易爆等部位。

（6）其他堵漏法

1）磁压法。利用磁钢的磁力将置于泄漏处的密封胶、胶黏剂、垫片压紧而堵漏的方法，称为磁压法。这种方法适用于表面平坦、压力不大的砂眼、夹渣、松散组织等部位的堵漏。

2）冷冻法。在泄漏处适当降低温度，致使泄漏处内外的介质冻结成固体而堵住泄漏的方法，称为冷冻法。这种方法适用于低压状态下的水溶液以及油介质。

3）凝固法。利用压入管道中某些物质或利用介质本身，从泄漏处漏出后，遇到空气或某些物质即能凝固而堵住泄漏的一种方法，称为凝固法。某些热介质泄漏后析出晶体或成固体能起到堵漏的作用，同属凝固法的范畴。这种方法适用于低压介质的泄漏。如适当制作收集泄漏介质的密封腔，效果会更好。

（7）综合治漏法

综合以上各种方法，根据工况条件、加工能力、现场情况，合理地组合上述两种或多种堵漏方法，称作综合治漏法。如：先塞楔子，后粘接，最后机械固定；先焊固定架、后用密封胶，最后机械顶压等。

其中机械堵漏法、塞孔堵漏法、粘补堵漏法一般适用于系统压力不大于 5MPa 的泄漏点。

3. 带压堵漏安全技术基本要求

（1）从事带压密封施工单位的作业人员应取得特种设备作业人员证。

（2）施工单位应有健全的相关管理制度和有效的质量保证体系。

（3）施工单位应配备并使用与泄漏介质毒性危害程度相适应、符合国家现行标准规定的安全保护用品。

（4）施工单位应编制适应不同工况、不同密封方法的防护措施和应急预案。

（5）《压力管道安全技术监察规程——工业管道》规定使用单位应制定有效的带压堵漏操作要求和防护措施，经技术负责人批准后，在安全管理人员现场监督下实施。

（6）其他安全技术要求可参见《承压设备带压密封技术规范》（GB/T 26467—2011）。

4. 危险化学品运输车辆带压堵漏实例

危险化学品运输车辆泄漏事故多发生在社会道路上，采取及时有效的堵漏措施能够减小并阻断泄漏，直至解除事故。据某省消防部门统计，2002 年该省共发生液化石油气事故 100 余起，其中危险化学品运输车辆事故占 48%，在危险化学品运输车辆事故中，由于安全阀折断所造成的事故约占 90%。

一起液化气体汽车罐车安全阀折断现场堵漏案例的处置步骤如下：

（1）检查罐车防静电带完好和接地情况，若不能可靠接地，应另增设防静电接地装置。

（2）检查罐车与碰撞物是否有接触，有无救援空间，若空间有限，无法实施带压堵漏，应采取人工手动方式将罐车移动至有空间地带。若罐车被卡住，可以将车辆轮胎缓慢放气卸压，直至可移动，严禁强行移动。移动时应用水枪喷水，防止摩擦而引起静电或火花。

（3）将带压堵漏装置用消防水枪喷水打湿，专业抢险人员佩戴一级防护装备，并用消防喷雾水枪喷湿全身。堵漏作业时，消防水枪保持水雾掩护，作业人员应做好防毒、防火花、防冻伤的防护。

（4）先用缠绕聚四氟乙烯生胶带的专用木塞堵住泄漏口，用不产生火花的木制锤或无火花工具锤将木塞锤实，初步制止泄漏。

（5）考虑到木塞不完全致密，一旦破损会造成二次泄漏，需要加固堵漏。在安全阀凸缘周围放置耐油橡胶密封垫，将安全阀带压堵漏装置（图 18-4、图 18-5）安置在罐车上部安全阀位置，连接钢丝绳和手动葫芦，并逐渐拉动手动葫芦的手链，使带压堵漏装置压紧压实。在操作过程中，应轻拿轻放，防止摩擦、碰撞产生火花，钢丝绳和手动葫芦应用湿棉布或湿麻袋片与罐车罐体隔离，抢险人员登上罐车顶部作业时，应站稳站实，随着作业的进行，泄漏量逐渐减少，最终完成了堵漏。

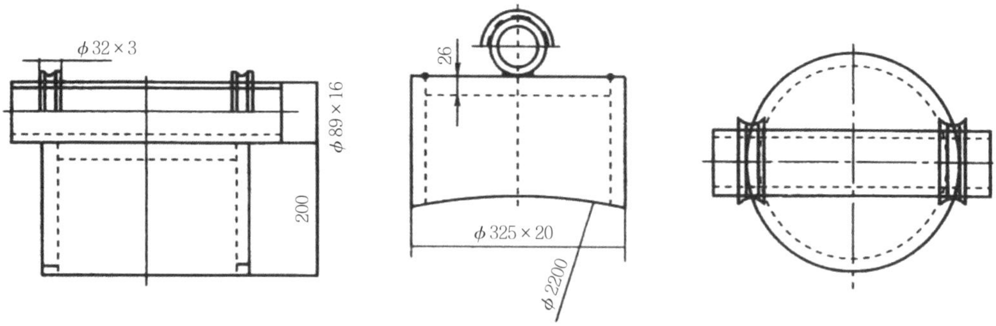


图18-4　带压堵漏夹具设计图

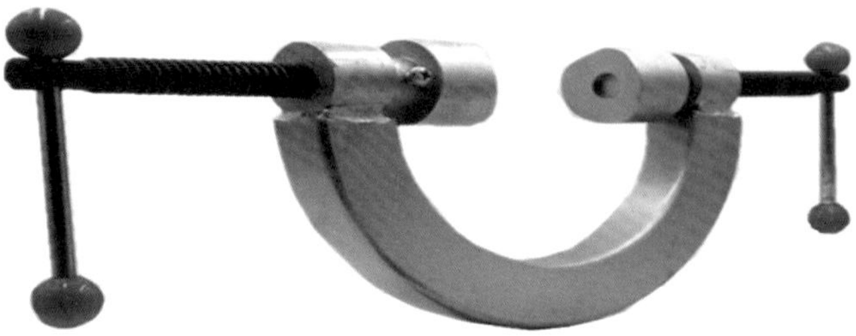

图18-5　现场堵漏装置

图书在版编目（CIP）数据

特种设备事故应急处置与救援 / 吴升等主编. -- 长沙 : 湖南科学技术出版社，2024.7
ISBN 978-7-5710-2896-1

Ⅰ. ①特… Ⅱ. ①吴… Ⅲ. ①设备事故－应急对策 Ⅳ. ①X931

中国国家版本馆 CIP 数据核字(2024)第 092505 号

特种设备事故应急处置与救援

主　　编：吴　升　陈湘清　刘文东　郭　林
副 主 编：陈海洲　邹石桥　冯建文　罗正卫　龚思璠　陈镇南　尹高阳　龚　萍
出 版 人：潘晓山
责任编辑：缪峥嵘
出版发行：湖南科学技术出版社
社　　址：长沙市芙蓉中路一段 416 号泊富国际金融中心
网　　址：http://www.hnstp.com
湖南科学技术出版社天猫旗舰店网址：
http://hnkjcbs.tmall.com
邮购联系：0731-84375808
印　　刷：长沙沐阳印刷有限公司
（印装质量问题请直接与本厂联系）
厂　　址：长沙市开福区陡岭支路 40 号
邮　　编：410003
版　　次：2024 年 7 月第 1 版
印　　次：2024 年 7 月第 1 次印刷
开　　本：787mm×1092mm　1/16
印　　张：20
字　　数：374 千字
书　　号：ISBN 978-7-5710-2896-1
定　　价：150.00 元